机械零件常规加工

◎ 主　编　刘祥伟
◎ 副主编　郝春玲

北京理工大学出版社
BEIJING INSTITUTE OF TECHNOLOGY PRESS

内容简介

本教材是配合国家骨干高职院校建设数控技术专业教学改革的系列教材之一。编写上采用项目教学模式，主要内容包括：金属切削机床操作、车削加工阶梯轴、车削加工圆锥体、车削加工螺纹、加工盘套类零件、铣削加工长方体、磨削加工台阶销7个项目。参照最新相关国家职业技能标准，达到普通车工的中级工水平，实现培养学生专业技能和职业素质的目的。

本教材也适用于模具设计与制造专业、机电设备维护维修专业等专业领域，并可供机械加工及自动化专业工程技术人员参考。

版权专有　侵权必究

图书在版编目（CIP）数据

机械零件常规加工 / 刘祥伟主编. —北京：北京理工大学出版社，2014.7（2020.1重印）

ISBN 978 - 7 - 5640 - 9124 - 8

Ⅰ.①机… Ⅱ.①刘… Ⅲ.①机械元件 - 加工 - 高等学校 - 教材 Ⅳ.①TH16

中国版本图书馆 CIP 数据核字（2014）第 075704 号

出版发行 / 北京理工大学出版社有限责任公司	
社　　址 / 北京市海淀区中关村南大街5号	
邮　　编 / 100081	
电　　话 /（010）68914775（总编室）	
82562903（教材售后服务热线）	
68948351（其他图书服务热线）	
网　　址 / http://www.bitpress.com.cn	
经　　销 / 全国各地新华书店	
印　　刷 / 北京虎彩文化传播有限公司	
开　　本 / 787毫米×1092毫米　1/16	
印　　张 / 13.25	责任编辑 / 张慧峰
字　　数 / 305千字	文案编辑 / 张慧峰
版　　次 / 2014年7月第1版　2020年1月第3次印刷	责任校对 / 周瑞红
定　　价 / 35.00元	责任印制 / 李志强

图书出现印装质量问题，请拨打售后服务热线，本社负责调换

前言

随着现代科学技术的发展,数控加工在机械制造领域迅速普及。为了满足高职院校和企业培养数控专业人才的需求,使学生获得"工作过程知识",必须更新教育观念,重组课程体系,改革教学模式。

数控技术专业是渤海船舶职业学院国家骨干高职院校建设的5个重点专业之一,而"机械零件常规加工"是数控技术专业的骨干课程之一。因此,该课程的教学改革也是国家骨干高职院校建设的需要。课程以零件机械加工为主体,教材编写和教学实施注重学生"产品生产现场"的岗位训练,完善质量考核与评价办法,增强学生质量、成本和效率意识,有效地培养学生职业素质与机械加工的能力。

教材以企业岗位需求和国家职业标准为主要依据,在借鉴国内外机械设计与制造的先进资料和经验的基础上,邀请具有丰富机械加工经验的企业一线技术人员和行业专家参与本教材的编写,使教材内容密切联系企业机械加工的生产实际,有利于实现工学结合的人才培养模式。教材内容主要是针对工艺与机械加工等职业岗位或岗位群而编写的,选择了金属切削机床操作、车削加工阶梯轴、车削加工圆锥体、车削加工螺纹、加工盘套类零件、铣削加工长方体、磨削加工台阶销7个项目作为教学载体,基于工作过程进行了教学内容的组织与安排,充分体现了教材内容的实用性、针对性、及时性和新颖性。本教材努力体现以下编写特色。

1. 采用基于工作过程的教学思路。本教材每个项目都符合工艺分析、实际加工、质量检测和考核评价的教学实施过程。

2. 理论知识与实践技能相结合。本教材注重专业技能的系统性和教学实施的可操作性。

3. 实施"课证融通"的教学改革。在教材编写上融入普通车工中级工国家职业资格标准,该课程学完之后可以考取相应职业资格证书,实现岗位职业标准和技能鉴定与教学内容的有机融合,以保证学生专业技能和职业素质的培养。

4. 所选项目典型。本教材所选项目涉及的理论知识和加工技能不仅全面,而且具有一定的典型性,由浅入深,循序渐进。训练学生运用已学知识在一定范围内学习新知识的技能,提高解决实际问题的能力。

本教材适用于高等职业教育机电类专业中从事数控技术应用、机械设计与制造、机电设备维护维修等专业的学生,也可作为机械设计制造及自动化专业技术人员的参考教材。

本教材由渤海船舶职业学院刘祥伟（副教授）任主编，郝春玲（副教授）任副主编，张丽华（教授）主审，渤海船舶职业学院李琦（讲师）、山海关船舶重工有限责任公司李显龙参加了部分内容的编写。具体分工如下：项目1、项目2、项目4由刘祥伟编写，项目5由郝春玲编写，项目3、项目6由李琦编写，项目7由李显龙编写。刘祥伟老师负责全书的组织和审定。

尽管我们在探索《机械零件常规加工》教材特色建设方面做出了许多努力，但是，由于作者水平有限，教材编写中难免存在疏漏之处，恳请各相关高职教学单位和读者在使用本书的过程中提出宝贵意见，在此深表感谢！

编　者

目录

项目1 金属切削机床操作 ······ 001

任务1.1 车床的操作 ······ 001
1.1.1 车床概述 ······ 002
1.1.2 CA6140型卧式车床操作 ······ 005
1.1.3 工作表面成形方法与机床运动类型 ······ 009

任务1.2 铣床的操作 ······ 015
1.2.1 铣床与万能分度头 ······ 015
1.2.2 XA6132型卧式铣床操作 ······ 018
1.2.3 机床的分类和型号 ······ 021

任务1.3 磨床的操作 ······ 024
1.3.1 磨床 ······ 024
1.3.2 M1432A型万能外圆磨床操作 ······ 027

任务1.4 钻床的操作 ······ 030
1.4.1 钻床 ······ 030
1.4.2 钻床加工操作 ······ 034

任务1.5 卧式铣镗床的操作 ······ 036
1.5.1 TP619型卧式铣镗床 ······ 036
1.5.2 卧式铣镗床加工操作 ······ 039

项目2 车削加工阶梯轴 ······ 043

任务2.1 粗车阶梯轴 ······ 043
2.1.1 切削运动和切削用量 ······ 044
2.1.2 粗车阶梯轴 ······ 046
2.1.3 机械制造工艺规程概述 ······ 050

任务2.2 精车阶梯轴 ······ 055
2.2.1 刀具的结构及几何角度 ······ 056
2.2.2 精车阶梯轴 ······ 061
2.2.3 机械加工工艺规程设计 ······ 064

目 录

任务2.3 车槽 · 074
- 2.3.1 车刀的种类及选用 · 074
- 2.3.2 车槽 · 077
- 2.3.3 加工余量与工序尺寸的确定 · 080

项目3 车削加工圆锥体 · 090

任务3.1 转动小滑板法车削圆锥体 · 090
- 3.1.1 刀具材料 · 091
- 3.1.2 转动小滑板法车削圆锥体 · 097
- 3.1.3 机械加工的生产率 · 100

项目4 车削加工螺纹 · 103

任务4.1 三角形外螺纹车刀的选择及其刃磨 · 103
- 4.1.1 金属切削过程 · 104
- 4.1.2 三角形外螺纹车刀的选择及其刃磨 · 108
- 4.1.3 机械加工精度 · 108

任务4.2 三角形外螺纹车削的工艺准备 · 120
- 4.2.1 切削过程基本规律 · 121
- 4.2.2 三角形外螺纹车削的工艺准备 · 127
- 4.2.3 机械加工表面质量 · 128

任务4.3 三角形外螺纹的低速车削方法 · 133
- 4.3.1 切削过程基本规律应用 · 133
- 4.3.2 三角形外螺纹的低速车削方法 · 141
- 4.3.3 机床夹具认知 · 143

项目5 加工盘套类零件 · 147

任务5.1 钻孔 · 147
- 5.1.1 麻花钻、中心钻 · 148
- 5.1.2 钻孔 · 149

目录

    5.1.3　其他孔加工刀具 ………………………………………………………… 151

  任务5.2　车孔 ……………………………………………………………………… 154

    5.2.1　工件定位的基本原理 …………………………………………………… 155

    5.2.2　车孔 ……………………………………………………………………… 160

    5.2.3　夹紧装置 ………………………………………………………………… 162

  任务5.3　内沟槽车削 ……………………………………………………………… 166

    5.3.1　定位方法及定位元件 …………………………………………………… 167

    5.3.2　内沟槽车削 ……………………………………………………………… 176

    5.3.3　夹紧机构 ………………………………………………………………… 178

项目6　铣削加工长方体 …………………………………………………………… 185

  任务6.1　长方体零件基准面的铣削 ……………………………………………… 185

    6.1.1　铣刀的几何参数 ………………………………………………………… 186

    6.1.2　长方体零件基准面的铣削 ……………………………………………… 187

  任务6.2　长方体零件平行面、垂直面的铣削 …………………………………… 189

    6.2.1　铣削用量与切削层参数 ………………………………………………… 189

    6.2.2　长方体零件平行面、垂直面的铣削 …………………………………… 191

  任务6.3　长方体零件两端面的铣削 ……………………………………………… 192

    6.3.1　铣削方式 ………………………………………………………………… 193

    6.3.2　长方体零件两端面的铣削 ……………………………………………… 194

项目7　磨削加工台阶销 …………………………………………………………… 196

  任务7.1　台阶销零件的磨削加工 ………………………………………………… 196

    7.1.1　磨削加工 ………………………………………………………………… 197

    7.1.2　台阶销零件的磨削加工 ………………………………………………… 198

参考文献 ……………………………………………………………………………… 202

项目1　金属切削机床操作

【项目导入】

机械加工是一种使用加工机械对工件的几何形状、尺寸精度和表面质量等进行改变的过程。金属切削机床是用切削加工的方法使金属工件加工成机器零件的工艺装备。它是制造机器的机器，所以又称为工作母机，习惯上简称为机床。

金属切削机床的品种和规格很多，若按加工性质进行分类，目前将机床共分为12大类：车床、钻床、镗床、磨床、齿轮加工机床、螺纹加工机床、铣床、刨插床、拉床、特种加工机床、锯床、其他机床等。车削加工是机械加工中最基本、应用最广的一种加工方法；而铣削加工在机械加工中工作量仅次于车削加工；磨削加工在机械加工中工作量也很大。因此本项目主要了解车床、铣床和磨床的基本知识，熟悉并首次体验车床、铣床和磨床的操作。

任务1.1　车床的操作

【任务目标】

1. 熟悉CA6140型卧式车床的组成、作用及含义。
2. 熟练掌握卧式车床各操作手柄的作用和使用方法，熟悉车床各部件的传动关系。
3. 熟悉三爪自定心卡盘的结构，掌握三爪自定心卡盘的装夹方法。
4. 熟悉车削运动的主运动、进给运动和金属的车削过程。

【任务引入】

车床是一种重要的加工机床。工件相对于刀具旋转，刀具沿工件轴线纵向、横向或斜向运动，完成工件加工。车床主要用于加工各种回转表面和回转体的端面。

操作车床前，首先要熟练操作车床上的各个操作手柄，并熟悉各个手柄的作用。

了解CA6140型卧式车床的基本功能，在车床上用三爪自定心卡盘装夹毛坯材料，根据指定的车床主轴转速、进给量，体验车削的基本过程。

【相关知识】

1.1.1 车床概述

车床是车削加工所必需的工艺装备。它提供车削加工成形运动、辅助运动所需的切削动力，保证加工过程中工件、夹具与刀具的相对位置正确。

1. 车床的主要类型和组成

1）车床的类型

传统的机械传动式车床有许多类型，根据结构布局、用途和加工对象的不同，主要可分为以下几类：

(1) 卧式车床。卧式车床是通用车床中应用最普遍、工艺范围最广泛的一种类型。在卧式车床上可以完成各种类型的内外回转体表面（如圆柱面、圆锥面、成形面、螺纹、端面等）的加工，还可进行钻、扩、铰孔及滚花等加工。但其自动化程度低，加工生产率低，加工质量受操作者的技术水平影响较大。

(2) 落地车床与立式车床。当工件直径较大而长度较短时，可采用落地车床或立式车床加工。两者相比，立式车床由于主轴轴线采用垂直位置，工件的安装平面处于水平位置，有利于工件的安装和调整，机床的精度保持性也好，因而实际生产中较多采用立式车床。对于一些受条件限制而没有立式车床的企业，可以通过自行改造落地车床来解决加工所需装备。

(3) 转塔车床。转塔车床的特征在于它没有尾座和丝杠，在尾座的位置装有一个多工位的转塔刀架，该刀架可以安装多把刀具，通过转塔转位可以使不同的刀具依次处于工作位置，对工件进行不同内容的加工，减少了反复装夹刀具的时间。因此，在成批加工形状复杂的工件时具有较高的生产率。由于没有丝杠，这类机床只能用丝锥、板牙一类刀具来完成螺纹加工。

除上述较常见的几类车床外，还有机械式自动与半自动车床、液压仿形车床及多刀半自动车床等。特别是近几年来，数控车床和数控车削中心的应用得到迅速普及，已经逐步在车削加工设备中处于主导地位。

2）车床的组成

车床尽管类型很多，结构布局各不相同，但其基本组成大致相同，主要包括基础件（如床身、立柱、横梁等）、主轴箱、刀架（如方刀架、转塔刀架、回轮刀架等）、进给箱、尾座、溜板箱几部分。以卧式车床为例，其主要有以下部分。

(1) 床身。床身是卧式车床的基础部件，它用做车床的其他部件的安装基础，保证其他部件相互之间的正确位置和正确的相对运动轨迹。

(2) 主轴箱。内装主传动系统和主轴部件。主轴的前端部可安装卡盘，用以夹持工件，带动工件旋转，实现主运动。

(3) 进给箱。内有进给运动传动系统，用以控制光杠与丝杠的进给运动变换和不同进给量的变换。

(4) 溜板箱。与拖板相连，其作用是实现纵、横向进给运动的变换，带动拖板、刀架实现进给运动。

(5) 刀架与拖板。在溜板箱的带动下沿导轨做纵向运动。刀架安装在拖板上,可与拖板一起纵向运动,也可经溜板箱的传动在拖板上做横向运动。刀架用于安装刀具。

(6) 尾座。可沿导轨纵向移动调整位置,用于支承长工件和安装钻头等刀具进行孔加工。

2. CA6140 型卧式车床

CA6140 型卧式车床是普通精度级的卧式车床的典型代表,经过长期的生产实践检验和不断地完善,它在卧式车床中具有重要的地位。这种车床的通用性强,可以加工轴类、盘套类零件,车削米制、英制、模数、径节 4 种标准螺纹和精密、非标准螺纹;可完成钻、扩、铰孔加工。这种机床的加工范围广,适应性强,但结构比较复杂,适用于单件小批生产或机修、工具车间使用。

1) 机床的传动系统

图 1.1 是 CA6140 型卧式车床的传动系统图。主要包括主运动传动链、进给运动传动链和螺纹车削传动链。

(1) 主运动传动链。主运动传动链可使主轴获得 24 级正转转速和 12 级反转转速。传动链的首末端件是主电动机和主轴。主电动机的运动经 V 带传至主轴箱的 I 轴,I 轴上的双向摩擦片式离合器 M_1 控制主轴的启动、停止和换向。离合器左边摩擦片被压紧时,主轴正转;右边摩擦片被压紧时主轴反转;两边摩擦片均未压紧时,主轴停转。I 轴的运动经离合器 M_1 和 II 轴上的滑移变速齿轮传至 II 轴,再经过 III 轴上的滑移变速齿轮传至 III 轴,然后分两路传给主轴 VI。当主轴 VI 上的滑移齿轮 Z_{50} 位于左边位置时,III 轴运动经齿轮 63/50 直接传给主轴,主轴获得高转速;当 Z_{50} 位于右边位置与 Z_{58} 联为一体时,运动经 III 轴、IV 轴、V 轴之间的背轮机构传给主轴,主轴获得中低转速。

(2) 螺纹车削传动链。螺纹车削时,主轴回转与刀具的纵向进给必须保持严格的运动关系,即主轴转 1 转,刀具移动一个螺纹导程,这是一条内联系传动链。在传动路线中,通过改变挂轮就可以实现米制螺纹与模数螺纹的加工变换。被加工螺纹的导程通过调整挂轮的传动比来实现。在螺纹车削机动进给时,刀具的进给运动通过丝杠传动。在车削螺纹时,根据螺纹的标准和导程,通过调整传动链实现加工要求。在普通车削机动进给时,为避免丝杠过快磨损,刀具的进给运动通过光杠传动。

2) 机床主要结构

(1) 主轴箱与主轴部件。

为保证机床的功能要求,在主轴箱中 I 轴上采用了卸荷式带轮,以消除带传动的径向力使 I 轴产生的弯曲变形,减小对主传动系统传动精度的影响。在 I 轴采用了双向摩擦片式离合器,与 IV 轴上的钢带制动器相结合实现对主轴的启动、停止、制动、换向的控制。

主轴部件是机床的核心部件,其精度和承载能力将直接影响机床的相关技术性能指标。在保证精度要求的前提下,经过生产实践使用的检验,CA61400 车床的主轴形成了前后双支承,后端定位的结构,如图 1.2 所示。其中,前轴承采用 P5 级精度的双列圆柱滚子轴承 3182121,用于承受径向力,通过轴承内环与主轴在轴向的相对移动使内环产生弹性变形,以调整轴承的径向间隙;后支承采用推力轴承和角接触球轴承组合,用以承受双向轴向力和径

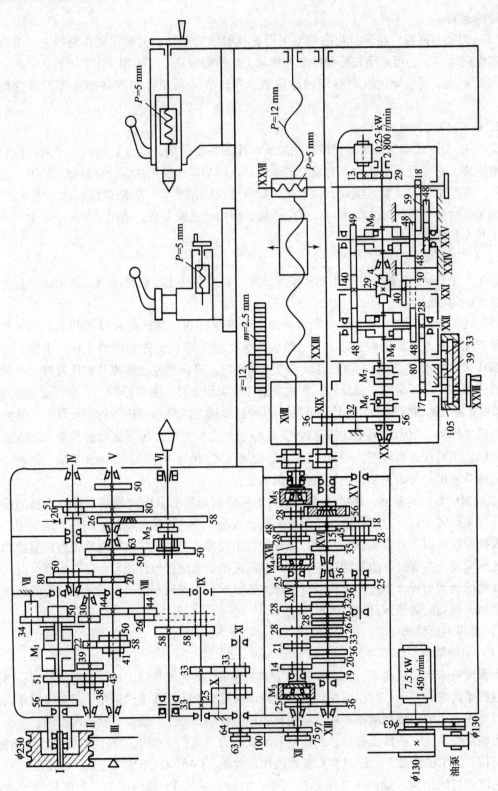

图1.1 CA6140型卧式车床传动系统图

向力，轴承的间隙由主轴后端的螺母调整。前后轴承均采用油泵供油润滑。轴上 Z_{58} 斜齿轮靠近主轴前端布置，以减小径向力对主轴弯曲变形的影响，同时可抵消主轴承受的轴向载荷。

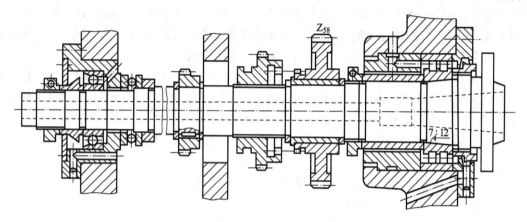

图 1.2 CA6140 型卧式车床主轴部件图

主轴是一个空心阶梯轴，内孔用来通过棒料或卸顶尖，也可用来通过气、电、液夹紧机构。前端孔为莫氏 6 号锥度孔，用以安装顶尖或心轴。前端为短锥法兰结构，用于安装卡盘。

（2）床身及导轨。

床身为铸铁件，采用了平形床身结构，床身前后壁之间用∏形截面的肋板相连接，刚度较大。平形床身的工艺性好，易于加工制造，并有利于提高刀架的运动精度。床身上两组三角形 - 矩形组合的滑动导轨，分别作为底鞍和尾座的运动导轨。

（3）操纵机构。

CA6140 型卧式车床的主轴箱采用了一套主轴的启、停、制动机构。

【任务实施】

1.1.2 CA6140 型卧式车床操作

1. 启动车床

（1）检查车床各变速手柄是否处于空挡位置，离合器是否处于正确位置，操纵杆是否处于停止状态，确认无误后，合上车床电源总开关。

（2）按下床鞍上的绿色启动按钮，电动机启动。

（3）向上提起溜板箱右侧的操纵杆手柄，主轴正转；操纵杆手柄回到中间位置，主轴停止转动；操纵杆手柄下压，主轴反转。主轴正、反转的转换要在主轴停止转动后进行，避免因连续转换操作使瞬间电流过大而发生电器故障。

（4）按下床鞍上的红色停止按钮，电动机停止工作。

2. 手动操作车床床鞍、中滑板、小滑板手柄

（1）摇动床鞍手柄，使床鞍向左或向右做纵向移动。手轮轴上的刻度盘圆周等分 300 格，手轮每转动 1 格，床鞍纵向移动 1 mm。顺时针方向转动手柄时，床鞍向右运动；逆时

针方向转动手柄时，床鞍向左运动。

（2）用左手、右手分别按顺时针和逆时针方向摇动中滑板手柄，使中滑板做横向进给和退出移动，中滑板丝杠上的刻度盘圆周等分100格，手柄每转过1格，中滑板横向移动0.05 mm。顺时针方向转动手柄时，中滑板向远离操作者方向运动（即横向进刀）；逆时针方向转动手柄时，中滑板向靠近操作者方向运动（即横向退刀）。

（3）用双手交替摇动小滑板手柄，使小滑板做纵向短距离的左、右移动，小滑板丝杠上的刻度盘圆周等分100格，手柄每转过1格，小滑板纵向移动0.05 mm。小滑板手柄顺时针方向转动时，小滑板向左运动；小滑板手柄逆时针方向转动时，小滑板向右运动。

（4）左手摇动车床床鞍手柄，右手同时摇动中滑板手柄，纵、横向快速趋近和快速退离工件。

（5）左手摇动中滑板手柄，右手同时摇动小滑板手柄。

3. 溜板部分的机动进给操作

CA6140型卧式车床的纵、横向机动进给和快速移动采用单手柄操纵。自动进给手柄在溜板箱右侧，可沿十字槽纵、横扳动，手柄扳动方向与刀架运动方向一致。手柄在十字槽中央位置时，停止进给运动。在自动进给手柄顶部有一快进按钮，按下此按钮，快移电动机工作，床鞍或中滑板按手柄扳动方向做纵向或横向快速移动；松开按钮，快移电动机停止转动，快速移动停止。

溜板箱正面右侧有一开合螺母操作手柄，用于控制溜板箱与丝杠之间的运动联系。车削非螺纹表面时，开合螺母手柄位于上方；车削螺纹时，压下开合螺母手柄，使开合螺母闭合并与丝杠啮合，将丝杠的运动传递给溜板箱，使溜板箱、床鞍按预定的螺距或导程做纵向进给移动。车完螺纹应立即将开合螺母手柄扳回原位。

（1）用自动进给手柄做床鞍的纵向和中滑板的横向进给的机动进给练习。

（2）用手动进给手柄和手柄顶部的快进按钮做纵向、横向的快速移动操作。

（3）操作进给箱上的丝杠、光杠变换手柄，使丝杠回转，将溜板箱向右移动足够远的距离，扳下开合螺母手柄，观察床鞍是否按选定螺距做纵向进给。扳下和抬起开合螺母的操作应果断有力，练习中体会手的感觉。

（4）左手操作中滑板手柄，右手操作开合螺母手柄，两手配合练习每次车完螺纹时的横向退刀。

（5）操作时应注意，当床鞍快速移动至离主轴箱或尾座尚有足够远的距离、中滑板伸出床鞍足够远时，应立即松开快进按钮，停止快速进给，以免床鞍撞击主轴箱或尾座因中滑板悬伸太长而使燕尾导轨受损。

4. 操作车床主轴变速手柄得到各挡转速

按车床主轴转速铭牌上的主轴转速标记，转动车床主轴变速手柄，调整主轴转速分别为16 r/min、450 r/min、1 400 r/min，确认后启动车床并观察。在改变主轴转速时一定要停车变速，如有时换挡不顺利可用手轻轻转动卡盘。

5. 操作车床进给量手柄得到各挡进给量

按车床进给量铭牌确定选择纵向进给量为0.46 mm/r、横向进给量为0.20 mm/r时手轮和手柄的位置，并进行调整。按前面步骤调整车床进给量手轮和手柄，使车床得到各挡进给量。停车或低速（50 r/min左右）变挡，根据机床铭牌调整各挡进给量。

6. 操作车床尾座

（1）沿床身导轨手动纵向移动尾座至合适位置，逆时针方向扳动尾座紧固手柄，将尾座固定。注意移动尾座时用力不要过大。

（2）逆时针方向转动套筒锁紧手柄（松开），摇动手轮，使套筒做进、退移动。顺时针方向转动套筒锁紧手柄，将套筒固定在选定位置。

7. 实习准备

（1）材料：直径 50 mm、长 165 mm 的 45 钢棒料一根。

（2）在车床上装好外圆车刀。

8. 用三爪自定心卡盘装夹零件

使用三爪自定心卡盘装夹工件一般不需要找正，但是在装夹较长的工件时，工件离卡盘较远的一端旋转轴线不一定与车床主轴的旋转轴线重合，这时就必须找正。当三爪自定心卡盘使用时间较长导致精度下降，而工件加工精度要求较高时，也需要对工件进行找正。

（1）将卡盘扳手的方榫插入卡盘外圆上的小方孔中，转动卡盘扳手，放开卡爪，将工件放入卡爪之内，工件伸出卡爪长度 90 mm（用钢直尺测量）。

（2）左手握住卡盘扳手，右手握住加力管，用力转动卡盘扳手夹紧工件。

9. 调整操作手柄

根据车床主轴转速和进给量的铭牌，将操作手柄调到正确的位置。

（1）调节主轴转速手柄，将主轴转速调至 100 r/min。

（2）调节进给量手柄，将进给量调至 0.05 mm/r。

10. 完成切削全过程

开动机床，用外圆车刀完成切削全过程。

（1）接通车床启动电源（按下启动按钮），抬起车床操纵杆手柄使卡盘转动。

（2）对刀。摇动车床床鞍、中滑板手柄使车刀刀尖移至工件外圆处，轻轻接触到工件外圆，然后中滑板静止不动，床鞍往右移离开工件。

（3）进刀。将中滑板往前移动 0.50 mm。中滑板刻度盘上的刻度值为每格 0.05 mm，因此，中滑板顺时针方向转 10 格。

（4）切削。开动自动进给手柄对工件外圆进行切削并观察，当车刀切削至离卡盘 15~20 mm 时停止车削，逆时针转动中滑板手柄使车刀离开工件一段距离。在车削时不可以用手去直接清除切屑，应用专用的钩子清除。

（5）将车床操纵杆手柄落在中挡使卡盘停止转动，再关闭启动电源。

11. 清理机床

（1）由刀架开始从上往下用刷了将车床上的切屑刷到切屑盘内。

（2）用棉纱擦除车床上的灰尘。

（3）用棉纱擦干净各导轨上的油渍，然后加上导轨油，将中滑板退至靠近手柄处。

（4）将床鞍摇至接近卡盘的位置，用棉纱擦干净导轨上的油渍，然后加上导轨油，将床鞍摇至靠近尾座的位置。

（5）清除铁屑盘内的铁屑。

（6）在尾座等弹子油杯处加油。

（7）做好车床周围的清洁卫生工作。

（8）保留加工好的工件（以备下一次使用）。

12. 自检与评价

（1）对自己的操作进行评价（评分标准见表1.1），对出现的问题分析原因，并找出改进措施。

（2）清点工具，收拾工作场地。

表1.1 CA6140型卧式车床操作的评分标准

考核内容	考核要求	配分(100)	评分标准	得分
CA6140型卧式车床操作	启动车床	5	不符合要求酌情扣1~5分	
	手动操作车床床鞍、中滑板、小滑板手柄	10	不符合要求酌情扣1~10分	
	溜板部分的机动进给操作	10	不符合要求酌情扣1~10分	
	操作车床主轴变速手柄得到各挡转速	10	不符合要求酌情扣1~10分	
	操作车床进给量手柄得到各挡进给量	10	不符合要求酌情扣1~10分	
	操作车床尾座	8	不符合要求酌情扣1~8分	
	实习准备	5	不符合要求酌情扣1~5分	
	用三爪自定心卡盘装夹零件	6	不符合要求酌情扣1~6分	
	根据车床主轴转速和进给量的铭牌，将操作手柄调到正确的位置	8	不符合要求酌情扣1~8分	
	开动机床，用外圆车刀完成切削全过程	8	不符合要求酌情扣1~8分	
	操作方法及工艺规程正确	3	一项不符合要求扣3分	
	操作姿势正确、动作规范	3	不符合要求酌情扣1~3分	
	清理机床	5	不符合要求酌情扣1~5分	
工具的使用与维护、设备的维护	正确、规范地使用工具、量具、刃具，合理保养与维护工具、量具、刃具	3	不符合要求酌情扣1~3分	
	合理保养与维护设备	3	不符合要求酌情扣1~3分	
安全生产	安全文明生产，按国家颁布的有关法规或企业自定的有关规定执行	3	一处不符合要求扣3分，发生较大事故者取消考试资格	
完成时间	50 min		每超过15 min倒扣4分，超过30 min为不合格	
总得分				

【知识拓展】

1.1.3　工件表面成形方法与机床运动类型

1. 零件加工表面及成形方法

各种类型机床的具体用途和加工方法虽然各不相同，但工作原理基本相同，即所有机床都必须通过刀具和工件之间的相对运动，切除工件上多余金属，形成具有一定形状、尺寸和表面质量的工件表面，从而获得所需的机械零件。因此机床加工机械零件的过程，其实质就是形成零件上各个工作表面的过程。

1) 工件的表面形状

机械零件的形状多种多样，但构成其内、外轮廓表面的不外乎几种基本形状的表面（图 1.3）：平面、圆柱面、圆锥面以及各种成形面，这些基本形状的表面都属于线性表面，既可经济地在机床上进行加工，又较易获得所需精度。

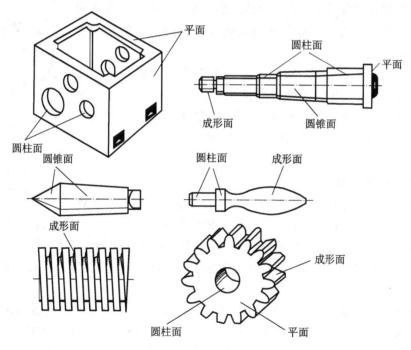

图 1.3　机器零件上常用的各种表面

2) 工件表面的成形方法

从几何学观点来看，机器零件上每一个表面都可看作是一条线（母线）沿着另一条线（导线）运动的轨迹。母线和导线统称为形成表面的生线（生成线、成形线）。在切削加工过程中，这两根生线是通过刀具的切削刃与毛坯的相对运动而展现的，并把零件的表面切削成形。

例 1.1　轴的外圆柱表面成形（图 1.4）

外圆柱面是由直线 1（母线）沿圆 2（导线）运动而形成的。外圆柱面就是成形表面，直线 1 和圆 2 就是它的两根生线。

例 1.2 普通螺纹表面成形（图 1.5）

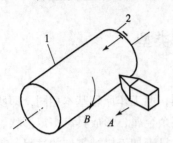 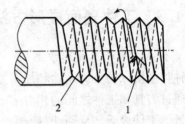

图 1.4　轴的外圆柱表面的成形　　　　图 1.5　普通螺纹表面的成形
1—直线；2—圆　　　　　　　　　1—"∧"形线；2—螺纹线

普通螺纹表面是由"∧"形线 1（母线）沿螺纹线 2（导线）运动而形成的。螺纹的螺旋表面就是成形表面，它的两根生线就是"∧"形线 1 和空间螺旋线 2。

例 1.3 直齿圆柱齿轮齿面成形（图 1.6）

渐开线齿廓的直齿圆柱齿轮齿面是由渐开线 1 沿直线 2 运动而形成的。渐开线 1 和直线 2 就是成形表面（齿轮齿面）的两根生线——母线和导线。

在上述举例中不难发现，有些表面，其母线和导线可以互换，如圆柱面和直齿圆柱齿轮的渐开线齿廓表面等，称为可逆表面。而有些表面，其母线和导线不可互换，如圆锥面、螺纹面等，称为不可逆表面。一般来说，可逆表面可采用的加工方法要多于不可逆表面。

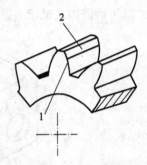

图 1.6　直齿圆柱齿轮齿面的成形
1—渐开线；2—直线

3）生线的形成方法

在机床上加工零件时，所需零件形状的表面是通过刀具和工件的相对运动，用刀具的切削刃切削出来的，其实质就是借助于一定形状的切削刃以及切削刃与被加工表面之间按一定规律的相对运动，形成所需的母线和导线。由于加工方法和使用的刀具结构及其切削刃形状的不同，机床上形成生线的方法与所需运动也不同，概括起来有以下 4 种：

（1）轨迹法：轨迹法（图 1.7（a））是利用刀具作一定规律的轨迹运动 3 来对工件进行加工的方法。切削刃与被加工表面为点接触（实际是在很短一段长度上的弧线接触），因此切削刃可看作是一个点 1。为了获得所需生线 2，切削刃必须沿着生线做轨迹运动。因此采用轨迹法形成生线需要一个独立的成形运动。

（2）成形法：采用各种成形刀具加工时，切削刃是一条与所需形成的生线完全吻合的切削线 1，它的形状与尺寸和生线 2 一致（图 1.7（b））。用成形法形成生线，不需要专门的成形运动。

（3）相切法：由于加工方法的需要，切削刃是旋转刀具（铣刀或砂轮）上的切削点 1。刀具做旋转运动，刀具中心按一定规律做轨迹运动 3，切削点的运动轨迹与工件相切（图 1.7（c）），形成生线 2。因此，采用相切法形成生线，需要两个独立的成形运动（其中包括刀具的旋转运动）。

（4）展成法：展成法是利用工件和刀具作展成切削运动来对工件进行加工的方法（图 1.7（d））。切削刃是一条与需要形成的生线共轭的切削线 1，它与生线 2 不相吻合。在形成生线的过程中，展成运动 3 使切削刃与生线相切并逐点接触而形成与它共轭的生线。

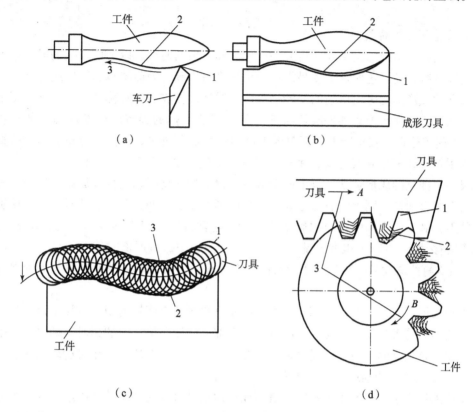

图 1.7　生线的形成方法

（a）轨迹法形成生线；（b）成形法形成生线；（c）相切法形成生线；（d）展成法形成生线

用展成法形成生线时，刀具和工件之间的相对运动通常由两个运动（旋转+旋转或旋转+移动）组合而成，这两个运动之间必须保持严格的运动关系，彼此不能独立，它们共同组成一个复合的运动，这个运动称为展成运动。如图 1.7（d）所示，工件旋转运动 B 和刀具直线移动 A 是形成渐开线的展成运动，它们必须保持的严格的运动关系为：B 转过一个齿时，A 移动一个齿距，即相当于齿轮在齿条上滚动时其自身转动和移动的运动关系。

2. 机床的运动

各种类型的机床，为了进行切削加工以获得所需的具有一定几何形状、尺寸精度和表面质量的工件，必须使刀具和工件完成一系列的运动，其中包括刀具和工件间的相对运动。

机床在加工过程中完成的各种运动，按其功用可分为表面成形运动和辅助运动两类。

1）表面成形运动

在机床上，为了获得所需的工件表面形状，必须使刀具和工件按上述 4 种方法之一完成一定的运动，这种运动称为表面成形运动。

表面成形运动（简称成形运动）是保证得到工件要求的表面形状的运动。例如，图1.4是用车刀车削外圆柱面，其形成母线和导线的方法，都属于轨迹法。工件的旋转运动B产生母线（圆），刀具的纵向直线运动A产生导线（直线），B、A运动就是两个表面的成形运动。

（1）成形运动的种类。

成形运动按其组成情况不同，可分为简单的和复杂的两种。以上所提到的成形运动都是旋转运动和直线运动，这两种运动最简单，也最容易得到，因而统称为简单成形运动。即如果一个独立的成形运动是由单独的旋转运动或直线运动构成的，则称此成形运动为简单成形运动。例如，用普通车刀车削外圆柱面时（图1.4），工件的旋转运动B和刀具的直线移动A就是两个简单运动。在机床上，简单成形运动一般是主轴的旋转，刀架和工作台的直线移动。通常用符号A表示直线运动，用符号B表示旋转运动。

如果一个独立的成形运动，是由两个或两个以上的旋转运动或直线运动，按照某种确定的运动关系组合而成，则称此成形运动为复合成形运动。例如，车削螺纹时，形成螺旋形母线所需的刀具和工件之间的相对螺旋轨迹运动，通常分解为工件的等速旋转运动B和刀具的等速直线移动A。B和A彼此不能独立，它们之间必须保持严格的运动关系，即工件每转1转时，刀具直线移动的距离应等于螺纹的一个导程，从而B和A这两个单元运动组成一个复合运动。

由复合成形运动分解的各个部分，虽然都是直线运动或旋转运动，与简单运动相像，但本质是不同的。前者是复合运动的一部分，各个部分必然保持严格的相对运动关系，是互相依存的，而不是独立的；而简单运动之间是互相独立的，没有严格的相对运动关系。

（2）成形运动在切削过程中的作用。

根据切削过程中所起的作用不同，表面成形运动又可分为主运动和进给运动。主运动是切除工件上的被切削层，使之转变为切屑的主要运动；进给运动是不断地把切削层投入切削，以逐渐切出整个工件表面的运动。主运动的速度高、消耗的功率大，进给运动的速度低、消耗的功率也较小。任何一种机床，必定有且通常只有一个主运动，但进给运动可能有一个或几个，也可能没有。一般情况，主运动用v表示，进给运动用f表示。

表面成形运动是机床上最基本的运动，其轨迹、数目、行程和方向等在很大程度上决定着机床的传动和结构形式。显然，采用不同工艺方法加工不同形状的表面，所需要的表面成形运动是不同的，从而产生了各种类型的机床。然而即使是用同一种工艺方法和刀具结构加工相同表面，由于具体加工条件不同，表面成形运动在刀具和工件之间的分配也往往不同。例如，车削圆柱面，绝大多数情况下表面成形运动是工件旋转和刀具直线移动；但根据工件形状、尺寸和坯料形式等具体条件不同，表面成形运动也可以是工件旋转并直线移动，或刀具旋转和工件直线移动，或者刀具旋转并直线移动，如图1.8所示。表面成形运动在刀具和工件之间的分配情况不同，机床结构也不一样，这就决定了机床结构形式的多样化。

2）辅助运动

机床在加工过程中除完成成形运动外，还需完成其他一系列运动，这些与表面成形过程没有直接关系的运动，统称为辅助运动。辅助运动的作用是实现机床加工过程中所需的各种辅助动作，为表面成形创造条件，它的种类很多，一般包括如下几种：

（1）切入运动：刀具相对工件切入一定深度，以保证工件获得一定的加工尺寸。

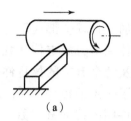 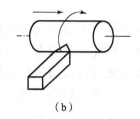 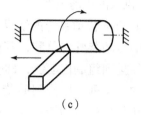

图 1.8　圆柱面的车削加工方式

(a) 工件运动；(b) 刀具绕工件转动、工件移动；(c) 刀具运动

（2）分度运动：加工若干个完全相同的均匀分布的表面时，为使表面成形运动得以周期性地连续进行的运动称为分度运动。例如，多工位工作台、刀架等的周期性转位或移位，以便依次加工工件上的各有关表面，或依次使用不同刀具对工件进行顺序加工。

（3）操纵和控制运动：操纵和控制运动包括启动、停止、变速、换向、部件与工件的夹紧、松开、转位以及自动换刀、自动检测等。

（4）调位运动：加工开始前机床有关部件的移动，以调整刀具和工件之间的正确相对位置。

（5）各种空行程运动：空行程运动是指进给前后的快速运动。例如：在装卸工件时为避免碰伤操作者或划伤已加工表面，刀具与工件应相对退离。在进给开始之前刀具快速引进，使刀具与工件接近；进给结束后刀具应快速退回。

辅助运动虽然并不参与表面成形过程，但对机床整个加工过程是不可缺少的，同时对机床的生产率和加工精度往往也有重大影响。

3. 金属切削机床传动原理

1）机床的基本组成

机械加工中的运动多由机床来实现，机床的功能决定了所需的运动，反过来一台机床所具有的运动决定它的功能范围。运动部分是一台机床的核心部分。

机床的运动部分必须包括 3 个基本部分：执行件、动力源和传动装置。

（1）执行件。执行件是执行机床运动的部件，其作用是带动工件和刀具，使之完成一定成形运动并保持正确的轨迹，如主轴、刀架、工作台等。

（2）动力源。动力源是为执行件提供运动和动力的装置。它是机床的动力部分，如交流异步电动机、直流电动机、步进电动机等。可以几个运动共用一个动力源，也可每个运动单独使用一个动力源。

（3）传动装置。传动装置是传递运动和动力的装置。它把动力源的运动和动力传递给执行件或把一个执行件的运动传递给另一个执行件，使执行件获得运动和动力，并使有关执行件之间保持某种确定的运动关系。传动装置还可以变换运动性质、方向和速度。

机床的传动装置有机械、液压、电气、气压等多种形式，其中机械传动装置由带传动、齿轮传动、链传动、蜗轮蜗杆传动、丝杠螺母传动等机械传动副组成。它包括两类传动机构：一类是定比传动机构，其传动比和传动方向固定不变，如定比齿轮副、蜗杆蜗轮副、丝杠螺母副等；另一类是换置机构，可根据加工要求变换传动比和传动方向，如滑移齿轮变速机构、挂轮变速机构、离合器换向机构等。

2）机床的传动原理

（1）机床传动系统的组成。机床的传动系统是实现机床加工过程全部成形运动和辅助运动的传动装置的总和，其两端是执行件和动力源。执行件和动力源与传动装置按一定的规律排列组成传动链，即传动链是使动力源与执行件以及两个有关的执行件保持运动联系的一系列顺序排列的传动件。这些传动件相结合形成了一定的传动联系。联系动力源和执行件的传动链，称为外联系传动链；联系两个执行件间的传动链，称为内联系传动链。机床的传动系统就是由各种传动链组成的。传动链则是按一定的功能要求依据传动原理构成的。

（2）机床的传动原理。刀具和工件的运动是由执行件带动的，执行件的运动是由传动链实现的。各类机床所需的运动不同，其传动系统中的传动链也不相同。在不同的机床上所使用的传动机构多种多样，但成形运动有简单运动和复合运动两种。从原理上讲，在不同的机床中实现这两种成形运动的传动原理是完全相同的，所谓机床的传动原理也就是实现上述两种成形运动的原理。

简单成形运动是单一执行件的直线或圆周运动。运动轨迹的准确性由机床的定位部分（如导轮、轴承等）来保证，运动的量值由传动链来保证。这时只需要一条传动链把动力源与执行件联系起来，便可以得到所需的运动。在这一传动链中，两端件（动力源与执行件）之间没有严格的传动比关系。所以，在这种传动链中允许使用诸如带传动、摩擦传动等传动比不是很准确的传动机构，称这类传动链为外联系传动链。

复合成形运动是由保持严格运动关系的两执行件的单元运动合成的运动，这时不仅要求两个单元运动各自的运动轨迹准确，更要求两执行件单元运动之间的准确定量关系。因此，需要有传动链把两个执行件联系起来，以保持确定的运动关系。运动的动力源则由另一条外联系传动链提供。这种联系复合运动内部各个单元运动的执行件的传动链称为内联系传动链，其特征是传动链两端件均为具有严格相对运动关系的执行件。在内联系传动链中，为保证运动关系的准确性，不允许有普通带传动、摩擦传动等传动比不准确的传动机构。

为便于研究机床的传动系统，常用一些简明的符号把传动原理和传动路线表示出来，这就是传动原理图。如图1.9所示，其中细虚线代表传动链中所有的定比传动机构，菱形块代表所有的换置机构，车螺纹中工件的转动和车刀的移动为复合运动，有两条传动链：外联系传动链"1—2—u_v—3—4"将动力源和主轴联系起来，使主轴获得一定速度和方向的运动；内联系传动链"4—5—u_x—6—7"将主轴和刀架联系起来，使工件和车刀保持严格的运动关系，使工件每转1转，车刀准确地移动工件螺纹一个导程的距离，利用换置机构u_x实现不同导程的要求。

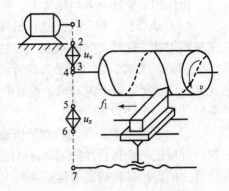

图1.9　车圆柱螺纹的传动原理图

注意，在内联系传动链中除不能有传动比不确定或瞬时传动比变化的传动机构（如带传动、链传动和摩擦传动等）外，在调整换置机构时其传动比也必须有足够的精度。外联系传动链无此要求。

任务 1.2　铣床的操作

【任务目标】

1. 熟悉铣床的安全操作规程及普通铣床各部分名称和作用。
2. 掌握普通铣床的基本操作。
3. 了解普通铣床铣削平面的过程及普通铣床的合理使用。

【任务引入】

铣削加工是在机械加工中工作量仅次于车削加工的一个重要工种，铣削加工特别适合平面及曲面类零件的加工。

操作铣床前，要熟练操作铣床上的各个操作手柄，以及熟悉各个手柄的作用。

需要掌握有关图样的识读、铣刀的选用与安装、铣削方式和切削用量的选用、工件的装夹等一系列的知识和技能，才能初步具备在铣床上加工简单零件的条件。

机床保养的好坏，直接影响零件的加工质量和生产效率。为了保证机床的工作精度和延长机床的使用寿命，必须对机床进行合理的保养。

本任务将带领学生操作铣床常用手柄，从而加深对铣床的认识。

本任务通过平面零件铣削的操作过程，来使学生了解和掌握有关铣刀的选用与安装、铣削方式和切削用量的选用以及工件的装夹方法等方面的知识。

本任务通过对铣床进行一次全面保养操作，从而使学生了解铣床日常清洁、维护、保养的部位以及铣床的冷却润滑情况，并了解切削液的相关知识。

【相关知识】

1.2.1　铣床与万能分度头

1. 铣床

铣床的类型很多，主要有升降台铣床、工作台不升降铣床、龙门铣床、工具铣床等，此外还有仿形铣床、仪表铣床和各种专门化铣床。随着数控技术的应用，数控铣床和以镗削、铣削为主要功能的镗铣加工中心的应用也越来越普遍。

具有可沿床身导轨垂直移动的升降台的铣床称为升降台铣床，通常安装在升降台上的工作台和横向溜板可分别做纵向、横向移动。在升降台铣床中，其主轴轴线平行于工作台面的称为卧式升降台铣床，主轴轴线垂直于工作台面的称为立式升降台铣床。

升降台铣床是普通铣床中应用最广泛的一种类型。它在结构上的特征是，安装工件的工作台可在相互垂直的三个方向上调整位置，并可在各个方向上实现进给运动；安装铣刀的主轴做旋转运动。升降台铣床可用来加工中小型零件的平面、沟槽，配置相应的附件可铣削螺旋槽、分齿零件等，因而广泛用于单件小批量生产车间、工具车间及机修车间。

根据主轴的布置形式，升降台铣床可分为卧式和立式两种。下面主要介绍 XA6132 型万能升降台铣床。

XA6132 型万能升降台铣床是目前最常用的铣床，机床结构比较完善，变速范围大，刚性好，操作方便。其与普通升降台铣床区别在于工作台与升降台之间增加一回转盘，可使工作台在水平面上回转一定角度。

1) 传动系统

XA6132 型万能升降台铣床主运动共有 18 种不同的转速。其进给运动由单独的进给电动机驱动，经相应的传动链将运动分别传至纵、横、垂直进给丝杠，实现三个方向的进给运动。快速运动由进给电动机驱动，经快速空行程传动链实现。工作台的快速运动和进给运动是互锁的，进给方向的转换由进给电动机改变旋转方向实现。

2) 主轴结构

铣床主轴用于安装铣刀并带动其转动，由于铣削力是周期变化的，容易引起振动，因此要求主轴部件有较高的刚性及抗振性。

如图 1.10 所示为 XA6132 型万能升降台铣床的主轴部件。主轴 2 采用三支承结构，前支承 4 与中间支承 3 均为圆锥滚子轴承，用于承受径向力及轴向力；后支承 1 为单列向心球轴承，仅承受径向力。主轴 2 为一空心轴，其前端为锥度 7∶24 的精密定心锥孔，用于安装铣刀刀柄或铣刀刀杆的柄部。前端的端面上装有两个矩形的端面键 5，用于嵌入铣刀柄部的缺口中，以传递扭矩。主轴中心孔用于穿过拉杆，拉紧刀杆。

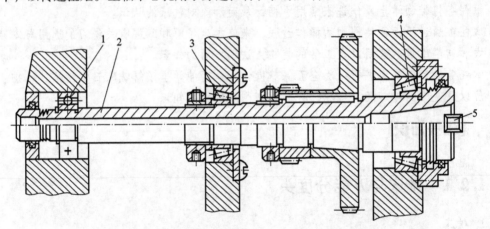

图 1.10　XA6132 型万能升降台铣床主轴部件

1—后支承；2—主轴；3—中间支承；4—前支承；5—端面键

2. 万能分度头

1) 万能分度头的结构

万能分度头是铣床的精密附件之一，它用来在铣床及其他机床上装夹工件，以满足不同工件的装夹要求，并可对工件进行圆周等分、角度分度、直线移距分度和通过配换齿轮与工作台纵向丝杠连接加工螺旋线、等速凸轮等，从而扩大了铣床的加工范围。

万能分度头规格通常用夹持工件的最大直径表示，常用的规格有 160 mm、200 mm、250 mm、320 mm 等，其中 FW250 型万能分度头是铣床上应用最普遍的一种万能分度头。通常万能分度头还配有三爪自定心卡盘、尾座、顶尖、拨盘、鸡心夹头、挂轮轴、挂轮架及配换齿轮等附件。

分度头的主轴为空心轴，两端为莫氏4号锥孔，前锥孔用来安装顶尖或锥度心轴，后锥孔用来安装挂轮轴，主轴前端有一短圆锥用来安装三爪自定心卡盘的连接盘。

松开基座后方的两个紧固螺钉，可使回转体转动 $-6°\sim90°$，使分度头的主轴与工作台面成一定的角度。主轴的前端有一刻度盘，可用来直接分度。侧轴用来安装配换齿轮。基座上可安装定位键，并与工作台上的T形槽配合，对分度头定位。分度手柄与分度孔盘、定位插销、分度叉配合使用完成分度工作。分度盘和侧轴不需转动时，将分度盘紧固螺钉紧固。当分度盘和侧轴需转动时，则必须松开该紧固螺钉。FW250型分度头的分度盘孔圈孔数及配换齿轮齿数见表1.2。

分度叉的作用是计数，将分度叉之间调整成需要转过的孔距数（比需要转过的孔数多一个孔），以免分度时摇错手柄。

F250型万能分度头的蜗杆蜗轮副的传动比为40:1。它的最大夹持直径为250 mm。中心高度为125 mm，中心高度是用分度头划线、校正常用的一个重要依据。

表1.2 FW250型分度头的分度盘孔圈孔数及配换齿轮齿数表

分度头形式	分度盘孔圈孔数及配换齿轮齿数
带一块分度盘	正面：24、25、28、30、34、37、38、39、41、42、43 反面：46、47、49、51、53、54、57、58、59、62、66
带两块分度盘	第一块正面：24、25、28、30、34、37；反面：38、39、41、42、43
	第二块正面：46、47、49、51、53、54；反面：57、58、59、62、66
配换齿轮齿数	25（两个）、30、35、40、45、50、55、60、70、80、90、100 共13个
说明	因在这13个齿轮中最大齿数为100，最小齿数为25，故当配换齿轮传动比小于1/4或大于4时，必须采用复式轮系

2）万能分度头的工作原理

生产中，万能分度头最常用的分度方法就是简单分度法。在万能分度头进行简单分度时，先将分度孔盘固定，转动分度手柄使蜗杆带动蜗轮转动，从而带动主轴和工件转过一定的转（度）数。

由万能分度头传动系统可知，分度手柄转过40转，分度头的主轴转过1转，即传动比为40:1，"40"称为分度头的定数。各种常用分度头（FK型数控分度头除外）都采用这一定数。由此可知，简单分度时分度手柄的转数 n 与工件等分数 z 之间的关系如下：

$$n = \frac{40}{z}（转）$$

如在铣削六角形零件时，每铣完一边的分度计算即可由简单分度公式算得：

$$n = \frac{40}{z} = \frac{40}{6} = 6\frac{2}{3} = 6\frac{44}{66}$$

即每铣削完一边将分度头手柄转6转又在分度盘孔数为66的孔圈上转过44个孔距（两分度叉间为45孔），然后铣削下一侧面。

若改为用角度分度,则分度手柄的转数 n 与工件转过角度 θ 间的关系为:

$$n = \frac{\theta}{9°} \text{ 或 } n = \frac{\theta}{540'} \text{ (转)}$$

3) 用万能分度头装夹工件的方法

根据零件的形状不同,其在分度头上的装夹方法也不同,主要有以下几种方法。

(1) 用三爪自定心卡盘装夹工件。加工较短的轴、套类零件,可直接用三爪自定心卡盘装夹。用百分表校正工件外圆,当工件外圆与分度头主轴不同轴而造成跳动量超差时,可在卡爪上垫铜皮,使外圆跳动符合要求。用百分表校正端面时,用铜锤轻轻敲击高点,使端面跳动符合要求,这种方法装夹简便,铣削平稳。

(2) 用心轴装夹工件。心轴主要用于套类及带孔盘类零件的装夹。心轴分锥度心轴和圆柱心轴两种。装夹前应先校正心轴轴线与分度头主轴轴线的同轴度,并校正心轴的上素线和侧素线与工作台面和工作台纵向进给平行。利用心轴装夹工件时又可以根据工件和心轴形式不同分为多种不同的装夹形式。

(3) 一夹一顶装夹工件。一夹一顶装夹适用于一端有中心孔的较长轴类工件的加工。此法铣削时刚度较好,适合切削力较大时工件的装夹。但校正工件与主轴同轴度较困难,装夹工件前,应先校正分度头和尾座。

【任务实施】

1.2.2 XA6132 型万能升降台铣床操作

操作铣床前,首先要熟练操作铣床上的各个操作手柄,以及熟悉各个手柄的作用。

通过查阅资料和在车间参观、操作 XA6132 型万能升降台铣床时与指导教师的交流,了解 XA6132 型万能升降台铣床的主要部件名称:底座、床身、横梁与挂架、主轴、主轴变速机构、进给变速机构、工作台、横向溜板、升降台。

1. 铣床操作过程

(1) 熟悉各操作手柄,教师示范铣床安全操作应做的准备。

(2) 工作台纵向、横向和升降的手动操作练习。

在进行工作台纵向、横向和升降的手动操作练习前,应先关闭机床电源,检查各方向紧固手柄是否松开,然后再分别进行各向进给的手动练习。

将某一方向手动操作手柄插入,接通该向手动进给离合器。摇动进给手柄,就能带动工作台做相应方向上的手动进给运动。顺时针摇动手柄,可使工作台前进(或上升);若逆时针摇动手柄,则工作台后退(或下降)。

练习时,先进行工作台在各个方向的手动匀速进给练习,再进行定距移动练习。定距移动练习即练习工作台在纵向、横向和垂直方向移动规定的格数、规定的距离,通过该练习训练操作者掌握消除因丝杠间隙所形成的行程对工作台移动精度影响的方法。

纵向、横向刻度盘的圆周刻线为 120 格,每摇 1 转,工作台移动 6 mm,所以每摇过 1 格,工作台移动 0.05 mm。垂直方向刻度盘的圆周刻线为 40 格,每摇 1 转,工作台移动 2 mm,因此,每摇过 1 格,工作台升(降)0.05 mm。

在进行移动规定距离的操作时,若手柄摇过了刻度,不能直接摇回,因为丝杠与螺母间存在间隙,反摇手柄时由于间隙的存在,丝杠并不能马上一起转动,要等间隙消除后丝杠才能带动工作台运动,所以必须将其退回半转以上消除间隙后,再重新摇到要求的刻度位置。另外,不使用手动进给时,必须将各向手柄与离合器脱开,以免机动进给时旋转伤人。

具体操作内容:

①纵向。进 30 mm→退 32 mm→进 10 mm→退 1.5 mm→进 1 mm→退 0.5 mm。

②横向。进 32 mm→退 30 mm→进 10 mm→退 1.5 mm→进 1 mm→退 0.5 mm。

③升降。升 3 mm→降 2.3 mm→升 1.35 mm→降 0.5 mm→升 1 mm→降 0.15 mm。

(3) 主轴的变速操作。

由于主轴变速时电动机启动电流很大,连续变速不应超过 3 次,否则易烧毁电动机电路,若必须变速,中间的间隔时间应不少于 5 min。变换主轴转速时,必须先接通电源,停车(主轴停转)后再按以下步骤进行:

①手握变速手柄球部下压,使手柄定位榫块从固定环的槽 1 中脱出。

②外拉手柄,手柄顺时针转动,使榫块嵌入到固定环的槽 2 内,手柄处于脱开的位置Ⅰ。

③调整转速盘,将所选择的转速对准指针。

④下压手柄,并快速推至位置Ⅱ,即可接合手柄。此时,冲动开关瞬时接通,电动机转动,带动变速齿轮转动,使齿轮啮合。随后,手柄继续向右至位置Ⅲ,并将其榫块送入固定环的槽 1 内复位,电动机失电,主轴箱内齿轮停止转动。

⑤主轴变速操作完毕,按下启动按钮(铣床前面与左侧各有一套控制按钮,以方便操作者站在不同的位置操作),主轴即按选定转速旋转。检查油窗是否甩油。(若不甩油,说明油位过低或润滑油泵出现了故障,需及时加油或检修)。

(4) 进给变速操作。

铣床上的进给变速操作是为了满足机动进给时不同进给速度要求所进行的操作。操作时需在停止自动进给的情况下进行,操作步骤如下:

①向外拉出进给变速手柄。

②转动进给变速手柄,带动进给速度盘转动。将进给速度盘上选择好的进给速度值对准指针位置。

③将变速手柄推回原位,即完成进给变速操作。

具体练习内容:将进给速度分别变换为 23.5 mm/min、300 mm/min、1 180 mm/min(或按机床铭牌选择最低、中间、最高 3 挡进给速度)。

(5) 工作台纵向、横向和升降的机动进给操作。

机动进给手柄的设置使操作非常形象化。当机动进给手柄与进给方向处于垂直状态时,机动进给是停止的;若机动进给手柄处于倾斜状态时,机动进给被接通。在主轴转动时,手柄向哪个方向倾斜,即向哪个方向进行机动进给;如果同时按下快速移动按钮,工作台即向该进给方向进行快速移动。

与启动按钮一样,XA6132 型万能升降台铣床为了便于工人站在不同的位置进行操作,其各个方向的机动进给手柄都有两副,分别位于机床的正面和左侧面,它们是联动的复式操纵机构。进行机动进给练习前，应先检查各手动手柄是否与离合器脱开（特别是升降手柄），以免手柄转动伤人。

打开电源开关，将进给速度变换为118 mm/min，按下面步骤进行各向机动进给练习。

①检查各挡块是否安全、紧固。三个进给方向的安全工作范围各由两块限位挡块实现安全限位。若非工作需要，不得将其随意拆除。

②按所需进给的方向扳动相应手柄，工作台即按所需方向移动。

a. 纵向机动进给。纵向机动进给手柄有三个位置，即"向左进给""向右进给"和"停止"。空车进行工作台纵向左、右机动进给及停止机动进给的练习，体会操作控制手柄的力度，确保每次动作准确到位，中间不停顿、一气呵成。

b. 横向和升降机动进给。空车进行横向和升降机动进给手柄的前、后、升、降机动进给及停止五个挡位的操作练习，体会操作控制手柄的力度，确保每次动作准确到位，中间不停顿、一气呵成。

2. 铣床操作规程

（1）在开始生产之前，应对机床进行以下检查工作。

①各手柄的位置是否正常。

②手摇进给手柄，检查进给运动和进给方向是否正常。

③各机动进给的限位挡块是否在限位范围内，是否紧固。

④进行机床主轴和进给系统的变速检查，检查主轴和工作台由低速到高速运动是否正常。

⑤启动机床使主轴回转，检查油窗是否上油。

⑥各项检查完毕，若无异常，对机床各部位注油润滑。

（2）不准戴手套操作机床。

（3）装卸工件、刀具，变换转速和进给速度，测量工件，配置交换齿轮等工作，必须在停车状态进行。

（4）铣削时严禁离开岗位，不准做与操作内容无关的事情。

（5）工作台机动进给时，应脱开手动进给离合器，以防手柄随轴转动伤人。

（6）不准在两个进给方向上同时进行机动进给。

（7）高速铣削或刃磨刀具时，必须戴好防护眼镜。

（8）切削过程中不准用手触摸工件。

（9）操作过程中出现异常现象时应及时停车检查，出现故障、事故应立即切断电源，第一时间上报，请专业人员检修。未经检修，不得使用。

（10）机床不使用时，各手柄应置于空挡位置；各方向进给的紧固手柄应松开；工作台应处于各方向进给的中间位置；导轨面应适当涂抹润滑油。

3. 自检与评价

（1）对自己的操作进行评价（XA6132型万能升降台铣床操作的评分标准见表1.3)，对出现的问题分析原因，并找出改进措施。

（2）清点工具，收拾工作场地。

表 1.3 XA6132 型万能升降台铣床操作的评分标准

考核内容	考 核 要 求	配分(100)	评 分 标 准	得分
X6132 型卧式铣床操作	了解各操作手柄	10	不符合要求酌情扣 1~10 分	
	工作台纵向、横向和升降的手动操作	10	不符合要求酌情扣 1~10 分	
	主轴的变速操作	15	不符合要求酌情扣 1~15 分	
	进给变速操作	15	不符合要求酌情扣 1~15 分	
	操作方法及工艺规程正确	6	一项不符合要求扣 2 分	
	操作姿势正确、动作规范	6	不符合要求酌情扣 1~6 分	
	工作台纵向、横向和升降的机动进给操作	20	不符合要求酌情扣 1~20 分	
工具的使用与维护、设备的维护	正确、规范地使用工具,合理保养与维护工具	6	不符合要求酌情扣 1~6 分	
	合理保养与维护设备	6	不符合要求酌情扣 1~6 分	
安全生产	安全文明生产,按国家颁布的有关法规或企业自定的有关规定执行	6	一处不符合要求扣 3 分,发生较大事故者取消考试资格	
完成时间	100 min		每超过 15 min 倒扣 4 分,超过 30 min 为不合格	
总得分				

【知识拓展】

1.2.3 机床的分类和型号

金属切削机床的品种和规格繁多,为了便于区别、使用和管理,需对机床加以分类和编制型号。

1. 金属切削机床分类

金属切削机床的传统分类方法,主要是按加工性质进行分类。根据国家制订的机床型号编制方法,目前将机床分为 12 大类:车床、钻床、镗床、磨床、齿轮加工机床、螺纹加工机床、铣床、刨插床、拉床、特种加工机床、锯床、其他机床。在每一类机床中,又按工艺范围、布局形式和结构性能分为若干个组,每一组又分为若干个系(系列)。

除了上述基本分类方法外,还可按机床其他特征进行分类。

同类型机床按应用范围(通用性程度),可分为通用机床、专门化机床和专用机床三类。通用机床的工艺范围很宽,可以加工多种工件、完成多种多样的加工,如卧式车床、万能外圆磨床、摇臂钻床等。专门化机床的工艺范围较窄，只能用于加工尺寸不同而形状相似的工件，如凸轮轴车床、轧辊车床等。专用机床的工艺范围最窄，通常只能用于加工特定对象，如加工机床主轴箱体孔的专用镗床以及各种组合机床等。

机床还可按自动化程度分类：分为手动、机动、半自动和自动机床。

机床还可按重量和尺寸分类：分为仪表机床、中型机床（一般机床）、大型机床（重量达10 t）、重型机床（重量在 30 t 以上）、超重型机床（重量在 100 t 以上）。

机床还可以按控制方式与控制系统分类：分为仿形机床、程序控制机床、数控机床等。

此外，机床还可按照加工精度、主要零部件（如主轴等）的数目等进行分类。随着机床的不断发展，其分类方法也将不断发展。

2. 金属切削机床型号与规格

机床型号是机床产品的代号，用以简明地表示机床的类型、通用和机构特性、主要技术参数等。我国的机床型号现在是按照1994年颁布的标准GB/T 15375—1994《金属切削机床型号编制方法》编制的。此标准规定，机床型号由汉语拼音和阿拉伯数字按一定的规律组合而成，它适用于新设计的各类通用机床、专用机床和回转体加工自动线（不包括组合机床、特种加工机床）。

通用机床的型号由基本部分和辅助部分组成，中间用"/"隔开，读作"之"。基本部分需统一管理，辅助部分纳入型号与否由生产厂家自行决定。

（1）型号的构成。

型号由分类代号，类代号，通用特性代号，结构特性代号，组、系别代号，主参数、主轴数和第二主参数，通用机床的设计顺序号，机床的重大改进顺序号，其他特性代号，企业代号构成。

（2）机床类别代号。

机床的类别代号用大写的汉语拼音字母表示。若每类有分类，在类别代号前用数字表示，作为型号的首位，但第一分类不予表示。例如，磨床具有 M、2M、3M 这 3 个分类。机床类别的代号见手册。

（3）机床特性代号。

机床的特性代号也用汉语拼音字母表示，代表机床具有的特别性能，包括通用特性和结构特性两种，书写于类别代号之后。

①通用特性代号。

当某型号机床除普通形式外，还具有其他各种通用特性，则在类别代号后加相应的特性代号。常用的特性代号见手册。

如某型号机床仅有某种通用设备而无普通形式，则通用特性不予表达。如 C1312 型单轴自动车床型号中，没有普通型也就不表示"Z（自动）"的通用特性。一般在一个型号中只表示最主要的一个通用特性，通用特性在各机床中代表的意义相同。

②结构特性代号。

对于主参数相同而结构不同的机床，在型号中用汉语拼音字母区分，根据各类机床的情况而定，在不同型号中的意义不一样。当有通用特性代号时，结构特性代号应排在通用特性代号之后，凡通用特性代号已用的字母和"I""O"均不能作为结构特性代号。

（4）组、系别代号。

机床的组别和系别代号分别用一个数字表示。每类机床分为10个组，用数字0~9表示。每组又分若干个系。在同类机床中主要布局或使用范围基本相同的机床，即为同一组；在同一组机床中，其主要结构及布局形式相同的机床，即为同一系。

各类机床组的代号及划分见手册。

（5）主参数、主轴数和第二主参数。

机床主参数代表机床规格大小，用折算值（一般为主参数实际数值的1/10或1/100）表示，位于系别代号之后。

第二主参数一般指主轴数、最大跨距、最大工件长度、工作台工作面长度等。第二主参数一般折算成两位数为宜。

（6）通用机床的设计顺序号。

某些通用机床，当无法用一个主参数表示时，则在型号中用设计顺序号表示。设计顺序号由1起始，当设计顺序号小于10时，加"0"表示。

（7）机床的重大改进顺序号。

当机床的结构、性能有更高的要求，需按新产品重新设计、试制和鉴定时，按改进的先后顺序选用A、B、C等汉语拼音字母加在基本部分的尾部，以区别于原机床型号。

（8）其他特性代号。

其他特性代号，置于辅助部分之首。其中同一型号机床的变型代号，一般应放在其他特性代号之首位。

其他特性代号主要用以反映各类机床的特性。如对数控机床，可用它来反映不同控制系统。对于一般机床，可以用它反映同一型号机床的变型等。

其他特性代号可用汉语拼音字母表示，也可用阿拉伯数字表示，还可用两者组合表示。

（9）企业代号及其表示方法。

企业代号包括机床生产厂及机床研究所单位代号，置于辅助部分尾部，用"—"分开，若辅助部分仅有企业代号，则可不加"—"。

应该指出：对于我国以前定型并已授予型号的机床，按原第一机械工业部第二机器工业管理局1959年11月的规定，其型号可以暂不改变。现在已定型并授予型号的普遍机床"C620—1"等，准备在以后机床改进时逐步改为新型号。旧的机床型号编制方法可参考有关手册。

通用机床的型号编制举例：

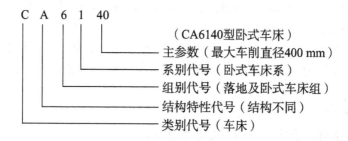

任务1.3　磨床的操作

【任务目标】

1. 熟悉万能外圆磨床的主要组成部分及功能。
2. 掌握开动磨床的顺序。
3. 能正确调整砂轮与工件的相对位置和工作台纵向移动距离。
4. 能调整工作台纵向走刀运动速度和砂轮横向走刀运动速度。
5. 掌握拆装顶尖和卡盘的方法。
6. 能正确安装内圆磨具及装好皮带。

【任务引入】

本任务将带领大家调整和操纵万能外圆磨床，从而加深对万能外圆磨床的认识。

【相关知识】

1.3.1　磨床

用磨料磨具（砂轮、砂带、油石和研磨料）作为工具对工件进行磨削加工的机床统称为磨床。

1. 磨床的主要类型

（1）外圆磨床。包括万能外圆磨床、普通外圆磨床、无心外圆磨床等。

（2）内圆磨床。包括普通内圆磨床、行星内圆磨床、无心内圆磨床等。

（3）平面磨床。包括卧轴矩台平面磨床、立轴矩台平面磨床、卧轴圆台平面磨床、立轴圆台平面磨床等。

（4）工具磨床。包括工具曲线磨床、钻头沟槽磨床等。

（5）刀具刃具磨床。包括万能工具磨床、车刀刃磨磨床、滚刀刃磨磨床。

（6）专门化磨床。包括花键轴磨床、曲轴磨床、齿轮磨床、螺纹磨床等。

（7）其他磨床。包括珩磨机、研磨机、砂带磨床、超精加工磨床等。

2. M1432B型万能外圆磨床

M1432B型万能外圆磨床是普通精度级万能外圆磨床，主要用于磨削IT6~IT7级精度的内外圆柱、圆锥表面，还可磨削阶梯轴的轴肩、端平面等，磨削表面粗糙度Ra值为1.25~0.8 μm。

1) 机床组成

M1432B型万能外圆磨床由下列主要部件组成。

（1）床身。床身是磨床的基础支承件，在其上装有工作台、砂轮架、头架、尾座等部件。床身的内部用作液压油的油池。

(2) 头架。头架用于安装及夹持工件,并带动工件旋转。

(3) 工作台。工作台由上下两层组成,上工作台可绕下工作台在水平面内回转一个角度(±10°),用于磨削锥度较小的长圆锥面。工作台上装有头架与尾座,它们随工作台一起做纵向往复运动。

(4) 内圆磨削装置。内圆磨削装置主要由支架和内圆磨具两部分组成。内圆磨具是磨内孔用的砂轮主轴部件,把它做成独立部件,安装在支架孔中,可以方便地进行更换。通常每台磨床备有几套尺寸与极限工作转速不同的内圆磨具。

(5) 砂轮架。砂轮架用于支承并传动高速旋转的砂轮主轴,当需磨削短锥面时,砂轮架可以在水平面内调整至一定角度(±30°)。

(6) 尾座。尾座和前顶尖一起支承工件。

2) 基本应用与磨削运动

图 1.11 为 M1432B 型万能外圆磨床加工示意图。该磨床可以磨削内外圆柱面、圆锥面。其基本磨削方法有两种:纵向磨削法和横向磨削法(又称切入磨削法)。

纵向磨削法(图 1.11(a)、(b)、(d))磨削时,需要三个运动:①砂轮的旋转运动 n_c 为主运动;②工件纵向进给运动 f_a;③工件旋转运动,也称圆周进给运动 n_w。

切入磨削法(图 1.11(c))磨削时,只需要两个表面成形运动:①砂轮的旋转运动 n_c;②工件的旋转运动 n_w。

机床除上述表面成形运动外,还需要有砂轮架的横向进给运动 f_r 和辅助运动(如砂轮架的快进、快退,尾座套筒的伸缩等)。

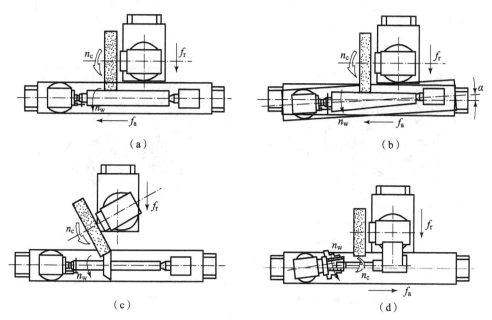

图 1.11 M1432B 型万能外圆磨床加工示意图
(a) 磨外圆柱面;(b) 扳转工作台磨长圆锥面;(c) 扳转砂轮架磨短圆锥面;(d) 扳转头架磨内圆锥面

3) 磨床主要部件砂轮架的结构

砂轮架由壳体、砂轮主轴组件、传动装置等组成。其中砂轮主轴组件的结构将直接影响工件的加工精度和表面粗糙度，应具有较高的回转精度、刚度、抗振性及耐磨性。图 1.12 所示为 M1432B 型万能外圆磨床砂轮架结构图，砂轮主轴 8 的前后径向支承均采用"短四瓦"动压液体滑动轴承。每个轴承由均布在圆周上的四块扇形轴瓦 5 组成（长径比为 0.75），每块轴瓦由球头螺钉 4 和轴瓦支承头 7 支承。由于球头中心在周向偏离轴瓦对称中心，当主轴高速旋转时，在轴径与轴瓦之间形成四个楔形压力油膜，将主轴悬浮在轴承中心而成纯液体摩擦状态。当砂轮主轴受外界载荷作用而产生径向偏移时，在偏移方向处楔形缝隙变小，油膜压力升高，而相反方向的楔形缝隙增大，油膜压力减小，于是便产生了一个使砂轮主轴对中的趋势。由此可见，这种轴承具有较高的回转精度和刚度。该类主轴部件只有在某一回转方向、较高转速下才能够形成压力油膜，承受载荷。

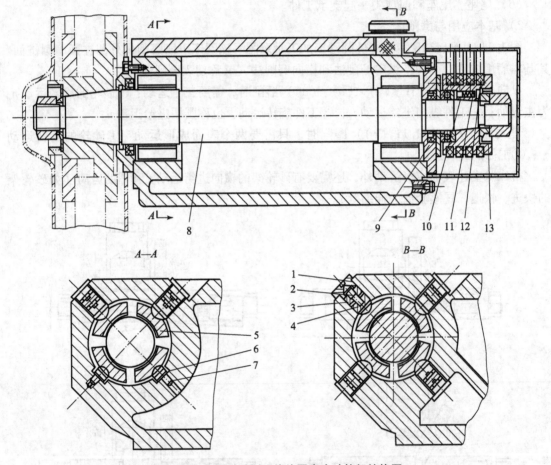

图 1.12 M1432B 型万能外圆磨床砂轮架结构图
1—封口螺塞；2—拉紧螺钉；3—通孔螺钉；4—球头螺钉；5—轴瓦；6—密封圈；7—轴瓦支承头；
8—砂轮主轴；9—轴承盖；10—销子；11—弹簧；12—螺钉；13—带轮

砂轮的圆周速度很高，为了保证砂轮运动平稳，装在主轴上的零件都要经过仔细平衡，特别是砂轮。平衡砂轮的方法是：首先将砂轮夹紧在砂轮法兰上，通过调整法兰环形槽中的三个平衡块的位置，使砂轮及法兰处于平衡状态，然后将其装于砂轮架主轴上，此外，砂轮周围必须安装防护罩，以防止意外破裂时损伤工人及设备。

【任务实施】

1.3.2 M1432A 型万能外圆磨床操作

1. 磨削工件和机床调整前的准备工作

(1) 调整机床前,应先启动机床液压系统,再启动砂轮,运转一定时间,使机床工艺系统预热,此操作能有效地保证机床精度稳定和磨削产品质量。砂轮空转和工作台走刀时间视气温而定,天冷时 20~30 min,天热时只需 10~20 min 即可。

(2) 液压泵启动约 3 min 后,再启动砂轮。启动砂轮时,在无慢启动结构的情况下,宜采用短暂时间接通电源的方法(即点,停,再点),其目的是让砂轮运转系统在运转的最初期以最短的时间、最低的转速,将润滑油压至砂轮运转系统的各部位,这可通过砂轮架旁的油窗来观察。当润滑油全压上后再正式启动砂轮。这样操作对确保砂轮轴的旋转精度、延长砂轮主轴轴承使用寿命具有很大的意义。

(3) 在机床空运转时,打开排气阀,将会听到液压系统"滋滋"的排气声,这属于正常现象。待排气声消失,则说明液压系统的气体彻底排放干净,此时再关闭排气阀。如果不排气就进行磨削,工作台会产生"爬行"现象,严重影响磨削质量。然后调整左右撞块,开动工作台自动走刀,使工作台能在较大行程下走空刀,以确保机床导轨有良好的、全面的润滑。

2. 外圆磨削时的机床操纵和调整

外圆磨削时,多为砂轮沿工件外圆做纵向磨削,故机床调整以纵向磨削法为主。磨削一般圆柱体工件时,其几何形状是否准确,有很大一部分因素取决于机床调整。调整机床时要注意以下几个方面。

(1) 正确调整头架和尾座的位置,保证工件的预紧力大小适当,两顶尖在垂直方向要等高。

(2) 工件的回转轴线必须严格平行于工作台往复运动的方向,这是磨削中一个十分重要的问题。调整不当,加工时就无法消除锥度。调整方法如下。

① 利用工件粗磨时调整工作台面。

a. 在工件装夹前,先检验工件的磨削余量和原有锥度。为了初步了解工作台面情况,在未开动机床和砂轮前,用一只手转动鸡心夹头,另一只手分别摇动砂轮架手轮和工作台手轮,分别在工件两端使工件与砂轮轻轻接触,看横向移动手轮的刻度值是否相等。如果右端刻度值大(即工件外圆与砂轮间的间隙小),可拧松压紧螺钉松开压板,将调整手轮顺时针方向转动,此时上工作台在水平面内相对于下工作台做逆时针偏转。反之,将调整手轮逆时针方向转动,此时机床上工作台在水平面内相对于下工作台做顺时针偏转。如此调整几次,直到工件两端刻度值大致相等为止(调整时,应除去工件外圆表面的锥度),再采用百分表可精确控制上工作台的调整值。

b. 砂轮做微量横向进给,工件做纵向进给运动,将工件磨见光后,再光磨(即无进给磨削)几个来回,直到磨削火花消失为止。此时测量工件两端的直径大小。若工件右边直径比左端直径小,则应根据大小头的差值,将上工作台调整手轮参考百分表指示按顺时针方向转动；反之，按逆时针方向转动调整手轮。如此反复测量和调整多次，就可以使工件的旋转中心与工作台纵向往复运动方向平行，工件锥度就会消除。

调整时，调整手轮的转动应是微量的，如果转动角度过大，则磨出的工件两端直径大小会相反。当工件两端直径差值一样时，长度长的工件，调整手轮转动的角度小；长度短的工件，调整手轮转动角度大。另外，如果工件左边直径尺寸小，应先将砂轮做少量的横向退出，再将调整手轮按逆时针方向转动。于是在开机试磨时，工件右端将先接触砂轮，可防止磨削量过大而碰坏工件或砂轮。

②两端直径控制法。

对于磨削长度较长的工件，调整时首先在工件需要磨削的外圆表面的左右两端各磨一刀，使外圆大致磨光，并使横向进给手轮刻度盘刻度值相等。根据磨出工件的两端直径差值，即可判断出工件轴线与工作台纵向运动方向是否平行。此时可相应调整工作台并继续进行试磨，直至工件两端的直径相同，说明工作台已调整好。

③余量很小的工件或者是返修工件的调整。

此时工作台面可用标准样棒，依据百分表读数进行调整，但标准样棒要求其长度应与被磨工件相同，否则，在移动尾座后将会出现新的锥度。如果被磨工件批量大，则可加工一根与工件尺寸基本相同的样棒，专门用于机床调整。调整方法与粗磨工件时调整上工作台方法相同。

（3）砂轮母线必须与工件轴线平行。

如果砂轮母线与工件轴线不平行，在采用横向磨削时（砂轮横向进给切入工件），工件就会产生锥度；要是用纵向磨削法磨较长工件时，则砂轮锥面与工件接触，将在工件表面上磨划出螺旋线来。出现上述情况，应该检查一下砂轮位置是否对正零线。

3. 机床空运行训练

在 M1432A 型万能外圆磨床上进行。

（1）实地了解 M1432A 型万能外圆磨床的主要组成部件。

①各主要部件的位置。

②主要部件的作用与功能。

（2）开动机床，并对各调整部位进行调整。

①对机床每个需要加油的部位按要求加注润滑油。

②开启液压泵，使机床液压部分正常工作，然后开动各方向的走刀，调整走刀速度。

③采用两端顶持的方法，用 $\phi 30 \text{ mm} \times 150 \text{ mm}$ 试件来调整机床纵向走刀的位置和砂轮距工件的位置；粗略调整上工作台角度，使工件轴线平行于工作台纵向走刀运动轨迹；模拟走刀。

④开启砂轮和冷却泵；开动各方向的走刀。

⑤上述练习完毕后，将工件卸下，松开尾座压板，并将尾座向右托至极限位置。

⑥卸下头架上的顶尖和拨盘，装上三爪自定心卡盘或四爪单动卡盘。

⑦将内圆磨具翻下并紧固，并将皮带装在带轮上；开启内圆磨具砂轮，按上述外圆磨削练习内容进行走刀。

4. 自检与评价

（1）对自己的操作进行评价（M1432A 型万能外圆磨床操作的评分标准见表 1.4），对出现的问题分析原因，并找出改进措施。

(2) 清点工具，收拾工作场地。

表 1.4　M1432A 型万能外圆磨床操作的评分标准

考核内容	考核要求		配分(100)	评分标准	得分
M1432A 型万能外圆磨床操作	磨削工件和机床调整前的准备工作	调整机床前，应先启动机床液压系统，再启动砂轮，运转一定时间，使机床工艺系统预热	10	不符合要求酌情扣 1~10 分	
		液压泵启动约 3 min 后，再启动砂轮	10	不符合要求酌情扣 1~10 分	
		在机床空运转时，打开排气阀，待排气声消失，则说明液压系统的气体彻底排放干净，此时再关闭排气阀	10	不符合要求酌情扣 1~10 分	
	外圆磨削时的机床操纵和调整	正确调整头架和尾座的位置，保证工件的预紧力大小适当，两顶尖在垂直方向要等高	10	不符合要求酌情扣 1~10 分	
		工件的回转轴线必须严格平行于工作台往复运动的方向，调整不当，加工时就无法消除锥度	10	不符合要求酌情扣 1~10 分	
		砂轮母线必须与工件轴线平行	10	不符合要求酌情扣 1~10 分	
	机床空运行操纵	实地了解 M1432A 型万能外圆磨床的主要组成部件	6	不符合要求酌情扣 1~6 分	
		开动机床，并对各调整部位进行调整	10	不符合要求酌情扣 1~10 分	
	操作方法及工艺规程正确		5	一项不符合要求扣 1~5 分	
	操作姿势正确、动作规范		5	不符合要求酌情扣 1~5 分	
	清理机床		5	不符合要求酌情扣 1~5 分	
工具的使用与维护、设备的维护	正确、规范地使用工具、量具、刃具，合理保养与维护工具、量具、刃具		3	不符合要求酌情扣 1~3 分	
	合理保养与维护设备		3	不符合要求酌情扣 1~3 分	
安全生产	安全文明生产，按国家颁布的有关法规或企业自定的有关规定执行		3	一处不符合要求扣 3 分，发生较大事故者取消考试资格	
完成时间	50 min			每超过 15 min 倒扣 4 分，超过 30 min 为不合格	
总得分					

任务 1.4　钻床的操作

【任务目标】

1. 熟悉钻床组成、作用及含义。
2. 掌握钻床各操作手柄的使用和作用。
3. 熟悉钻床各部件的传动关系。
4. 熟悉钻床的主运动、进给运动和切削过程。

【任务引入】

钻床是一种重要的加工机床。钻床主要用于各种孔加工。

操作钻床前，首先要熟练操作钻床上的各个操作手柄，并熟悉各个手柄的作用。了解钻床的基本功能。

【相关知识】

1.4.1　钻床

机器零件上分布着很多大小不同的孔，其中那些数量多、直径小、精度不太高的孔，都是在钻床上加工出来的。

在钻床上可以完成的工作很多，如钻孔、扩孔、铰孔、锪端面、攻丝等。

钻床的种类很多，常用的有台式钻床、立式钻床和摇臂钻床等。

1. 台式钻床

台式钻床简称台钻。它是一种放在台桌上使用的小型钻床，其钻孔直径一般在 12 mm 以下，最小可以加工小于 1 mm 的孔。由于加工的孔径较小，台钻的主轴转速一般较高，最高的转速接近每分钟万转。主轴的转速可用改变三角胶带在带轮上的位置来调节。台钻主轴的进给是手动的。台钻小巧灵活、使用方便，主要用于加工小型零件上的各种小孔，在仪表制造、钳工和装配中用得最多。

2. 立式钻床

立式钻床简称立钻。这类钻床的最大钻孔直径有 25 mm、35 mm、40 mm 和 50 mm 等几种，其规格用最大钻孔直径表示。

立钻主要由主轴、主轴变速箱、进给箱、立柱、工作台和机座组成。电动机的运动通过主轴变速箱使主轴获得需要的各种转速，主轴变速箱与车床的变速箱相似。钻小孔时转速需要高些，钻大孔时转速就应低些。钻床主轴在主轴套筒内做旋转运动，同时通过进给箱中的传动机构，使主轴随着主轴套筒按需要的进给量做直线移动，即进给运动。

在立钻上加工一个孔后，再钻另一个孔时，需移动工件，使钻头对准另一个孔的中心，而一些较大的工件移动起来比较麻烦，因此立式钻床适用于加工中小型工件。

3. 摇臂钻床

它有一个能绕立柱旋转的摇臂，摇臂带着主轴箱可沿立柱垂直移动，同时主轴箱还能在摇臂上做横向移动。由于摇臂钻床结构上的这些特点，操作时能很方便地调整刀具的位置，以对准被加工孔的中心，而不需移动工件来进行加工，因此，适用于在一些笨重的大工件以及多孔的工件上加工。在大中型工件上钻孔，希望工件不动，而主轴可以很方便地任意调整位置时要采用摇臂钻床。它广泛地应用于单件和成批生产中。

1）Z3040 型摇臂钻床组成

Z3040 型摇臂钻床组成及基本运动如下。

Z3040 型摇臂钻床主轴箱装在摇臂上，并可沿摇臂上的导轨水平移动。摇臂可沿立柱做垂直升降运动，该运动的目的是适应高度不同的工件需要。此外，摇臂还可以绕立柱轴线回转。为使钻削时机床有足够的刚性，并使主轴箱的位置不变，当主轴箱在空间的位置完全调整好后，应对产生上述相对移动和相对转动的立柱、摇臂和主轴箱用机床内相应的夹紧机构快速夹紧。摇臂钻床的主轴能任意调整位置，可适应工件上不同位置的孔的加工。

摇臂钻床具有下列运动：主轴的旋转主运动、主轴的轴向进给运动、主轴箱沿摇臂的水平移动、摇臂的升降运动及回转运动等，其中，前两个运动为表面成形运动，后三个运动为辅助运动。

2）Z3040 型摇臂钻床主要部件结构

（1）主轴部件。

图 1.13 为 Z3040 型摇臂钻床的主轴部件。摇臂钻床的主轴在加工时既做旋转主运动又做轴向进给运动，所以主轴 1 用轴承支承在主轴套筒 2 内，主轴套筒则装在主轴箱体的镶套 11 中，由齿轮 4 和主轴套筒 2 上的齿条，驱动主轴套筒连同主轴做轴向进给运动。

主轴的旋转由主轴箱内的齿轮经主轴尾部的花键传入，而齿轮通过轴承支承在主轴箱体上，使主轴卸荷。主轴的径向支承采用两个深沟球轴承，因钻床主轴的旋转精度要求不高，故深沟球轴承的间隙不需要调整。主轴的轴向支承采用两个推力球轴承，前端的推力球轴承承受钻削时产生的向上轴向力，后端的推力球轴承主要承受空转时主轴的重量。轴承的间隙由锁紧螺母 3 调整。

由于钻床的主轴是垂直安装的，为了防止主轴因自重下落，同时使操纵主轴升降轻便，在摇臂钻床上设有平衡机构。由弹簧 7 产生的弹力，经链条 5、链轮 6、凸轮 8、齿轮 9 和齿轮 4 作用在主轴套筒 2 上，与主轴部件的重量相平衡。该机构称为弹簧 - 凸轮平衡机构。

主轴 1 的前端有一个 4 号莫氏锥孔，用于安装和紧固刀具。主轴前端还有 2 个腰形孔，上面一个与刀柄相配，以传递转矩，并可用做卸刀。

（2）立柱。

Z3040 型摇臂钻床的立柱采用圆形双柱式结构，如图 1.14 所示，这种结构由内、外立柱组成。内立柱 4 用螺钉固定在底座 8 上，外立柱 6 通过上部的推力球轴承 2 和深沟球轴承 3 及下部滚柱 7 支承在内立柱上。摇臂 5 以其一端的套筒部分套在外立柱上，并用滑键连接（图 1.14 中未标出）。当内外立柱未夹紧时，外立柱在平板弹簧 1 的作用下相对于内立柱向上抬起 0.2~0.3 mm，使内外立柱间的圆锥配合面 A 脱离接触，摇臂可以轻便地转动，调整位置。当摇臂位置调整好以后，利用夹紧机构产生向下的夹紧力使平板弹簧 1 变形，外立柱

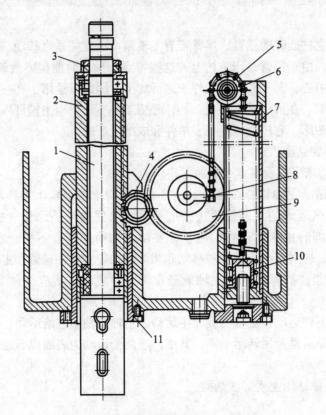

图 1.13　Z3040 型摇臂钻床的主轴部件

1—主轴；2—主轴套筒；3—锁紧螺母；4,9—齿轮；5—链条；6—链轮；7—弹簧；
8—凸轮；10—弹簧座；11—镶套

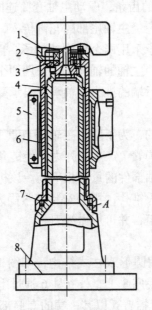

图 1.14　Z3040 型摇臂钻床立柱

1—平板弹簧；2—推力球轴承；3—深沟球轴承；4—内立柱；5—摇臂；
6—外立柱；7—滚柱；8—底座

压紧在圆锥面 A 上，依靠摩擦力将外立柱锁紧在内立柱上。

（3）夹紧机构。

为了保证钻床在切削时，有足够的刚度和定位精度，当主轴箱、摇臂、立柱调整好位置后，必须用各自的夹紧机构夹紧。夹紧机构必须保证夹紧可靠，夹紧力足够，夹紧前后主轴位移小，在松开时对其他运动部件的移动不产生影响，操纵灵活方便。图 1.15 为 Z3040 型摇臂钻床的夹紧机构。摇臂 22 与外立柱 12 配合的套筒上有纵向切口，可产生弹性变形而夹紧在立柱上。

夹紧摇臂时，液压缸 8 的下腔通压力油，活塞杆 7 向上移动，两块垫块推动两块菱形块呈水平位置（图 1.15 所示位置），左菱形块通过顶块 16 撑紧在摇臂的筒壁上，而右菱形块通过顶块 6、杠杆 3 和 9，使杠杆绕销钉转动。而杠杆 3 和 9 的一端分别与连接块 21、2、10、13 用销钉连接，这四块连接块又通过螺钉 1、20、14 和 11 与摇臂套筒切口两侧的筒壁相连接，从而，使摇臂紧抱住立柱而夹紧。活塞杆上移至终点位置时，菱形块略略向上倾斜超过水平线约 0.5 mm，使夹紧机构自锁。停止供油，摇臂也不会松开。当液压缸 8 的上腔通油，活塞杆 7 下移，菱形块向下移动呈向下倾斜位置，杠杆 3 和 9 随即也松开。摇臂夹紧力的大小可通过螺钉 1、20、14 和 11 调整。活塞杆 7 的上端有弹簧片 19，当其上下至终点、摇臂夹紧或松开时，弹簧片触动行程开关 4 和 18，发出相应电讯号，通过电气–液压控制系统与摇臂的升降保持连锁。

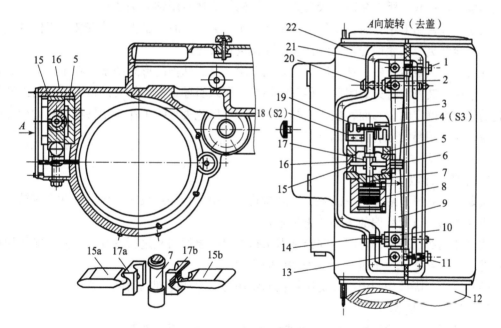

图 1.15 Z3040 型摇臂钻床的夹紧机构

1、11、14、20—夹紧螺钉；2、10、13、21—连接块；3、9—杠杆；4、18—行程开关；5—座；
6、16—顶块；7—活塞杆；8—液压缸；12—外立柱；15a、15b—左、右菱形块；
17a、17b—左、右垫块；19—弹簧片；22—摇臂

【任务实施】

1.4.2 钻床加工操作

用钻头在实体材料上加工孔叫做钻孔。在钻床上钻孔时，工件固定不动，钻头旋转（主运动）并做轴向移动（进给运动）。钻孔时，由于钻头结构上存在一些缺点（主要是刚性差），因而影响加工质量。钻孔加工精度一般为 IT12 左右，表面粗糙度 Ra 为 6.3 μm 左右。

1. 麻花钻头

钻孔用的刀具主要是麻花钻头。麻花钻的前端为切削部分，有两个对称的主切削刃，两刃之间的夹角通常为 $2\varphi = 116°\sim118°$，称为顶角。钻头顶部有横刃，即两后面的交线，它的存在使钻削时的轴向力增加，所以大直径的钻头常采取修磨横刃的办法缩短横刃。导向部分上有两条刃带和螺旋槽，刃带的作用是引导钻头，螺旋槽的作用是向孔外排屑。

2. 钻孔用附件

麻花钻头按尾部形状的不同，有不同的装夹方法。锥柄钻头可以直接装入机床主轴的锥孔内。当钻头的尾部小于机床主轴锥孔时，则需用过渡套筒。因此过渡套筒要和各种规格的麻花钻装夹在一起，所以套筒一般需数只。柱柄钻头通常用钻夹头装夹。

在立钻或台钻上钻孔时，工件通常用平口钳装夹。有时把工件直接安装在工作台上，用压板、螺栓装夹，夹紧前先按划线标志的孔位进行找正。

在成批和大量生产中，钻孔时广泛采用钻模夹具。钻模的形式很多，在工件上装夹着钻模，在钻模上装有淬过火的耐磨性很高的钻套，用来引导钻头。钻套的位置是根据工件要求钻孔的位置而确定的。因而，应用钻模钻孔时，可以免去划线工作。用钻模钻孔的精度可提高一级，表面粗糙度也有所降低。

3. 钻孔操作方法及钻削用量

1) 钻孔操作方法

按划线钻孔时，应先钻一浅坑，以判断是否对中。若偏得较多，可用样冲在应钻的位置上錾出几条槽，以把钻偏的中心纠正过来。

用麻花钻头钻较深的孔时，要经常退出钻头以排出切屑和进行冷却，否则可能使切屑堵塞在孔内卡断钻头或由于过热而增加钻头的磨损。

钻孔时为了降低切削温度以提高钻头的耐用度，要加冷却润滑液。

2) 钻削用量的选择

选择钻削用量，除钻削速度 v_c 和进给量 f 外，还应包括钻头直径。

钻头直径大，刚性好，钻头耐用度也高，钻孔时可选用较大的切削用量，生产率高。因此应在满足孔径要求的前提下，尽量选直径较大的钻头。直径较小的孔应一次钻出，孔径超过 30 mm 时，考虑到机床功率，以及钻削其他条件的要求，可分两次钻出，第一次钻头直径为 $(0.5\sim0.7)d$，第二次钻到所需的孔径。

钻削速度和进给量的影响因素很多，可参照表 1.5 确定。

表 1.5　高速钢钻头的钻削速度 v_c 和进给量 f

加工直径 /mm	铸铁		钢（铸钢）		铜、铝及其合金	
	v_c/(m·min^{-1})	f/(mm·r^{-1})	v_c/(m·min^{-1})	f/(mm·r^{-1})	v_c/(m·min^{-1})	f/(mm·r^{-1})
3~6	26~38	0.1~0.2	28~40	0.06~0.1	30~50	0.1~0.2
6~10	24~36	0.15~0.3	26~38	0.1~0.3	28~45	0.15~0.3
10~20	22~34	0.2~0.4	24~36	0.12~0.4	26~42	0.2~0.4
20~30	20~32	0.25~0.6	22~34	0.15~0.6	24~40	0.25~0.6
30~40	18~30	0.3~0.8	20~32	0.2~0.8	22~38	0.3~0.8
40~50	16~28	0.4~1.0	18~30	0.25~1	20~36	0.4~1.0
50~60	14~26	0.5~1.2	16~28	0.3~1	18~34	0.5~1.2
>60	12~24	0.6~1.5	14~26	0.3~1	16~32	0.6~1.5

4. 自检与评价

（1）对自己的操作进行评价（评分标准见表1.6），对出现的问题分析原因，并找出改进措施。

（2）清点工具，收拾工作场地。

表 1.6　钻床操作的评分标准

考核内容	考核要求	配分（100）	评分标准	得分
钻床操作	麻花钻头	15	不符合要求酌情扣 1~15 分	
	钻孔用附件	15	不符合要求酌情扣 1~15 分	
	钻孔操作方法	15	不符合要求酌情扣 1~15 分	
	钻削用量的选择	15	不符合要求酌情扣 1~15 分	
	操作方法及工艺规程正确	10	一项不符合要求扣 1~10 分	
	操作姿势正确、动作规范	10	不符合要求扣 1~10 分	
	清理机床	5	不符合要求酌情扣 1~5 分	
工具的使用与维护、设备的维护	正确、规范地使用工具、量具、刃具，合理保养与维护工具、量具、刃具	5	不符合要求酌情扣 1~5 分	
	合理保养与维护设备	5	不符合要求酌情扣 1~5 分	
安全生产	安全文明生产，按国家颁布的有关法规或企业自定的有关规定执行	5	一处不符合要求扣 5 分，发生较大事故者取消考试资格	
完成时间	50 min		每超过 15 min 倒扣 4 分，超过 30 min 为不合格	
总得分				

任务 1.5　卧式铣镗床的操作

【任务目标】

1. 熟悉 TP619 型卧式铣镗床的组成、作用及含义。
2. 掌握 TP619 型卧式铣镗床各操作手柄的使用和作用。
3. 熟悉 TP619 型卧式铣镗床各部件的传动关系。
4. 熟悉 TP619 型卧式铣镗床的主运动、进给运动和切削过程。

【任务引入】

TP619 型卧式铣镗床是一种重要的加工机床。TP619 型卧式铣镗床主要用于加工各种单一表面和孔系加工。

操作镗床前,首先要熟练操作镗床上的各个操作手柄,并熟悉各个手柄的作用。了解镗床的基本功能。

【相关知识】

1.5.1　TP619 型卧式铣镗床

1. TP619 型卧式铣镗床的组成及运动分析

(1) TP619 型卧式铣镗床组成。

TP619 型卧式铣镗床的主要组成部件,如图 1.16 所示。床身 10 为机床的基础件,前立柱 7 与其固定连接在一起,承受来自其他部件的重力和加工时的切削力,因此要求有足够的强度、刚度和吸振性能,而且后立柱 2 和工作台部件 3 要沿床身做纵向(y 轴方向)移动;主轴箱 8 要沿前立柱上的导轨做垂直(z 轴方向)移动,两种移动的运动精度直接影响着孔的加工精度,所以要求床身和前立柱有很高的加工精度和表面质量,且精度能够长期保持。

工作台部件的纵向移动是通过其最下层的下滑座 11 相对于床身导轨的平移实现的;工作台部件的横向(x 轴方向)移动,是通过其中层的上滑座 12 相对于下滑座的平移实现的。上滑座上有圆环形导轨,工作台部件最上层的工作台面可以在该导轨内绕铅垂轴线相对于上滑座回转 360°,以便在一次安装中对工件上相互平行或成一定角度的孔和平面进行加工。

主轴箱 8 沿前立柱导轨的垂直(z 轴方向)移动,一方面可以实现垂直进给,另一方面可以适应工件上被加工孔位置的高低不同的需要。主轴箱内装有主运动和进给运动的变速机构和操纵机构。根据不同的加工情况,刀具可以直接装在镗轴 4 前端的莫氏 5 号或 6 号锥孔内,也可以装在平旋盘 5 的径向刀具溜板 6 上。在加工长度较短的孔时,刀具与工件间的相对运动类似于钻床上钻孔,镗轴 4 和刀具一起做主运动,并且又沿其轴线做进给运动。该进给运动是主轴箱 8 右端后尾筒 9 内的轴向进给机构提供的。平旋盘 5 只能做回转主运动,装

项目1 金属切削机床操作

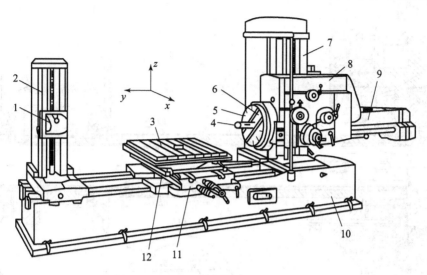

图 1.16 TP619 型卧式铣镗床

1—后支承架；2—后立柱；3—工作台；4—镗轴；5—平旋盘；6—径向刀具溜板；
7—前立柱；8—主轴箱；9—后尾筒；10—床身；11—下滑座；12—上滑座

在平旋盘导轨上的径向刀具溜板6，除了随平旋盘一起回转外，还可以沿着导轨移动，做径向进给运动。后立柱2沿床身导轨做纵向进给移动，其目的是当用双面支撑的镗模镗削通孔时，便于针对不同长度的镗杆来调整它的纵向位置。后支承架1沿后立柱2的上下移动，是为了与镗轴4保持等高，并用以支撑长镗杆的悬伸端。

（2）TP619型卧式铣镗床的运动。

卧式铣镗床的主运动有：镗轴和平旋盘的回转运动。进给运动有：镗轴的轴向进给运动，平旋盘溜板的径向进给运动，主轴箱的垂直进给运动，工作台的纵向和横向进给运动。辅助运动有：工作台的转位，后立柱纵向调位，后支承架的垂直方向调位，主轴箱沿垂直方向和工作台沿纵、横方向的快速调位运动。其运动归纳划分如下：

①镗杆的旋转主运动；
②平旋盘的旋转主运动；
③镗杆的轴向进给运动；
④主轴箱的垂直进给运动；
⑤工作台的纵向进给运动；
⑥工作台的横向进给运动；
⑦平旋盘上径向刀架进给运动；
⑧辅助运动。

2. TP619型卧式铣镗床主轴部件结构

图1.17为TP619型卧式铣镗床的主轴部件结构图。它主要由镗轴2、镗轴套筒3和平旋盘7组成。镗轴2和平旋盘7用来安装刀具并带动其旋转，两者可同时同速转动，也可以不同转速同时转动。镗轴套筒3用作镗轴2的支承和导向，并带动其旋转。镗轴套筒3采用三支承结构，前支承采用D3182126型双列圆柱滚子轴承，中间和后支承采用D2007126型圆锥滚子轴承，三支承均安装在箱体轴承座孔中，后轴承间隙可用调整螺母13调整。在镗轴套筒3的内

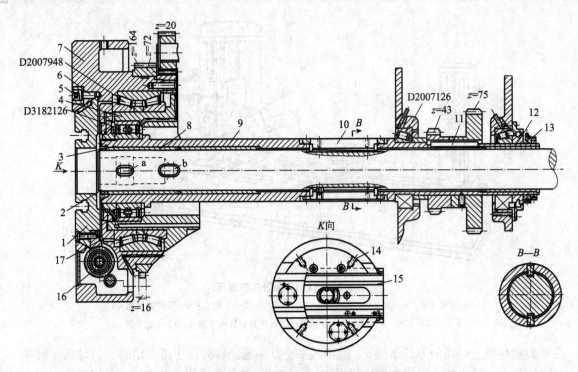

图 1.17　TP619 型卧式铣镗床的主轴部件结构图
1—刀具溜板；2—镗轴；3—镗轴套筒；4—法兰盘；5—螺塞；6—销钉；7—平旋盘；8，9—前支承衬套；10—导键；
11—平键；12—后支承衬套；13—调整螺母；14—径向 T 形槽；15—T 形槽；16—丝杠；17—半螺母

孔中，装有 3 个淬硬的精密衬套 8，9 和 12，用以支承镗轴 2。镗轴 2 用 38CrMoAlA 钢经氮化处理制成，具有很高的表面硬度，它和衬套的配合间隙很小，而前后衬套间的距离较大，使主轴部件有较高的刚度，以保证主轴具有较高的旋转精度和平稳的轴向进给运动。

镗轴 2 的前端有一精密的 1∶20 锥孔，供安装刀具和刀杆用。它由后端齿轮（$z=43$ 或 $z=75$）通过平键 11 使镗轴套筒 3 旋转，再经套筒上两个对称分布的导键 10 传动旋转。导键 10 固定在镗轴套筒 3 上，其突出部分嵌在镗轴 2 的两条长键槽内，使镗轴 2 既能由镗轴套筒 3 带动旋转，又可在衬套中沿轴向移动。镗轴 2 的后端通过推力球轴承和圆锥滚子轴承与支承座连接。支承座装在后尾筒的水平导轨上，可由丝杠 16（轴 XVⅡ）经半螺母 17 传动移动，带动镗轴 2 做轴向进给运动。镗轴 2 前端还有 2 个腰形孔 a、b，其中孔 a 用于拉镗孔或倒刮端面时插入楔块，以防止镗杆被拉出，孔 b 用于拆卸刀具。镗轴 2 不做轴向进给时，利用支承座中的推力球轴承和圆锥滚子轴承使镗轴 2 实现轴向定位。其中圆锥滚子轴承还可以作为镗轴 2 的附加径向支承，以免镗轴后部的悬伸端下垂。

平旋盘 7 通过 D2007984 型双列圆锥滚子轴承支承在固定于箱体上的法兰盘 4 上。平旋盘由用螺钉和定位销连接其上的齿轮（$z=72$）传动。传动刀具溜板的大齿轮（$z=164$）空套在平旋盘 7 的外圆柱面上。平旋盘 7 的端面上铣有四条径向 T 形槽 14，可以用来紧固刀具或刀盘；在它的燕尾导轨上，装有径向刀具溜板 1，刀具溜板 1 的左侧面上铣有两条 T 形槽 15（K 向视图），可用来紧固刀具或刀盘。刀具溜板 1 可在平旋盘 7 的燕尾导轨上做径向进给运动，燕尾导轨的间隙可用镶条进行调整。当加工过程中刀具溜板不需做径向进给时（如镗大直径孔或车外圆柱面时），可拧紧螺塞 5，通过销钉 6 将其锁紧在平旋盘 7 上。

【任务实施】

1.5.2　卧式铣镗床加工操作

1. 单一表面的加工操作

（1）镗削直径不大的孔。可将镗刀安装在镗轴上旋转，工作台不移动，让镗轴兼做轴向进给运动。每完成一次进给，让主轴退回至起点位置，然后再调节背吃刀量继续加工，直至加工完毕。镗削深度靠调节镗刀伸出长度来确定。

（2）镗削不深的大孔。在平旋盘溜板上装上刀架与镗刀，让平旋盘转动，在刀架溜板带动镗刀切入所需深度后，再让工作台带动工件做纵向进给运动。

（3）加工孔边的端面。把刀具装在平旋盘的刀架上，由平旋盘带动刀具旋转，同时刀架在刀架溜板的带动下沿平旋盘径向进给。

（4）钻孔、扩孔、铰孔。对于小孔，可在主轴上逐次装上钻头、扩孔钻及铰刀，主轴旋转并轴向做进给运动，即可完成小孔的钻、扩、铰等切削加工。

（5）镗削螺纹。将螺纹镗刀安装在特制的刀架上，由镗轴带动旋转，工作台沿床身按刀具每旋转一转移动一个导程的规律做进给运动，便可镗出螺纹。控制每一行程的背吃刀量时，可在每一行程结束时，将特制刀架沿它的溜板方向按需要移动一定距离即可。用这种方法还可以加工不长的外螺纹。镗内螺纹也可将另一特制刀装夹在镗杆上，镗杆既转动，又按要求做轴向进给运动。

2. 孔系加工操作

孔系是指在空间具有一定相对位置精度要求的两个或两个以上的孔。孔系分为同轴孔系、垂直孔系和平行孔系。

（1）镗同轴孔系。

同轴孔系的主要技术要求为同轴线上各孔的同轴度，生产中常采用以下几种方法加工。

① 导向法。

单件小批生产时，箱体上的孔系一般在通用机床上加工，镗杆的受力变形会影响孔的同轴度，这时，可采用导向套导向加工同轴孔。

a. 用镗床后立柱上的导向套作支承导向。将镗杆插入镗轴锥孔中，另一端由后立柱上的导套支承，装上镗刀，调好尺寸。镗轴旋转，工作台带动工件做纵向进给运动，即可镗出两同轴孔。若两孔径不等，可在镗杆不同位置上装两把镗刀将两孔先后或同时镗出。此法的缺点是后立柱导套的位置调整麻烦费时，需用心轴量块找正，一般适用于大型箱体的加工。

b. 用已加工孔作支承导向。当箱体前壁上的孔加工完毕，可在孔内装一导向套，来支承和引导镗杆加工后面的孔，以保证两孔的同轴度，此法适用于加工箱壁相距较近的同轴孔，如图 1.18 所示。

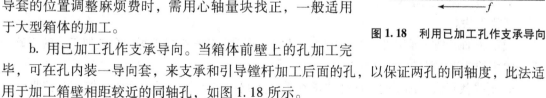

图 1.18　利用已加工孔作支承导向

②找正法。

找正法是在工件一次装夹镗出箱体一端的孔后,将镗床工作台回转180°,再对箱体另一端同轴线的孔进行找正加工。找正后保证镗杆轴线与已加工孔轴线位置精确重合。

图1.19(a)所示为镗孔前用装在镗杆上的百分表对箱体上与所镗孔轴线平行的工艺基面进行校正,使其与镗杆轴线平行,然后调整主轴位置加工箱体 B 壁上的孔。图1.19(b)所示为镗孔后回转180°,重新校正工艺基面对镗杆轴线的平行度,再以工艺基面为统一测量基准,调整主轴位置,使镗杆轴线与 B 壁上孔轴线重合,即可加工箱体 A 壁上的孔。

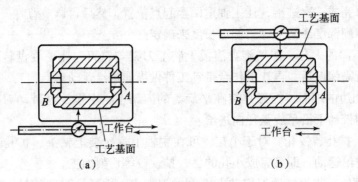

图1.19 找正法加工同轴孔系
(a) 第一工位;(b) 第二工位

③镗模法。在成批大量生产中,一般采用镗模加工,其同轴度由镗模保证。如图1.20所示,工件装夹在镗模上,镗杆支承在前后镗套的导向孔中,由镗套引导镗杆在工件的正确位置上镗孔。

如图1.21所示,用镗模镗孔时,镗杆与机床主轴通过浮动夹头浮动连接,保证孔系的加工精度不受机床精度的影响。图1.20中孔的同轴度主要取决于镗模的精度,因而可以在精度较低的机床上加工精度较高的孔系。同时有利于多刀同时切削,且定位夹紧迅速,生产率高。但是,镗模的精度要求高,制造周期长,生产成本高,因此,镗模法加工孔系主要应用于成批大量生产。用镗模法加工孔系,既可在通用机床上加工,也可在专用机床或组合机床上加工。

(2) 镗平行孔系。

平行孔系的主要技术要求是各平行孔轴线之间与基准面之间的距离尺寸精度和位置精度。生产中常用以下几种方法。

①坐标法。

坐标法镗孔是将被加工孔系间的孔距尺寸换算成两个相互垂直的坐标尺寸,然后按此坐标尺寸精确地调整机床主轴和工件在水平与垂直方向的相对位置,通过控制机床的坐标位移尺寸和公差来保证孔距尺寸精度。

②找正法。

找正法加工是在通用机床上镗孔时,借助一些辅助装置去找正每一个被加工孔的正确位置。常用的找正方法有:

a. 划线找正法。加工前按图样要求在毛坯上划出各孔的位置轮廓线,加工时按划线一一找正刀具与工件的相对位置进行加工,同时,结合试切法进行。划线需手工操作,难度较

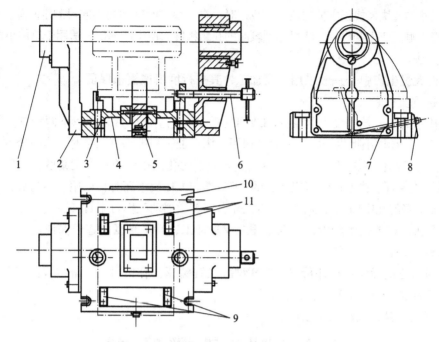

图 1.20 用镗模加工孔

1—钻套；2—导向支架；3—挡销；4—支承板；5—定位块；6—支承钉；7—紧固螺钉；
8—螺母；9—压板；10—夹具体；11—压板

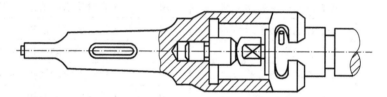

图 1.21 用镗模镗孔时所用的浮动夹头与镗杆

大，加工精度受工人技术水平影响较大，加工孔距精度低，生产率低，因此，一般适用于孔距精度要求不高，生产批量较小的孔系加工。

b. 量块心轴找正法。如图 1.22 所示，将精密心轴分别插入镗床主轴孔和已加工孔中，然后

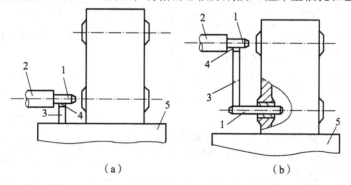

图 1.22 镗平行孔时用量块心轴找正法

(a) 第一工位；(b) 第二工位

1—心轴；2—主轴；3—量块组；4—塞尺；5—工作台

组合一定尺寸的量块来找正主轴的位置。找正时，在量块与心轴间要用塞尺测定间隙，以免量块与心轴直接接触而产生变形。此法可达到较高的孔距精度，但生产率低，适用于单件小批生产。

③镗模法。

在成批大量生产中，一般采用镗模加工，其平行度由镗模来保证。

（3）镗垂直孔系。

垂直孔系的主要技术要求为各孔轴线间的垂直度，生产中常采用以下两种方法加工。

①找正法。单件小批生产中，一般在通用机床上加工。镗垂直孔系时，当一个方向的孔加工完毕后，将工作台调转90°，再镗与其垂直方向上的孔。孔系的垂直度精度靠镗床工作台的90°对准装置来保证。当普通镗床工作台的90°对准装置精度不高时，可用心棒与百分表进行找正，即在加工好的孔中插入心轴，然后将工作台回转，摇动工作台用百分表找正。

②镗模法。在成批生产中，一般采用镗模法加工，其垂直度由镗模保证。

3. 自检与评价

（1）对自己的操作进行评价（TP619型卧式铣镗床操作的评分标准见表1.7），对出现的问题分析原因，并找出改进措施。

（2）清点工具，收拾工作场地。

表1.7　TP619型卧式铣镗床操作的评分标准

考核内容	考 核 要 求	配分（100）	评 分 标 准	得分
TP619型卧式铣镗床操作	镗杆的旋转主运动	10	不符合要求酌情扣1~10分	
	平旋盘的旋转主运动	10	不符合要求酌情扣1~10分	
	镗杆的轴向进给运动	10	不符合要求酌情扣1~10分	
	主轴箱的垂直进给运动	10	不符合要求酌情扣1~10分	
	工作台的纵向进给运动	10	不符合要求酌情扣1~10分	
	工作台的横向进给运动	10	不符合要求酌情扣1~10分	
	平旋盘上径向刀架进给运动	10	不符合要求酌情扣1~10分	
	辅助运动	6	不符合要求酌情扣1~6分	
	操作方法及工艺规程正确	5	一项不符合要求扣1~5分	
	操作姿势正确、动作规范	5	不符合要求酌情扣1~5分	
	清理机床	5	不符合要求酌情扣1~5分	
工具的使用与维护、设备的维护	正确、规范地使用工具、量具、刃具，合理保养与维护工具、量具、刃具	3	不符合要求酌情扣1~3分	
	合理保养与维护设备	3	不符合要求酌情扣1~3分	
安全生产	安全文明生产，按国家颁布的有关法规或企业自定的有关规定执行	3	一处不符合要求扣3分，发生较大事故者取消考试资格	
完成时间	50 min		每超过15 min倒扣4分，超过30 min为不合格	
总得分				

项目 2　车削加工阶梯轴

【项目导入】

轴类零件主要用来支承做回转运动的传动零件（如齿轮、带轮、离合器等），传递扭矩和承受载荷，以及保证装在轴上的零件具有确定的工作位置和一定的回转精度。它是机械加工中的典型零件之一。轴类零件是旋转体零件，其加工表面一般是由同轴的外圆柱面、圆锥面、内孔、螺纹和花键等组成。轴类零件可分为光轴、阶梯轴、空心轴和曲轴等。

阶梯轴（图 2.1）是各种机器中最常用的零件之一，它由外圆柱面、台阶、端面、沟槽、倒角和中心孔等结构要素组成。本项目以图 2.1 阶梯轴的车削为工作任务，在车削该轴类零件的实际操作中，掌握其尺寸精度、形状精度、位置精度、表面粗糙度、热处理要求等技术要求。

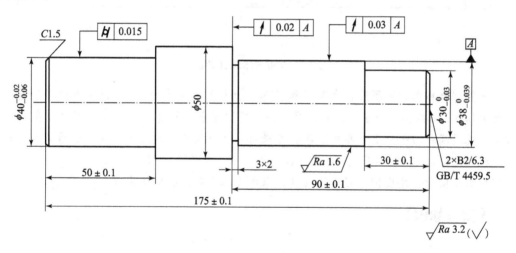

图 2.1　阶梯轴

加工方案：根据阶梯轴的形状合理选择并正确刃磨车刀→粗车阶梯轴→精车阶梯轴→车槽。

任务 2.1　粗车阶梯轴

【任务目标】

1. 能够采用一夹一顶的方法装夹并找正台阶轴。

2. 掌握后顶尖的类型和使用方法。
3. 掌握中心孔的类型、钻削方法及钻中心孔时容易出现的问题。
4. 能够合理选择粗车时的切削用量。
5. 会调整工件的锥度。
6. 能够按照加工工艺粗车台阶轴。

【任务引入】

车削本任务中的阶梯轴，应先把 $\phi 55$ mm × 178 mm 的毛坯（材料为 45 钢）按图 2.2 所示的阶梯轴粗车工序图粗车成形。

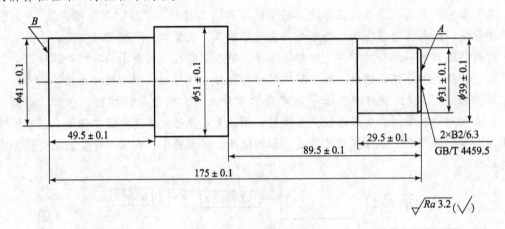

图 2.2　阶梯轴粗车工序图

由于阶梯轴粗车后还要进行半精车和精车，直径尺寸应留 0.8～1 mm 的精车余量，台阶长度留 0.5 mm 的精车余量。因此，对工件的精度要求并不高，在选择车刀和切削用量时应着重考虑提高劳动生产率方面的因素。可采用一夹一顶的方式装夹工件，以承受较大的切削力。粗车外圆时用 75°车刀或 90°硬质合金粗车刀，车端面用 45°车刀。

在粗加工阶段，还应校正好车床锥度，以保证工件对圆柱度的要求。

【相关知识】

2.1.1　切削运动和切削用量

1. 切削运动

在切削加工过程中，刀具和工件之间必须完成一定的相对运动，这种相对运动称为切削运动。按各运动在切削加工中的作用不同，切削运动可分为主运动和进给运动。

（1）主运动。

主运动是从工件上切下切屑所需要的最基本的运动，也是切削运动中速度最高、消耗功率最多的运动。如图 2.3 所示，车削时工件的旋转运动，铣削和钻削时刀具的旋转运动，刨削时刨刀的直线往复运动，磨削时磨轮的旋转运动等，都是其加工方法的主运动。在各类切削加工中，主运动只有一个。

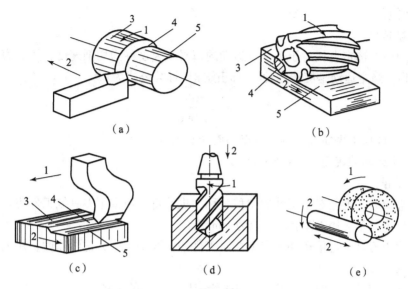

图 2.3　主运动和进给运动
(a) 车削；(b) 铣削；(c) 刨削；(d) 钻削；(e) 磨削
1—主运动；2—进给运动；3—待加工表面；4—加工表面；5—已加工表面

（2）进给运动。

进给运动是维持切削过程，使待切除的金属层不断投入切削，从而完成整个表面加工所需要的刀具与工件之间的相对运动，其特点是消耗的功率比主运动少。进给运动可以是连续的运动，也可以是间歇运动，可以有一个或多个。车削时车刀沿工件轴向的移动，刨削时工件的间歇移动，钻削时钻头的轴向移动，铣削时工件随工作台的移动，内、外圆磨削时工件的旋转运动和移动等，都是这些加工方法的进给运动。

当主运动和进给运动同时进行时，由主运动和进给运动合成的运动称为合成切削运动。刀具切削刃上选定点相对于工件的瞬时合成运动方向称为合成运动方向，其速度称为合成切削速度。合成切削速度 v_e 为同一选定点的主运动速度 v_c 与进给速度 v_f 的矢量和。

2. 切削要素

如图 2.4 所示，在加工外圆时，工件旋转一周，刀具从位置Ⅰ移到位置Ⅱ，切下的Ⅰ与Ⅱ之间的工件材料层。图中 $ABCE$ 称为切削层公称横截面积。

1）切削过程中工件的表面

工件在切削加工过程中形成了三个不断变化的表面，如图 2.4 所示。

（1）已加工表面。工件上被刀具切削后形成的新表面。

（2）待加工表面。工件上等待被切除的表面。

（3）过渡表面。刀具切削刃正在切削的表面，也称加工表面，它是待加工表面与已加工表面的连接表面。

2）切削用量

切削用量包括切削速度、进给量和背吃刀量，通常称为

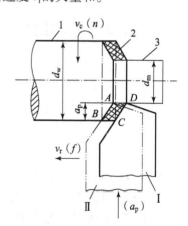

图 2.4　切削层要素
1—待加工表面；2—过渡表面；
3—已加工表面

切削用量三要素。

（1）切削速度。

刀具切削刃上选定点相对于工件主运动的瞬时线速度称为切削速度，用 v_c 表示，单位为 m/s 或 m/min。当主运动是旋转运动时，切削速度计算公式为：

$$v_c = \frac{\pi d n}{1\,000}$$

式中　d——工件加工表面或刀具选定点的旋转直径（mm）；

　　　n——主运动的转速（r/s 或 r/min）。

（2）进给量。

刀具在进给方向上相对于工件的位移量称为进给量，通常用刀具或工件主运动每转或每行程的位移量来度量，用 f 表示，单位为 mm/r。

单位时间内刀具在进给运动方向上相对工件的位移量，称为进给速度，用 v_f 表示，单位为 mm/s 或 m/min。

当主运动为旋转运动时，进给量 f 与进给速度 v_f 之间的关系为

$$v_f = fn$$

（3）背吃刀量。

工件已加工表面和待加工表面之间的垂直距离，称为背吃刀量，也称切削深度，用 a_p 表示，单位为 mm。

车削外圆时

$$a_p = \frac{d_w - d_m}{2}$$

式中　d_w——待加工表面直径（mm）；

　　　d_m——已加工表面直径（mm）。

【任务实施】

2.1.2　粗车阶梯轴

1. 准备工作

（1）工件毛坯。

材料：45 钢；检查毛坯尺寸：φ55 mm×178 mm；数量：1 件/人。

（2）工艺装备。

三爪自定心卡盘、钻夹头、B 2 mm/6.3 mm 中心钻、回转顶尖、钢直尺、0.02 mm/（0~150）mm 的游标卡尺。

将 45°车刀和 75°车刀装在刀架上，并将刀尖对准工件轴线。

① 75°硬质合金粗车刀。

如图 2.5 所示为加工钢料用的典型 75°硬质合金粗车刀，用于粗车阶梯轴的外圆，选取的几何参数如下。

a. 主偏角 $\kappa_r = 75°$，副偏角 $\kappa_r' = 8°$。

b. 后角 $\alpha_o = 5° \sim 9°$，副后角 $\alpha_o' = 5° \sim 9°$。

c. 刃倾角 $\lambda_s = -10° \sim -5°$。

d. 断屑槽宽度 $L_{Bn} = 4$ mm，断屑槽深度 $C_{Bn} = 0.6$ mm。

e. 倒棱宽度 $b_{\gamma 1} = (0.5 \sim 0.8) f$，倒棱前角 $\gamma_{o1} = -5°$。

② 45°硬质合金车刀。

45°外圆车刀的刃磨方法和90°车刀基本一样，但45°外圆车刀要刃磨出2个刀尖、2个副刀面和2个副后角。

如图2.6所示为车钢料用的45°硬质合金车刀，可用于车削阶梯轴的端面并进行45°倒角，选取的几何参数如下。

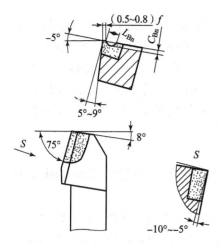

图2.5 75°硬质合金粗车刀

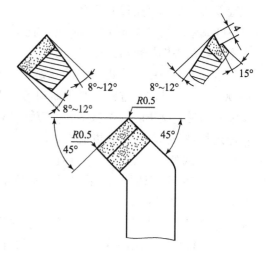

图2.6 45°硬质合金车刀

a. 主偏角 $\kappa_r = 45°$，副偏角 $\kappa_r' = 45°$。

b. 前角 $\gamma_o = 15°$。

c. 后角 $\alpha_o = 8° \sim 12°$，副后角 $\alpha_o' = 8° \sim 12°$。

d. 刃倾角 $\lambda_s = 0°$。

e. 断屑槽宽度 $L_{Bn} = 4$ mm。

（3）设备。

CA6140型车床。

2. 车削步骤

按图2.2所示的工序图，将阶梯轴粗车成形的步骤如下。

（1）工件找正、夹紧。

毛坯伸出三爪自定心卡盘约35 mm，利用划针找正。

①用卡盘轻轻夹住毛坯，将划线盘放置在适当位置，将划针尖端触向工件悬伸端外圆柱表面。

②将主轴箱变速手柄置于空挡，用手轻拨卡盘使其缓慢转动，观察划针尖与毛坯表面接触情况，并用铜锤轻击工件悬伸端，直至划针与毛坯外圆全圆周上的间隙基本均匀一致，找正结束。

③找正后夹紧工件。

(2) 用45°车刀车端面 A。

取背吃刀量 a_p = 1 mm，进给量 f = 0.4 mm/r，车床主轴转速为 500 r/min，车平即可，表面粗糙度达到要求。

(3) 钻中心孔。

①用钻夹头钥匙逆时针方向旋转钻夹头外套，使钻夹头的三爪张开。

②将中心钻插入钻夹头的三爪之间，然后用钻夹头钥匙顺时针方向转动钻夹头外套，通过三爪夹紧中心钻。

③将钻夹头装入尾座锥孔中。擦净钻夹头柄部和尾座锥孔，用左手握住钻夹头外套部位，沿尾座套筒轴线方向将钻夹头锥柄部用力插入尾座套筒的锥孔中。如钻夹头锥柄比车床尾套筒锥孔小，可用过渡配合。

④钻中心孔 B 2 mm/6.3 mm。调整车床主轴转速为 1 120 r/min，开动车床使工件转动，观察中心钻头部是否与工件旋转中心一致，如不一致则停车调整尾座两侧的螺钉，使尾座横向位置移动。当中心找正后，两侧螺钉要同时锁紧。由于中心孔直径小，主轴转速要大于 1 000 r/min，钻削时进给量要小而均匀，当中心钻钻入工件时，加切削液，中途退出 1~2 次清除切屑，钻毕时（A 型中心钻应钻出 60°锥面，B 型中心钻应钻出 120°锥面）中心钻应在原地稍停 1~2 s，然后再退出，使中心孔光洁、精确。

(4) 试车削，粗车限位台阶。

①将 75°车刀调整到工作位置，进给量 f 可取 0.3 mm/r，车床主轴转速为 500 r/min，背吃刀量 a_p 取 2.5 mm。

②对刀。启动车床，使工件回转。左手摇动床鞍手轮，右手摇动中滑板手柄，使车刀刀尖趋近并轻轻接触工件待加工表面，以此作为确定背吃刀量的零点位置，然后反向摇动床鞍手轮（此时中滑板手柄不动），使车刀向右离开工件 3~5 mm。

③进刀。摇动中滑板手柄，使车刀横向进给 2.5 mm，进给的量即为背吃刀量，其大小通过中滑板刻度盘进行控制和调整。

④试车削。试车削的目的是为了控制背吃刀量，保证工件的加工尺寸。车刀在进刀后，纵向进给切削工件 2 mm 左右时，纵向快速退出车刀，停车测量；根据测量结果相应调整背吃刀量，直至试车削测量结果为 ϕ(50±0.1) mm 为止。

⑤粗车限位台阶 ϕ50 mm×25 mm。

(5) 定总长，钻中心孔。

①将工件调头，毛坯伸出三爪自定心卡盘约 35 mm，找正后夹紧。

②车端面 B 并保证总长 175 mm，钻中心孔 B 2 mm/6.3 mm。

(6) 调整车床尾座的前后位置，保证工件的形状精度。

①一夹一顶装夹，夹住 ϕ50 mm×25 mm 外圆，用后顶尖支顶。

②车削整段外圆至一定尺寸（外径不能小于图样最终要求 ϕ51 mm），测量两端直径，通过调整尾座的横向偏移量来校正锥度。若车出工件的右端直径小，左端直径大，尾座应向离开操作者的方向移动。如果车出工件的右端直径大，左端直径小，尾座应向操作者的方向移动。

③为节省尾座前后位置的调整时间，也可先将工件中间车凹（车凹部分外径不能小于图样的最终直径要求 ϕ51 mm），然后车削两端外圆，经测量校正即可。

(7) 粗车外圆。

一夹一顶装夹，粗车整段 ϕ51 mm 的外圆和左端 ϕ41 mm×49.5 mm 的外圆。

①夹住 ϕ50 mm×25 mm 的外圆，用后顶尖支顶。

②选取进给量 0.3 mm/r，车床主轴转速调整为 500 r/min。

③粗车整段 ϕ51 mm 的外圆（除夹紧处 ϕ50 mm 外），背吃刀量 a_p = 2 mm。

④粗车左端外圆 ϕ41 mm×49.5 mm。可分两次车削，每次背吃刀量 a_p = 2.5 mm；如工艺系统刚度许可，也可一次车至尺寸。通常都需要先进行试车削，经测量无误后再车至尺寸 ϕ（41±0.1）mm，长度控制为（49.5±0.1）mm。

(8) 调头，粗车右端外圆。

将工件调头，粗车右端外圆 ϕ39 mm×89.5 mm，粗车右端外圆 ϕ31 mm×29.5 mm。

①用三爪自定心卡盘夹住 ϕ41 mm 处外圆，一夹一顶装夹工件。

②对刀→进刀→试车→测量→粗车右端外圆。直径控制为 ϕ（39±0.1）mm，长度尺寸控制为（89.5±0.1）mm。

③对刀→进刀→试车→测量→粗车右端外圆。直径控制为 ϕ（31±0.1）mm，长度尺寸控制为（29.5±0.1）mm。

3. 自检与评价

(1) 加工完毕，卸下工件，按图 2.2 仔细测量各部分尺寸。对自己的练习件进行评价（粗车阶梯轴的评分标准见表 2.1），对出现的质量问题分析原因，并找出改进措施。测量直径时使用游标卡尺。由于是粗加工，不需要用千分尺测量。长度尺寸可用游标卡尺或游标深度尺测量。

表 2.1 粗车阶梯轴的评分标准

考核内容	考 核 要 求	配分(100)	评 分 标 准	得分
外圆	ϕ（51±0.1）mm	8	超差不得分	
	ϕ（41±0.1）mm	8	超差不得分	
	ϕ（39±0.1）mm	8	超差不得分	
	ϕ（39±0.1）mm	8	超差不得分	
长度	（49.5±0.1）mm	7	超差不得分	
	（89.5±0.1）mm	7	超差不得分	
	（29.5±0.1）mm	7	超差不得分	
	（175±0.1）mm	7	超差不得分	
中心孔	中心孔圆整，护锥等符合要求（两处）	5×2	一处不符合要求扣5分	
表面粗糙度	$Ra \leq 3.2$ μm（6处）	2×6	一处不符合要求扣2分	
倒角、毛刺	各倒钝锐边处无毛刺、有倒角	3	一处不符合要求扣1分	

续表

考核内容	考核要求	配分(100)	评分标准	得分
工具、设备的使用与维护	正确、规范地使用工具、量具、刃具,合理保养与维护工具、量具、刃具	3	不符合要求酌情扣1~3分	
	正确、规范地使用设备,合理保养与维护设备	3	不符合要求酌情扣1~3分	
	操作姿势正确、动作规范	3	不符合要求酌情扣1~3分	
安全及其他	安全文明生产,按国家颁布的有关法规或企业自定的有关规定执行	3	一处不符合要求扣3分,发生较大事故者取消考试资格	
	操作方法及工艺规程正确	3	一项不符合要求扣1分	
完成时间	100 min		每超过15 min倒扣4分,超过30 min为不合格	
总得分				

(2) 将工件送交检验后,清点工具,收拾工作场地。

粗车操作时要注意的事项。

①后顶尖的中心线应与车床主轴轴线重合,否则车出的工件会产生锥度。

②在不影响车刀切削的前提下,尾座套筒应尽量伸出短些,以提高刚度,减少振动。

③中心孔的形状应正确,表面粗糙度值要小。装入顶尖前,应清除中心孔内的切屑和异物。

④当后顶尖用固定顶尖时,由于中心孔与顶尖间为滑动摩擦,应在中心孔内加入润滑脂,以防温度过高而"烧坏"顶尖或中心孔。

⑤顶尖与中心孔的配合必须松紧合适。如果后顶尖顶得太紧,细长工件会产生弯曲变形。对于固定顶尖,会增加摩擦;对于回转顶尖,容易损坏顶尖内的滚动轴承。如果后顶尖顶得太松,工件则不能准确地定心,对加工精度有一定影响,并且车削时易产生振动,甚至会使工件飞出而发生事故。

【知识拓展】

2.1.3 机械制造工艺规程概述

1. 生产过程认知

1) 生产过程

在机械制造中,将原材料转变为成品的过程称为生产过程。它主要包括:原材料的运输和保管,生产和技术准备工作,毛坯制造、零件的机械加工、特种加工、热处理和表面处理,部件和产品的装配、调整、检验、试验、涂漆和包装等。

2) 工艺过程及其组成

(1) 工艺过程。

改变生产对象的形状、尺寸、相对位置和性质等,使其成为成品或半成品的过程称为工艺过程。它是生产过程中的主要部分。采用机械加工的方法,直接改变毛坯的形状、尺寸和表面质量等,使其成为零件的全过程称为机械加工工艺过程。装配工艺过程是把零件及部件按一定的技术要求装配成合格产品的过程。

(2) 机械加工工艺过程的组成。

机械加工工艺过程是由一个或若干个按顺序排列的工序所组成的。工序是工艺过程的基本组成部分,又是生产计划、质量检验、经济核算的基本单元,也是确定设备负荷、配备工人,安排作业及工具数量等的依据。每个工序又可分为若干个安装、工位、工步和走刀。

① 工序。工序是一个(或一组)工人,在一个工作地对一个(或同时对几个)工件进行加工所连续完成的工艺过程。区分工序的主要依据是工作地(设备)、加工对象(工件)是否变动以及加工是否连续完成。如果其中之一有变动或加工不是连续完成,则应划分为另一道工序。

例如图2.7所示的阶梯轴,单件小批量生产时,其工艺过程见表2.2;大批量生产时,其工艺过程见表2.3。

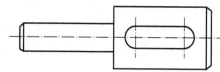

图2.7 阶梯轴

表2.2 单件小批生产的工艺过程

工序号	工 序 内 容	设 备
1	车一端面,钻中心孔,调头车另一端面,钻中心孔	车 床
2	车大外圆及倒角,调头车小外圆及倒角	车 床
3	铣键槽,去毛刺	铣 床

表2.3 大批量生产的工艺过程

工序号	工 序 内 容	设 备
1	铣端面,钻中心孔	铣端面钻顶尖孔车床
2	车大外圆及倒角	车 床
3	车小外圆及倒角	车 床
4	铣键槽	键槽铣床
5	去毛刺	钳工台

从表中可以看出,随着生产规模的不同,工序的划分及每个工序所包含的加工内容是不同的。

② 安装。将工件正确地定位在机床上,并将其夹紧的过程称为安装。在一道工序内可以包含一次或几次安装。在表2.2的工序1和2中都是两次安装,而在工序3以及表2.3的各

道工序中均是一次安装。

应该注意，在每一道工序中，应尽量减少工件的安装次数，以免影响加工精度和增加辅助时间。

③工位。工件在一次安装后，在机床上占据的每一个加工位置称为工位。为了减少工件的安装次数，常采用各种回转工作台、回转夹具或移位夹具，使工件在一次安装中先后处于几个不同位置进行加工。图 2.8 所示为一种用回转工作台在一次安装中顺序完成装卸工件、钻孔、扩孔和铰孔四个工位的实例。

④工步。在加工表面、切削工具和切削用量（不包括切削深度）不变的条件下所连续完成的工序称为工步。一个工序可包括几个工步，也可能只有一个工步。如表 2.2 工序 1 中，包括四个工步，表 2.3 工序 4、5 中只包括一个工步。

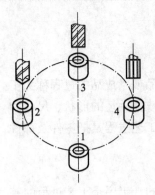

图 2.8　多工位加工

对一次安装中连续进行的若干个相同的工步，例如图 2.9 所示零件上四个 $\phi15$ mm 孔的钻削，可写成一个工步——钻 $4\times\phi15$ mm 孔。

为了提高生产率，用几把刀具同时加工几个表面的工步，称为复合工步，如图 2.10 所示。在工艺文件上，复合工步应视为一个工步。

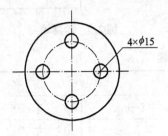

图 2.9　简化相同工步的实例

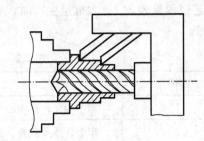

图 2.10　复合工步

⑤走刀。切削刀具从被加工表面上每切下一层金属层，即为一次走刀，一个工步可包括一次或几次走刀。

3）生产纲领和生产类型

（1）生产纲领。

生产纲领是指企业在计划期内应当生产的产品产量和进度计划。计划期常定为一年，所以也称为年产量。零件的生产纲领要计入备品和废品的数量。生产纲领的大小对零件加工过程和生产组织起着重要作用，它决定了各工序所需专业化和自动化的程度，也决定了所应选用的工艺方法和工艺装备。

零件年生产纲领可按下式计算：

$$N = Qn(1 + a\% + b\%)$$

式中　N——零件的年生产纲领（件/年）；

　　　Q——产品的产量（台/年）；

　　　n——每台产品中该零件的数量（件/台）；

　　　$a\%$——备品的百分率；

$b\%$——废品的百分率。

(2) 生产类型。

根据产品的大小和特征、生产纲领、批量及其投入生产的连续性,可分为单件生产、成批生产及大量生产三种生产类型。具体划分见表2.4。

表2.4 生产类型和生产纲领的关系

生产类型	零件的年生产纲领/件		
	重型零件（30 kg 以上）	中型零件（4~30 kg）	轻型零件（4 kg 以下）
单件生产	<5	<10	<100
小批生产	5~100	10~200	100~500
中批生产	100~300	200~500	500~5 000
大批生产	300~1 000	500~5 000	5 000~50 000
大量生产	>1 000	>5 000	>50 000

①单件生产。单件生产的基本特点是生产的产品种类繁多,每种产品制造一个或少数几个,而且很少重复生产。例如重型机械产品制造、大型船舶制造及新产品的试制等都属于单件生产。

②成批生产。成批生产的基本特点是产品的品种多,同一产品均有一定的数量,能够成批进行生产,生产呈周期性重复。例如,机床、机车、纺织机械的制造等多属成批生产。

每一次投产或产出同一产品（或零件）的数量称为批量。按照批量的多少,成批生产又可分为小批、中批、大批生产。在工艺上,小批生产和单件生产相似,常合称为单件小批生产,大批生产和大量生产相似,常合称为大批大量生产。

③大量生产。大量生产的基本特点是产品的品种单一而固定,同一产品的产量很大,大多数机床上长期重复地进行某一零件的某一道工序的加工,生产具有严格的节奏性。例如,汽车、拖拉机、轴承的制造多属于大量生产。

(3) 各种生产类型的工艺特征。

生产类型不同,产品制造的工艺方法、所采用的加工设备、工艺装备以及生产组织管理形式均不相同。各种生产类型的工艺特征见表2.5。

表2.5 各种生产类型的工艺特征

	单件生产	成批生产	大量生产
毛坯的制造方法及加工余量	铸件用木模,手工造型;锻件用自由锻。毛坯精度低,加工余量大	部分铸件用金属模,部分锻件采用模锻。毛坯精度中等,加工余量中等	铸件广泛采用金属模机器造型。锻件广泛采用模锻以及其他高生产率的毛坯制造方法,毛坯精度高,加工余量小
机床设备及其布置形式	采用通用机床,机床按类别和规格大小采用"机群式"排列布置	采用部分通用机床和部分高生产率的专用机床,机床按加工零件类别分"工段"排列布置	广泛采用高生产率的专用机床及自动机床,按流水线形式排列布置

续表

	单件生产	成批生产	大量生产
夹具	多用标准夹具，很少采用专用夹具，靠划线及试切法达到尺寸精度	广泛采用专用夹具，部分靠划线进行加工	广泛采用高效夹具，靠夹具及调整法达到加工要求
刀具和量具	采用通用刀具及万能量具	较多采用专用刀具和专用量具	广泛采用高生产率的刀具和量具
对操作工人的要求	需要技术熟练的操作工人	操作工人需要一定的技术熟练程度	对操作工人的技术要求较低，对调整工人的技术水平要求较高
零件的互换性	广泛采用钳工修配	零件大部分有互换性，少数用钳工修配	零件全部有互换性，某些配合要求很高的零件采用分组互换
生产率	低	中等	高
单件加工成本	高	中等	低

4）机械加工工艺规程

（1）机械加工工艺规程的概念。

在具体生产条件下，较合理的机械加工工艺过程的各项内容按规定的形式书写成的工艺文件，称为机械加工工艺规程。

（2）工艺规程的作用。

工艺规程是机械制造厂最主要的技术文件之一，决定了整个工厂和车间各组成部分之间在生产上的内在联系，其具体作用如下：

①工艺规程是指导生产的主要依据。按照工艺规程进行生产，可以保证产品质量和提高生产效率。

②工艺规程是生产组织和管理工作的基本依据。在产品投产前可以根据工艺规程进行原材料和毛坯的供应；专用工艺装备的设计和制造；生产作业计划的编排；劳动力的组织以及生产成本的核算等。

③工艺规程是新建、扩建工厂或车间的基本资料。在新建、扩建工厂或车间时，根据产品零件的工艺规程及其他有关资料来正确地确定生产所需要的设备种类、规格和数量；算出车间所需面积和生产工人的工种、等级及数量；确定车间的平面布置和厂房基建的具体要求，从而提出筹建计划。

④先进的工艺规程还能起着交流和推广先进经验的作用。

（3）工艺规程的类型和格式。

工艺规程主要包括机械加工工艺过程卡片、机械加工工艺卡片、机械加工工序卡片。

①机械加工工艺过程卡片作为生产管理方面文件，以工序为单位简要说明产品（或零部件）的加工过程，一般不用作直接指导工人操作。但在单件小批生产中，常用这种卡片指导生产。

②机械加工工艺卡片是以工序为单位详细说明产品（或零部件）整个工艺过程的文件。

内容包括：零件的材料和重量、毛坯的制造方法、工序内容、工艺参数、操作要求及采用的设备和工艺装备等。它是用来指导工人生产和帮助车间管理人员、技术人员掌握整个零件加工过程的一种主要技术文件。广泛用于成批生产的零件和小批生产中的主要零件。

③机械加工工序卡片是在工艺过程卡片或工艺卡片的基础上，按每道工序所编制的一种工艺文件。一般具有工序简图，并详细说明该工序的每个工步的加工内容、工艺参数、操作要求以及所用设备和工艺装备等。它是直接指导工人生产的一种工艺文件，多用于大批、大量生产的零件和成批生产中的重要零件。

2. 机械加工工艺规程的制订方法

（1）制订机械加工工艺规程的基本要求包括以下几个方面。

①工艺方面。工艺规程应全面、可靠和稳定地保证达到设计上所要求的尺寸精度、形状精度、位置精度、表面质量和其他技术要求。

②经济方面。工艺规程要在保证产品质量和完成生产任务的条件下，使生产成本最低。

③技术方面。工艺规程应在充分利用本企业现有生产条件的基础上，尽可能采用国内外先进工艺技术和经验，并保证良好的劳动条件。

④生产率方面。工艺规程要在保证技术要求的前提下，以较少的工时来完成加工制造。

（2）制订机械加工工艺规程时，通常应具备下列原始资料：

①产品整套装配图和零件图；

②产品质量验收标准；

③产品的生产纲领和生产类型；

④现有生产条件，包括毛坯的生产条件、加工设备和工艺装备的规格及性能、工人的技术水平以及专用设备及工艺装备的制造能力；

⑤国内外同类产品的有关工艺资料及必要的标准手册。

（3）制订机械加工工艺规程的步骤：

①分析零件图和产品装配图；

②确定毛坯类型和制造方法；

③拟定工艺路线；

④确定各工序的加工余量，计算工序尺寸及公差；

⑤确定各工序的设备、刀具、夹具、量具以及辅助工具；

⑥确定切削用量和工时定额；

⑦确定各主要工序的技术要求及检验方法；

⑧填写工艺文件。

任务2.2　精车阶梯轴

 【任务目标】

1. 能采用两顶尖装夹阶梯轴。
2. 掌握前顶尖的类型和使用方法，会调整工件的锥度。

3. 能合理选择精车时的切削用量。
4. 掌握百分表的读数方法以及检测阶梯轴形位精度的方法。
5. 能按照加工工艺精车阶梯轴。
6. 掌握车削轴类工件时产生废品的原因及预防方法。

【任务引入】

把经过粗车的阶梯轴按如图 2.11 所示的阶梯轴精车工序图精车成形。

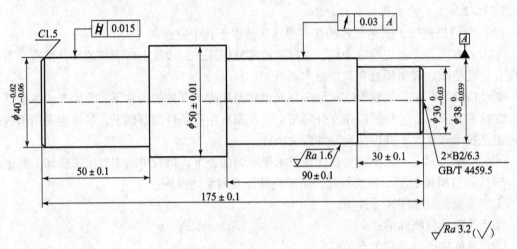

图 2.11 阶梯轴精车工序图

在精车阶段，工件的加工余量较小，选择精车刀几何参数和切削用量时应考虑使工件加工后能达到较高的形状、位置精度以及较小的表面粗糙度值。一般选用 90° 硬质合金精车刀。车削时可采用较高的切削速度，而进给量应选择小些，以保证工件的表面质量。

【相关知识】

2.2.1 刀具的结构及几何角度

金属切削刀具是完成切削加工的主要工具。刀具一般都由刀头和刀柄两部分组成。刀头是刀具的切削部分，它是刀具上直接参加切削工作的部分；刀柄是刀具的夹持部分，它是用来将刀具夹固在机床上的部分，它保证刀具的正确工作位置，并传递切削运动和动力。刀具种类繁多，形状各异，但其切削部分都可看作从外圆车刀的切削部分演变而来。下面以外圆车刀为例研究刀具的组成和刀具的几何角度。

1. 刀具切削部分的组成

刀头即刀具的切削部分，主要由刀面和切削刃两部分组成，如图 2.12 所示。

①前刀面 A_r：切屑流过的刀面；

②主后刀面 A_α：与加工表面相对的刀面；

③副后刀面 A'_α：与工件已加工表面相对的刀面；

④主切削刃 S：前刀面与主后刀面相交的棱边，承担主要的切削工作；

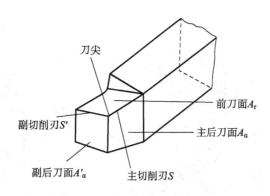

图 2.12　车刀切削部分的结构

⑤副切削刃 S'：前刀面与副后刀面相交的棱边，承担少量的切削工作；

⑥刀尖：主切削刃与副切削刃的交点或两者连接处的一小段切削刃。

2. 刀具参考系及刀具参考平面

为使刀具顺利完成切削加工任务，刀具的切削部分必须具备合理的几何形状。刀具角度就是用来确定刀具切削部分几何形状的重要参数。为了描述刀具几何角度的大小及其空间的相对位置，必须把刀具放在一个确定的参考系中，用一组确定的几何参数确切表达刀具在空间的位置。

用来度量刀具角度的参考系分为两类：一类是刀具静止参考系，是用于定义刀具的设计、制造、刃磨和测量时的刀具几何参数的坐标系，它定义的刀具角度称为刀具标注角度，它不受刀具工作条件变化的影响；另一类为刀具工作参考系，它是确定刀具进行切削加工时几何角度的参考系，它定义的刀具角度称为刀具的工作角度，它与刀具的安装、切削运动等因素有关。

3. 刀具静止参考系及其几何参数

1）刀具静止参考系

刀具静止参考系是在合理规定一些假定工作条件下建立的参考系，假定条件有以下两点。

（1）假定运动条件。以切削刃上选定点的主运动方向作为假定主运动方向，以切削刃上选定点的进给运动方向作为假定进给运动方向，一般不考虑进给运动的大小。

（2）假定安装条件。假定车刀安装绝对正确，即车刀的刀尖与工件中心等高，车刀刀杆中心线垂直于工件轴线。

这样就可构成坐标平面，即参考系（如图 2.13 所示）。

2）刀具静止参考系的主要参考平面

（1）刀具静止参考系包含以下主要参考平面。

①基面 P_r：通过切削刃选定点，垂直于假定主运动方向的平面，普通车刀的基面平行于刀具的底面；

②切削平面 P_s：通过切削刃选定点，与主切削刃相切，并垂直于基面的平面，它也是切削刃与切削速度方向构成的平面；

③正交平面 P_o：通过切削刃选定点，同时垂直于基面和切削平面的平面；

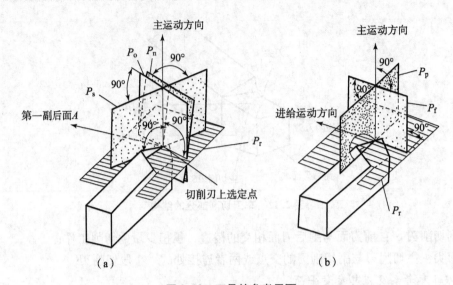

图 2.13 刀具的参考平面
(a) 正交平面、法平面参考系；(b) 工作平面参考系

④法平面 P_n：通过切削刃选定点，并垂直于切削刃的平面；
⑤工作平面 P_f：通过切削刃选定点，平行于假定进给运动方向，并垂直于基面的平面；
⑥背平面 P_p：通过切削刃选定点，同时垂直于假定工作平面与基面的平面。

(2) 刀具标注角度的参考系主要有三种：即正交平面参考系、法平面参考系和假定工作平面参考系。

①正交平面参考系。由基面、切削平面和正交平面构成的空间三面投影体系称为正交平面参考系。由于该参考系中三个投影面均相互垂直，符合空间三维平面直角坐标系的条件，所以，该参考系是刀具标注角度最常用的参考系。

②法平面参考系。由基面、切削平面和法平面构成的空间三面投影体系称为法平面参考系。

③假定工作平面参考系。由基面、假定工作平面和背平面构成的空间三面投影体系称为假定工作平面参考系。

3) 刀具的标注角度

刀具标注角度主要有四种类型，即前角、后角、偏角和倾角。

(1) 正交平面参考系中刀具的标注角度。

在正交平面参考系中，刀具标注角度分别标注在构成参考系的三个切削平面上，如图 2.14 所示。

在基面 P_r 上刀具标注角度有以下几个。

主偏角 κ_r：主切削刃 S 与假定进给运动方向 v_f 间的夹角；
副偏角 κ_r'：副切削刃 S' 与假定进给运动反方向间的夹角。

在切削平面 P_s 上刀具标注角度有：

刃倾角 λ_s：主切削刃 S 与过刀尖所作基面 P_r 间的夹角。刃倾角 λ_s 有正负之分，当刀尖处于切削刃最高点时为正，反之为负。

在正交平面 P_o 上刀具标注角度有：

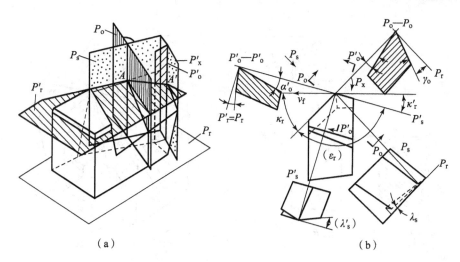

图 2.14 正交平面参考系刀具标注角度

前角 γ_o：前刀面 A_r 与基面 P_r 间的夹角。前角 γ_o 有正负之分，当前刀面 A_r 与切削平面 P_s 间的夹角小于 90°时，取正号；大于 90°时，则取负号。

后角 α_o：后刀面 A_α 与切削平面 P_s 间的夹角。

（2）其他参考系刀具标注角度。

在法平面 P_n 内测量的前、后角称为法前角和法后角，如图 2.15 所示。

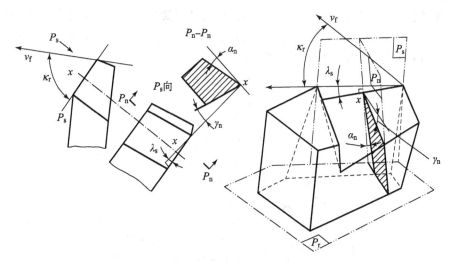

图 2.15 法平面参考系刀具标注角度

在假定工作平面 P_f 和背平面 P_p 中测量的刀具角度有：侧前角 γ_f、侧后角 α_f、背前角 γ_p 和背后角 α_p，如图 2.16 所示。

4. 刀具工作参考系及其几何参数

刀具静止参考系中的刀具角度是在忽略进给运动条件及刀具安装误差等因素影响情况下得出的。但刀具在工作状态下，应考虑进给运动和刀具在机床上的实际安装位置的影响。按照刀具工作的实际情况，所确定的刀具角度参考系称刀具工作参考系，在刀具工作参考系中标注的刀具角度称刀具工作角度。刀具工作角度是切削过程中真正起作用的角度。

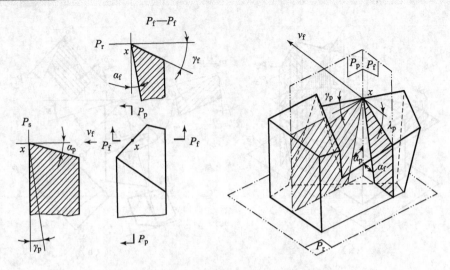

图 2.16　假定工作平面参考系刀具标注角度

通常切削时进给速度远小于切削速度,因而在一般安装条件下,刀具的工作角度近似等于标注角度,所以不必进行工作角度的计算。只有在进给运动和刀具安装对工作角度产生较大影响时,才需计算工作角度。进给运动对刀具工作角度的影响有:

(1) 横向进给的影响。以图 2.17 所示切断车刀为例,在不考虑进给运动时,车刀主切削刃选定点相对于工件的运动轨迹为一圆周。当考虑进给运动之后,切削刃选定点 A 点相对于工件的运动轨迹为一平面阿基米德螺旋线,切削平面变为通过切削刃选定点 A 且切于螺旋线的平面 P_{se},基面也相应变为过 A 点与 P_{se} 垂直的平面 P_{re},此时在工作参考系测量平面内的前、后角分别称为工作前角 γ_{oe} 和工作后角 α_{oe}。

$$\begin{cases} \gamma_{oe} = \gamma_o + \eta \\ \alpha_{oe} = \alpha_o - \eta \end{cases}$$

$$\eta = \arctan \frac{f}{\pi d_w}$$

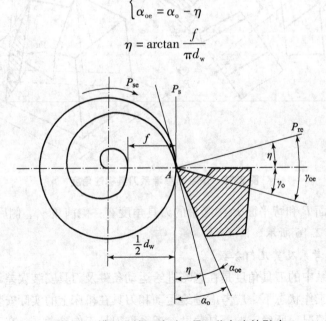

图 2.17　横向进给运动对刀具工作角度的影响

式中　η——合成切削速度角，是主运动方向与合成切削速度方向的夹角；
　　　f——刀具相对工件的横向进给量（mm/r）；
　　　d_w——切削刃上选定点 A 处的工件直径（mm）。

由上式看出，随着切削进行，切削刃越靠近工件中心，d_w 值越小，η 值越大，γ_{oe} 越大，而 α_{oe} 越小，甚至变为零或负值，对刀具的工作越不利。

（2）刀具安装位置对工作角度的影响。刀具安装时，刀尖可能高于或低于工件中心线。如图 2.18 所示，刀尖高于工件中心线，此时选定点 A 的基面和切削平面已变为过 A 点的径向平面 P_{re} 和与之垂直的切平面 P_{se}，其工作前角和后角分别为 γ_{pe}、α_{pe}。可见刀具工作前角 γ_{pe} 比标注前角 γ_p 增大了，工作后角 α_{pe} 比标注后角 α_p 减小了。其关系为：

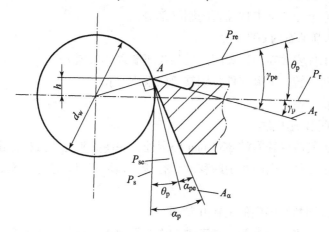

图 2.18　刀尖位置高时的刀具工作角度

$$\begin{cases} \gamma_{pe} = \gamma_p + \theta_p \\ \alpha_{pe} = \alpha_p - \theta_p \end{cases}$$

$$\theta_p = \arcsin \frac{2h}{d_w}$$

式中　θ_p——刀尖位置变化引起前、后角的变化值（弧度）；
　　　h——刀尖高于机床中心线的数值（mm）；
　　　d_w——工件直径（mm）。

此外纵向进给运动，刀具安装轴线位置变化等也会对刀具工作角度产生影响。

【任务实施】

2.2.2　精车阶梯轴

将粗车后的阶梯轴按图 2.11 车至要求。
1. 准备工作
（1）工件。
按图 2.2 所示检查经过粗车的半成品，看其尺寸是否留出精加工余量，形状、位置精度是否达到要求。

(2) 工艺装备。

三爪自定心卡盘,圆柱形油石,前、后顶尖,鸡心夹头,0.02 mm/(0~150) mm 的游标卡尺,25~50 mm 的千分尺,百分表。

装夹45°车刀和90°精车刀,要保证90°车刀装夹时的实际主偏角为93°左右。

(3) 设备。

CA6140 型车床。

2. 车削步骤

(1) 修研中心孔。

①用三爪自定心卡盘卡爪夹住油石的圆柱部分。

②用90°车刀车削油石的60°顶尖。

③将已粗车的工件安放在两顶尖间,后顶尖不要顶得太紧。

④车床主轴低速旋转,手握工件分别修研两端中心孔。

(2) 车削前顶尖。

(3) 在两顶尖间装夹工件。

①用鸡心夹头夹紧阶梯轴右端 $\phi 39$ mm 外圆处,并使夹头上的拨杆伸出工件轴端。鸡心夹头必须牢靠地夹住工件,以防车削时移动、打滑,损坏车刀。注意安全,防止鸡心夹头钩住工作服伤人。

②根据工件长度调整好尾座的位置并紧固。

③左手托起工件,将夹有夹头一端工件的中心孔放置在前顶尖上,并使夹头的拨杆贴近卡盘的卡爪侧面。

④同时用右手摇动尾座手轮,使后顶尖顶入工件另一端的中心孔。

⑤最后,将尾座套筒固定手柄压紧。

(4) 选择切削用量。

选取背吃刀量 $a_p = 0.4 \sim 0.8$ mm,进给量 $f = 0.1 \sim 0.2$ mm,转速 $n = 710$ r/min。

(5) 精车阶梯轴的左端。

开始车削前,应手摇手轮使床鞍在全行程内左右移动,检查有无碰撞现象。

①在两顶尖间装夹工件,启动车床,使工件回转。

②将90°车刀调整至工作位置,精车 $\phi(50 \pm 0.1)$ mm 的外圆,表面粗糙度 Ra 值达到 3.2 μm。

③精车左端外圆至 $\phi 40_{-0.06}^{-0.02}$ mm,长度为 (50 ± 0.1) mm,表面粗糙度 Ra 值达到 3.2 μm,圆柱度误差小于等于 0.015 mm。

④调整45°车刀至 $\phi 40_{-0.06}^{-0.02}$ mm 外圆的端面处,倒角 $C1.5$。

(6) 精车阶梯轴的右端。

①将工件调头,用两顶尖装夹(铜皮垫在 $\phi 40_{-0.06}^{-0.02}$ mm 的外圆处)。

②精车右端外圆至 $\phi 38_{-0.039}^{0}$ mm,长 (90 ± 0.1) mm,表面粗糙度 Ra 值达到 1.6 μm,径向圆跳动误差小于等于 0.03 mm。

③精车右端外圆至 $\phi 30_{-0.03}^{0}$ mm,长 30 mm,表面粗糙度 Ra 值达到 3.2 μm。

④用45°车刀倒角 $C1.5$。

3. 自检与评价

完成精车工件后,卸下工件,仔细测量是否符合图样要求。测量直径时使用千分尺。长度尺寸可用游标卡尺或游标深度尺测量。圆柱度和径向跳动误差用百分表测量。对自己的训练件进行评价,精车阶梯轴的评价标准见表2.6。

精车操作时要注意的事项:

①在两顶尖间装夹工件时的注意事项同一夹一顶装夹;

②精车台阶时,可在机动进给精车外圆至接近台阶处改为手动进给;

③当车至台阶面时,变纵向进给为横向进给,移动中滑板由里向外慢慢精车台阶平面,以确保其对轴线的垂直度要求;

④台阶端面与圆柱面相交处要清角(清根)。

表2.6 精车阶梯轴的评价标准

考核内容	考核要求	配分(100)	评分标准	得分
外圆	$\phi(50\pm0.1)$ mm	10	超差不得分	
	$\phi 40_{-0.06}^{-0.02}$ mm	10	超差不得分	
	$\phi 38_{-0.039}^{0}$ mm	10	超差不得分	
	$\phi 30_{-0.03}^{0}$ mm	10	超差不得分	
长度	(50 ± 0.1) mm	7	超差不得分	
	(90 ± 0.1) mm	6	超差不得分	
	(30 ± 0.1) mm	6	超差不得分	
倒角	$C1.5$(两处)	2×2	一处不符合要求扣2分	
表面粗糙度	$Ra\leq 1.6$ μm	8	每升高一级扣1分	
	$Ra\leq 3.2$ μm(5处)	3×5	一处不符合要求扣3分	
工具、设备的使用与维护	正确、规范地使用工具、量具、刃具,合理保养与维护工具、量具、刃具	3	不符合要求酌情扣1~3分	
	正确、规范地使用设备,合理保养与维护设备	3	不符合要求酌情扣1~3分	
	操作姿势正确,动作规范	2	不符合要求酌情扣1~2分	
安全及其他	安全文明生产,按国家颁布的有关法规或企业自定的有关规定执行	3	一处不符合要求扣3分,发生较大事故者取消考试资格	
	操作方法及工艺规程正确	3	一项不符合要求扣1分	
完成时间	100 min		每超过15 min倒扣10分,超过30 min为不合格	
总得分				

【知识拓展】

2.2.3 机械加工工艺规程设计

1. 零件的工艺分析

制订零件的机械加工工艺规程，首先要对零件进行工艺分析，以便从加工制造的角度分析零件图是否完整正确，技术要求是否恰当，零件结构的工艺性是否良好。必要时可以对产品图纸提出修改建议。

零件的结构及工艺性分析如下。

任何零件从形体上分析都是由一些基本表面和特殊表面组成的。基本表面有内、外圆柱表面，圆锥表面，平面等；特殊表面主要有螺旋面、渐开线齿形表面及其他一些成形表面。研究零件结构，首先要分析该零件是由哪些表面所组成，因为表面形状是选择加工方法的基本因素之一。例如，外圆柱面一般采用车削和外圆磨削进行加工；而内圆柱面（孔）则多通过钻、扩、铰、镗、内圆磨削和拉削等方法获得。除了表面形状外，表面尺寸大小对工艺也有重要影响。例如，对直径很小的孔宜采用铰削加工，不宜采用磨削加工；深孔应采用深孔钻加工。不同的表面形状、尺寸在工艺上都有各自的特点。

分析零件结构，不仅要注意零件各构成表面的形状、尺寸，还要注意这些表面的不同组合，正是这些不同的组合形成了零件结构上的特点。例如，以内、外圆柱面为主，既可以组成盘、环类零件，也可以构成套筒类零件。套筒类零件既可以是一般的轴套，也可以是形状复杂的薄壁套筒。显然上述不同结构特点的零件，在工艺上存在着较大的差异。机械制造中通常按照零件结构和工艺过程的相似性，将各种零件大致分为轴类零件，套类零件，盘、环类零件，叉架类零件以及箱体等。

零件结构工艺性，是指所设计的零件在满足使用要求的前提下制造的可行性和经济性。许多功能、作用完全相同而结构工艺性不同的两个零件，它们的加工方法与制造成本往往差别很大。此外，不同的生产条件对零件结构的工艺性要求也不一样。

表 2.7 列出了零件机械加工工艺性比较的实例。

表 2.7 零件机械加工工艺性比较实例

序号	结构的工艺性不好	结构的工艺性好	说　明
1			退刀槽尺寸相同，可减少刀具种类，减少换刀时间
2			三个凸台表面在同一平面上，可在一次进给中加工完成
3			能保证良好接触

续表

序号	结构的工艺性不好	结构的工艺性好	说 明
4	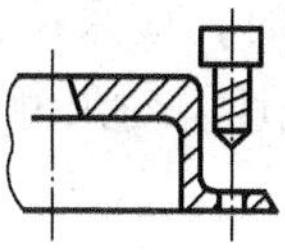	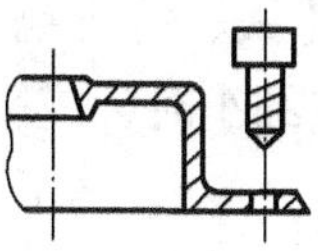	壁厚均匀,铸造时不容易产生缩孔和应力,小孔与壁距离适当,便于引进刀具
5	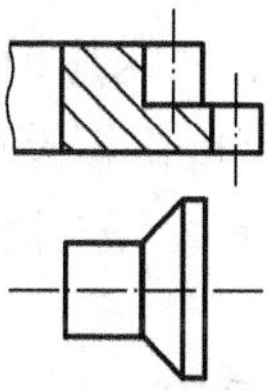	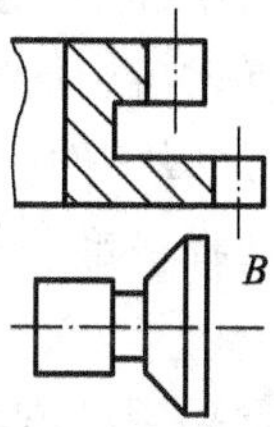	结构 B 有退刀槽保证了加工的可能性,减少刀具的磨损
6	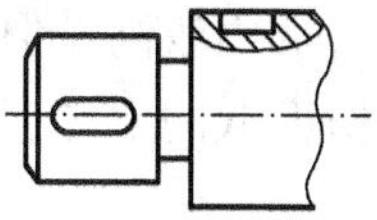	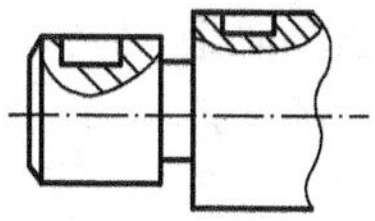	键槽的尺寸、方位相同,可在一次装夹中加工出全部键槽,提高生产率
7	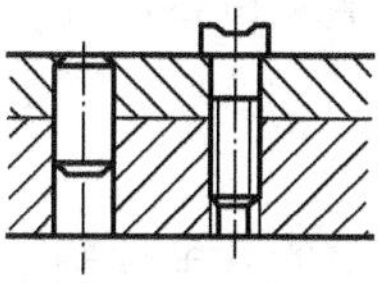	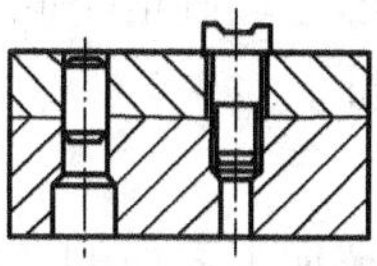	销孔太深,增加铰孔工作量;螺钉太长,没有必要
8	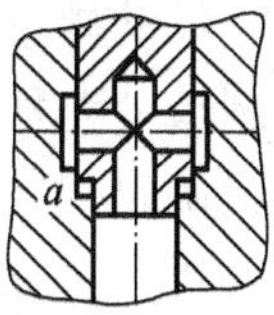	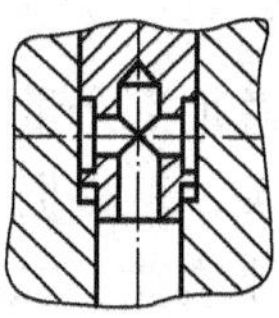	在左图结构中,凹槽 a 不便于加工和测量,宜将凹槽 a 改成右图的形式

2. 毛坯的确定

在制订工艺规程时,正确地选择毛坯有重要的技术经济意义。毛坯种类的选择,不仅影响着毛坯的制造工艺、设备及制造费用,而且对零件机械加工工艺、设备和工具的消耗以及工时定额也都有很大的影响。

1)毛坯的种类及其选择

(1)毛坯的种类。机械加工常用的毛坯有以下几种。

①铸件。铸件毛坯的制造方法可分为砂型铸造、金属型铸造、精密铸造、压力铸造等,适用于各种形状复杂的零件。

②锻件。锻件可分为自由锻造锻件和模锻件。自由锻造锻件的加工余量大、精度低、生产率不高,适用于单件和小批量生产,以及大型锻件;模锻件的加工余量较小、精度高、生产率高,适用于产量较大的中小型锻件。

③型材。型材有热轧和冷拉两种。热轧型材尺寸较大、精度较低,多用于一般零件的毛坯;冷拉型材尺寸小、精度较高,多用于制造毛坯精度要求较高的中小型零件,适用于自动机床加工。

④焊接件。对于大型零件,焊接件简单方便,但焊接的零件变形较大,需要经过时效处理后才能进行机械加工。

(2) 毛坯的选择。选择毛坯要综合考虑下列因素。

①零件材料的工艺性（如铸造性能和锻造性能等）及对材料组织和力学性能的要求。例如，当材料具有良好的铸造性（如铸铁、铸青铜和铸铝等）时，应采用铸件作毛坯。尺寸较大的钢件，当要求组织均匀、晶粒细小时，应采用锻件作毛坯。对尺寸较小的零件，一般可直接采用各种型材和棒料作毛坯。

②零件的结构形状和尺寸。例如，对阶梯轴，如果各台阶直径相差不大，可直接采用棒料作毛坯，使毛坯准备工作简化；当阶梯轴各台阶直径相差较大，宜采用锻件作毛坯，以节省材料和减少机械加工的工作量。对于大型零件，目前大多选用自由锻造和砂型铸造的毛坯，而中小型零件，根据不同情况则可选择模锻、精锻、熔模铸造、压力铸造等先进毛坯制造方法。

③生产类型。大批、大量生产时，宜采用精度高的毛坯，并采用生产率比较高的毛坯制造工艺，如模锻、压铸等。虽然用于毛坯制造的设备和工艺装备费用较高，但可以由降低材料消耗和减少机械加工费用予以补偿。单件小批生产，可采用精度低的毛坯，如自由锻件和手工造型铸造的毛坯。

④现有生产条件。选择毛坯应考虑毛坯制造车间的工艺水平和设备状况，同时应考虑采用先进工艺制造毛坯的可行性和经济性。

2) 毛坯形状与尺寸的确定

由于毛坯制造技术的限制，零件被加工表面的技术要求还不能从毛坯制造直接得到，所以毛坯上某些表面需要留有一定的加工余量，通过机械加工达到零件的质量要求。毛坯尺寸与零件的设计尺寸之差称为毛坯余量或总加工余量。毛坯尺寸的制造公差称为毛坯公差。毛坯余量和公差的大小与毛坯制造方法有关，可根据有关手册或资料确定。

毛坯的形状尺寸不仅与毛坯余量大小有关，在某些情况下还要受工艺需要的影响。因此在确定毛坯形状时要注意以下问题：

(1) 工艺凸台。为满足工艺的需要而在工件上增设的凸台称为工艺凸台，如图2.19所示。工艺凸台在零件加工后若影响零件的外观和使用性能，应予以切除。

(2) 一坯多件。为了毛坯制造方便和易于机械加工，可以将若干个小零件制成一个毛坯，如图2.20 (a) 所示；经加工后再切割成单个零件，如图2.20 (b) 所示。在确定毛坯的长度 L 时，应考虑切割零件所用锯片铣刀的厚度 B 和切割的零件数 n。

(3) 组合毛坯。某些形状比较特殊的零件，单独加工比较困难，如图2.21 车床进给系统中的开合螺母外壳。为了保证这些零件的加工质量和加工方便性，常将分离零件组合成为一个整体毛坯，加工到一定阶段后再切割分离。

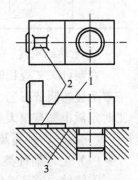

图2.19　工艺凸台
1—加工面；2—工艺凸台面；3—定位面

3. 定位基准的选择

1) 定位原理

任何工件在机床或夹具中未定位前，可认为它是空间直角坐标系中的自由物体，具有六个自由度，即沿 X、Y、Z 三个相互垂直坐标轴具有移动自由度，以及绕三个相互垂直坐标轴具有转动自由度，如图2.22所示。

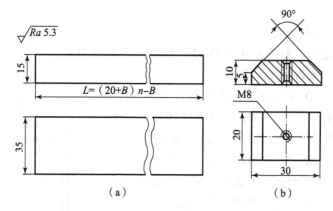

图 2.20 滑键零件图及毛坯
(a) 毛坯图；(b) 滑键零件图

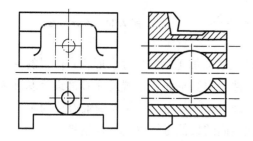

图 2.21 车床进给系统中开合螺母外壳简图

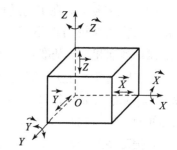

图 2.22 工件的六个自由度

要使工件具有确定的位置，就必须限制其六个自由度。通常用一个支承点限制工件的一个自由度，用合理分布的六个支承点限制工件的六个自由度，使工件在夹具中的位置完全确定，称为六点定位原则，如图 2.23 所示。

在工件底面 M 上布置三个支承点限制了工件绕 X 轴转动自由度、绕 Y 轴转动自由度、沿 Z 轴移动自由度三个自由度，此面称为主要定位基准。三个支承点组成的三角形越大，工件定位越稳定，一般选择较大的表面作为主要定位基准。

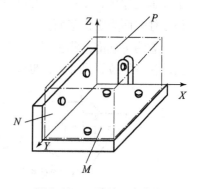

图 2.23 工件的六点定位

在工件侧面 N 上布置两个支承点限制了工件沿 X 轴移动自由度及绕 Z 轴转动自由度两个自由度，此面称为导向定位基准。应尽量选择工件上窄长表面作为导向定位基准。

在工件端面 P 上的一个支承点限制了工件的沿 Y 轴移动自由度，此面称为止推定位基准。

支承点位置的分布必须合理，M 面上布置的三个支承点不能在一条直线上；N 面上布置的两个支承点的连线不能与 M 面垂直。否则它不仅没有限制绕 Z 轴转动自由度，而且重复限制了绕 Y 轴转动自由度。

必须指出，在生产中，工件的定位不一定限制六个自由度，这要根据工件的具体加工要求而定。

2) 基准的概念及其分类

基准是用来确定生产对象上几何要素间的几何关系所依据的点、线、面。根据基准的作用不同，可分为设计基准和工艺基准。

(1) 设计基准。在零件图上用以确定其他点、线、面位置的基准称为设计基准。如图 2.24 所示零件，其轴心线 $O—O$ 是外圆和内孔的设计基准。端面 A 是端面 B、C 的设计基准，内孔 $\phi 20H7$ 的轴心线是 $\phi 40h6$ 外圆柱面径向跳动和端面 B 圆跳动的设计基准。作为设计基准的点、线、面在工件上不一定具体存在，例如孔的中心、轴心线、基准中心平面等，而常常由某些具体表面来体现，这些表面可称为基面。

(2) 工艺基准。在工艺过程中采用的基准称为工艺基准。工艺基准按用途不同又分为工序基准、定位基准、测量基准和装配基准。

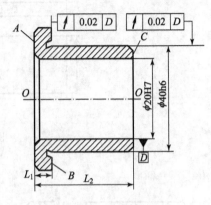

图 2.24　设计基准

①工序基准。在工序图上用来确定本工序被加工表面加工后的尺寸、形状、位置的基准称为工序基准。如图 2.25 (a) 所示，设计图上零件大端侧平面 A 位置尺寸 C 的设计基准为轴心线 $O—O$。在加工 A 面工序中，若按工序图 2.25 (b) 标注，零件大端轴心线为工序基准。若按工序图 2.25 (c) 标注，零件大端外圆柱表面的最低母线 B 为工序基准。

②定位基准。在加工中用作定位的基准称为定位基准。如图 2.25 (b)、(c) 所示，加工 A 面工序中，工件以大端外圆柱表面在 V 形块上定位，则大端轴心线为定位基准，大端外圆柱表面为定位基面。

③测量基准。测量时所采用的基准称为测量基准。图 2.25 (d) 为用极限量规测量零件大端侧平面位置尺寸 C，母线 $a—a$ 为测量基准。图 2.25 (e) 为用卡尺测量，大圆柱面上

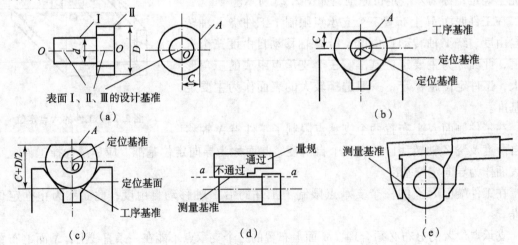

图 2.25　各种基准的实例

(a) 短阶梯轴 d、D 和 C 三尺寸的设计基准；(b)、(c) 平面 A 的加工简图；
(d)、(e) 平面 A 的检验图

距侧平面最远的圆柱母线为测量基准。

④装配基准。在装配中用来确定零件或部件在产品中的相对位置所采用的基准称为装配基准。装配基准通常是零件的主要设计基准，如图 2.24 所示，轴心线 O—O 既是设计基准，又是装配基准。

3）定位基准的选择

定位基准不仅影响工件的加工精度，而且同一个被加工表面所选用的定位基准不同，其工艺路线也可能不同，所以选择工件的定位基准是十分重要的。机械加工的最初工序只能用工件毛坯上未经加工的表面作定位基准，这种定位基准称为粗基准。用已经加工过的表面作定位基准称为精基准。在制定零件机械加工工艺规程时，总是先考虑选择怎样的精基准定位把工件加工出来，然后考虑选择什么样的粗基准定位，把用作精基准的表面加工出来。

(1) 精基准的选择。选择精基准，主要应考虑如何减少定位误差，保证加工精度，使工件装夹方便、可靠。因此，选择精基准一般应遵循以下原则。

①基准重合原则。把被加工表面的设计基准作为定位基准，以避免因基准不重合引起基准不重合误差，容易保证加工精度。如图 2.26 (a) 所示零件，孔及 M 面均已加工，用调整法铣 N 平面时，若以孔为定位基准（图 2.26 (b)），则定位基准与设计基准重合，可直接保证尺寸 $h_2 \pm \dfrac{\Delta_2}{2}$。若以 M 面为定位基准（图 2.26 (c)），由于定位基准与设计基准不重合，直接保证的是尺寸 t。由图 2.26 (a) 可以看出，h_2 的尺寸误差，不仅受 t 的尺寸误差影响，而且还受 h_1 的尺寸误差影响。误差 Δ_1 对 h_2 产生影响是设计基准（孔轴心线）与定位基准 M 不重合引起的。Δ_1 为基准不重合误差。

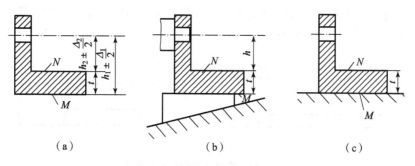

图 2.26 基准重合与不重合实例

(a) 零件简图；(b) 以孔定位；(c) 以底面定位

②基准统一原则。采用同一基准来加工工件的几个加工表面，不仅可以避免因基准变化而引起的定位误差，而且在一次装夹中能加工出较多的表面，既便于保证各个被加工表面的位置精度，又有利于提高生产率。例如轴类零件大多数工序都可以采用两端中心孔定位（即以轴心线为定位基准），以保证各加工表面的尺寸精度和位置精度。

③自为基准原则。有些精加工或光整加工工序要求加工余量小而均匀，这时应尽可能用加工表面自身为精基准，而该表面与其他表面之间的位置精度应由先行工序予以保证。

例如，最后磨削车床床身导轨面时，为了使加工余量小而均匀以提高导轨面的加工质量和生产率，常以导轨面本身作为精基准，用安置在磨头上的百分表和床身下面的可调支承将床身找正。又如采用浮动铰刀铰孔、圆拉刀拉孔以及用无心磨床磨削外圆表面等，都是以加工表面本身作为定位基准。

④互为基准原则。当两个被加工表面之间位置精度较高，要求加工余量小而均匀时，多以两表面互为基准进行加工。例如，加工精密齿轮时，用高频淬火把齿面淬硬后进行磨齿，因齿面淬硬层较薄，所以要求磨削余量小而均匀，磨削时先以齿面为基准磨内孔，然后再以内孔为基准磨齿面。

上述基准选择原则，有它各自的适应场合，在实际应用时一定要从整个工艺路线进行统一考虑，使先行工序为后续工序创造条件，并使每个工序都有合适的定位基准和夹紧方式。

（2）粗基准的选择。选择粗基准主要应考虑如何保证各加工表面都有足够的加工余量，不加工的表面其尺寸、位置都符合图纸要求，一般应注意以下几个问题。

①对于有不加工表面的工件，为保证不加工表面与加工表面之间的相对位置要求，一般应选择不加工表面为粗基准。

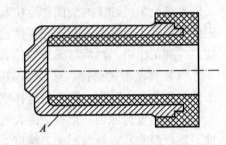

图 2.27 壳体加工的粗基准选择

例如图 2.27 所示的壳体零件，外圆柱表面 A 为不加工表面，为了保证镗孔后壁厚均匀，应选外圆柱表面 A 为粗基准。

②如果零件上有几个不加工表面，则应以其中与加工表面相互位置精度较高的不加工表面作粗基准。

③对于工件上的重要表面，为保证其加工余量均匀，应选择该重要表面为粗基准。

例如车床本身的导轨面有均匀的金相组织和较高的耐磨性，应使其加工余量小而均匀。为此，应选择导轨面为粗基准加工床腿底面，如图 2.28（a）所示。然后，再以底面为精基准加工导轨面，如图 2.28（b）所示。

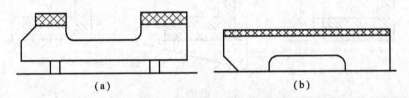

图 2.28 床身加工的粗基准选择
(a) 以导轨面为粗基准加工底面；(b) 以底面为精基准加工导轨面

④对于工件上有多个重要加工面均要求保证余量均匀时，应选择加工余量最小的表面为粗基准。例如对于图 2.29 所示的阶梯轴，应选择加工余量较小的 $\phi 55$ mm 外圆表面作粗基准。如果选 $\phi 108$ mm 的外圆表面为粗基准加工 $\phi 55$ mm 表面，当两个外圆表面的偏心为 3 mm 时，则加工后的 $\phi 50$ mm 的外圆表面，因一侧加工余量不足而出现部分毛面，使工件报废。

⑤粗基准应避免重复使用，在同一尺寸方向

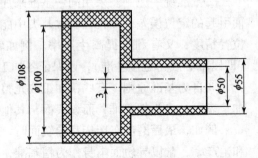

图 2.29 阶梯轴粗基准选择

上，通常只允许用一次。

⑥选作粗基准的表面应尽可能平整，不能有飞边、浇口、冒口或其他缺陷，使工件定位稳定可靠、夹紧方便。

4. 工艺路线的拟定

制订机械加工工艺规程时，首先应拟定零件加工的工艺路线。它是制订工艺过程的总纲，其主要任务是选择各个表面的加工方法、划分工序、确定加工顺序等；然后再根据工艺路线，选择各工序的工艺基准，确定工艺尺寸、所用设备、工艺装备、切削用量以及工时定额等。

（1）表面加工方法的选择。

确定各个表面的加工方法是拟定工艺路线的首要问题。表面加工方法的选择，应同时满足加工质量、生产率和经济性等方面的要求。

①被加工表面精度和表面质量要求。

一般情况下，所采用加工方法的经济加工精度应能保证零件图样所规定的精度和表面质量要求。经济加工精度是指在正常的加工条件下（采用符合质量标准的设备、工艺装备和标准等级的工人、不延长加工时间）所能保证的加工精度。例如，材料为碳钢、尺寸精度为IT7、表面粗糙度 Ra 为 $0.4\ \mu m$ 的外圆柱面，用车削、磨削加工都能达到要求，但车削在经济上不及磨削合理，所以应该选用磨削加工方法作为达到该工件加工精度的最终加工方法。

当多种加工方法的经济加工精度都能满足被加工表面的精度和表面粗糙度要求时，加工方法取决于零件的结构形状、尺寸大小、材料、热处理等因素。例如，对于IT7级精度的孔，采用镗削、铰削、拉削和磨削均可达到要求，都符合经济加工精度。但是，箱体上的孔，一般不宜选择拉孔和磨孔，而常选镗孔或铰孔；孔径较大时宜选镗孔，孔径小时则选铰孔。对于位置尺寸精度要求较高的孔，采用坐标镗或坐标磨加工，而不易选用铰削。

②工件材料的性质及热处理。

例如有色金属的精加工，为避免磨削时堵塞砂轮，一般采用精细车、精细铣或金刚镗进行加工。经淬火后的钢质零件，则宜采用磨削加工和特种加工。

③生产率和经济性要求。

大批量生产时，应尽量采用高效率的先进工艺方法，如采用拉削方法加工内孔和平面；采用铣削、磨削方法同时加工几个表面等，这些方法都能大幅度提高生产率。但是在批量不大的情况下，如盲目采用高效率的加工方法及专用设备，则会因设备利用率不高，造成经济上的较大损失。

为了正确地选择加工方法，应了解生产中各种加工方法的特点及其经济加工精度。常用加工方法的经济加工精度及表面粗糙度，可查阅有关工艺手册。

（2）工艺阶段的划分。

对于加工质量要求较高的零件，工艺过程应分阶段进行。机械加工工艺过程一般可划分为以下几个阶段。

粗加工阶段：主要任务是切除各加工表面上的大部分加工余量，使毛坯的形状和尺寸尽量接近成品。因此，在此阶段主要考虑如何提高劳动生产率。

半精加工阶段：为主要表面作好必要的精度和加工余量准备，并完成一些次要表面的加工。

精加工阶段：保证各主要表面达到规定的质量要求。

光整加工阶段：对于尺寸精度和表面粗糙度要求很高的表面，尚需安排光整加工阶段，其主要任务是提高尺寸精度和降低表面粗糙度值。

工艺过程划分加工阶段的原因。

①保证加工质量。

工件粗加工时切除金属较多，产生较大的切削力和切削热，同时所需要的夹紧力也大，因而使工件产生的内应力和由此引起的变形也大，所以粗加工阶段不可能达到高的加工精度和较小的表面粗糙度。加工过程划分阶段后，粗加工造成的误差，可通过半精加工得到纠正，并逐渐提高零件的加工精度和降低表面粗糙度，保证零件加工质量要求。

②合理使用设备。

由于工艺过程分段进行，粗加工阶段可采用功率大、刚度好、精度低、效率高的机床进行加工，以提高生产率。精加工阶段则可采用高精度机床以确保零件的精度要求。这样既充分发挥了各类机床的性能、特点，做到合理使用，也可延长高精度机床的使用寿命。

③便于热处理工序的安排，使热处理与切削加工工序配合更合理。

机械加工工艺过程分阶段进行，便于在各加工阶段之间穿插安排必要的热处理工序，既可以充分发挥热处理的效果，也有利于切削加工和保证加工精度。例如，对一些精密零件，粗加工后安排去除内应力的时效处理，可减少内应力变形对精加工的影响；半精加工后安排淬火处理，不仅能满足零件的性能要求，也使零件的粗加工和半精加工容易，零件因淬火引起的变形又可以通过精加工予以消除。

④便于及时发现毛坯缺陷和保护已加工表面。

粗、精加工分开后，毛坯的缺陷（如气孔、砂眼和加工余量不足等）在粗加工后即可及早发现，及时决定修补或报废，以免对报废的零件继续进行精加工而浪费工时和制造费用。精加工表面安排在后面，还可保证其不受损伤。

应当指出，拟定工艺路线一般应遵循工艺过程划分加工阶段的原则，但是具体运用时要灵活，不能绝对化。例如，对一些毛坯质量高，加工余量小，加工精度要求较低而刚性又好的零件，可以不划分加工阶段。对于一些刚性好的重型零件，由于装夹吊运很费工时，也可不划分加工阶段，而在一次装夹中完成表面的粗精加工。

工艺路线划分加工阶段是对零件加工的整个工艺过程而言的，不是以某一表面的加工或某一工序的加工而论。例如，有些定位基准面在半精加工阶段甚至粗加工阶段就需要加工得很精确，而某些钻小孔的粗加工工序，常常又安排在精加工阶段。

(3) 工序集中程度的确定。

在安排工序时，应考虑工序中所含加工内容的多少。在每道工序中所安排的加工内容多，则一个零件的加工只集中在少数几道工序内完成，工艺路线短、工序少，称为工序集中。在每道工序中所安排的加工内容少，则一个零件的加工分散在很多道工序内完成，工艺路线长、工序多，称为工序分散。

①工序集中的特点。

a. 工件在一次安装后，可以加工多个表面，能较好地保证表面之间的相互位置；可以减少安装工件的次数和辅助时间，减少工件在机床之间的搬运次数。

b. 可以减少机床数量，并相应地减少操作工人，节省车间生产面积，简化生产计划和生产组织工作。

②工序分散的特点。

a. 机床设备及工艺装备比较简单，调整方便，生产工人易于掌握。

b. 可以采用最合理的切削用量，减少机动时间。

c. 设备数量多，操作工人多，生产面积大。

在一般情况下，单件小批生产多为工序集中，大批量生产则工序集中和分散二者兼有，需根据具体情况而定。

（4）加工顺序的安排。

①机械加工工序的安排。在安排加工顺序时，应注意以下几点。

a. 先将零件的主要表面和次要表面分开，然后着重考虑主要表面的加工顺序，次要表面可适当穿插在主要表面加工工序之间。

b. 先安排各表面的粗加工，中间安排半精加工，最后安排主要表面的精加工和光整加工。由于次要表面的精度要求不高，一般在粗、半精加工阶段即可完成，但对于同主要表面相对位置关系密切的表面，通常多置于主要表面精加工之后加工。

c. 先加工基准表面，后加工其他表面。在零件加工的各阶段，应先把基准面加工出来，以便后续工序以它定位加工其他表面。

d. 先加工平面，后加工内孔。对于箱体零件，由于平面轮廓尺寸较大，用它定位稳定、可靠，一般总是先加工出平面作精基准，然后加工内孔。

e. 为避免工件的往返流动，加工顺序应考虑车间设备的布置情况，当设备呈机群式布置时，尽可能将同工种的工序相继安排。

②热处理工序的安排。热处理工序在工艺路线中的安排，主要取决于零件热处理的目的。

a. 为改善金相组织和加工性能的热处理工序，如退火、正火、调质等，一般安排在粗加工前后。

b. 为提高零件硬度和耐磨性的热处理工序，如淬火、渗碳淬火等，一般安排在半精加工之后，精加工、光整加工之前。

c. 为降低工件内应力的热处理工序，如时效处理等，应安排在粗加工之后，精加工之前进行。对于高精度的零件，在加工过程中常进行多次时效处理。

③辅助工序安排。辅助工序主要包括检验、去毛刺、清洗、涂防锈油等，其中检验工序是主要的辅助工序。为了保证产品质量、及时去除废品、防止浪费工时，并使责任分明，检验工序应安排在：

a. 零件粗加工或半精加工结束之后；

b. 重要工序加工前后；

c. 零件送外车间（如热处理）加工之前；

d. 零件全部加工结束之后。

任务 2.3 车　　槽

【任务目标】

1. 熟悉沟槽的种类。
2. 熟悉车槽刀的几何参数。
3. 掌握车槽刀的刃磨、装夹方法。
4. 掌握车沟槽的方法。
5. 掌握沟槽的检测及质量分析。

【任务引入】

已经过粗车和精车的阶梯轴,按车槽工序图(见图 2.30)车至要求。

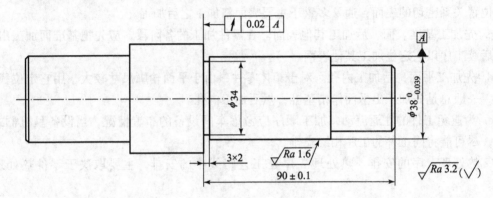

图 2.30　车槽工序图

图 2.30 所示的阶梯轴已经过粗车和精车,由于沟槽的左侧槽壁对右端 $\phi 38_{-0.039}^{0}$ mm 轴线的端面圆跳动公差为 0.02 mm,要求较高,而工件的刚度也较高,因此,可在精车外圆之后再加工外沟槽。

(1) 车削该沟槽时可选用高速钢车槽刀。沟槽宽度较窄,精度要求一般,因此,可将车槽刀的主切削刃宽度刃磨成与工件槽宽相等,即 $a = 3$ mm。在刃磨车槽刀两侧副后面时,必须使两副切削刃、两副后角和两副偏角对称,刃磨难度较大。

(2) 车槽时采用两顶尖装夹,一次直进车出。由于沟槽宽度较窄,在选择车槽刀的几何参数和切削用量时要特别注意保证车槽刀的刀头强度。

【相关知识】

2.3.1　车刀的种类及选用

在机械加工中,常用的金属切削刀具有车刀、孔加工刀具(中心钻、麻花钻、扩孔钻、铰刀等)、磨削刀具、铣刀和齿轮刀具等。在大批量生产和加工特殊形状零件时,还经常采用专用刀具、组合刀具和特殊刀具。在加工过程中,为了保证零件的加工质量、提高生产率和经济效益,需要恰当合理地选用相应的各种类型刀具。

车削加工通常都是在车床上进行的,主要用于加工回转表面及其端面。在加工中一般工件做旋转运动,刀具做纵向和横向进给运动。

车刀的种类很多,一般可按用途和结构分类。

1. 按用途分类

车刀按用途可分为:外圆车刀、内孔车刀、端面车刀、切断车刀、螺纹车刀等。常用车刀的形式与用途如图 2.31 所示。

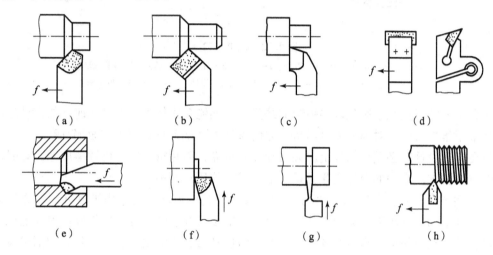

图 2.31　常用车刀的形式与用途

(a) 直头外圆车刀;(b) 弯头外圆车刀;(c) 90°外圆车刀;(d) 宽刃精车外圆车刀;
(e) 内孔车刀;(f) 端面车刀;(g) 切断车刀;(h) 螺纹车刀

外圆车刀又分直头和弯头车刀,还常以主偏角的数值来命名,如 $\kappa_r = 90°$ 时称为 90°外圆车刀,$\kappa_r = 45°$ 时称为 45°外圆车刀。

2. 按结构分类

车刀按结构可分为:整体车刀、焊接车刀、焊接装配车刀、机夹车刀和可转位车刀等。

(1) 整体车刀。用整块高速钢做成长条形状,俗称"白钢刀"。刃口可磨得较锋利,主要用于小型车床或加工有色金属。

(2) 焊接车刀。它是将一定形状的刀片和刀柄用紫铜或其他焊料通过镶焊连接成一体的车刀,一般刀片选用硬质合金,刀柄用 45 钢。

焊接车刀结构简单,制造方便,可根据需要刃磨,但其切削性能取决于工人的刃磨水平,并且焊接时会降低硬质合金硬度,易产生热应力,严重时会导致硬质合金裂纹,影响刀具寿命。此外,焊接车刀刀杆不能重复使用,刀片用完后,刀杆也随之报废。

一般车刀,特别是小车刀多为焊接车刀。

(3) 机夹车刀。如图 2.32 所示,机夹车刀是指用机械方法定位,夹紧刀片,通过刀片体外刃磨与安装倾斜后,综合形成刀具角度的车刀。机夹车刀可用于加工外圆、端面、内孔,车槽、车螺纹等。

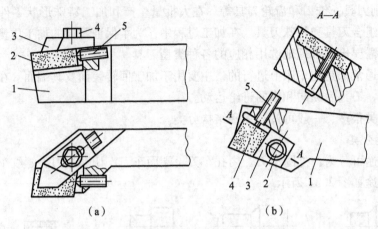

图 2.32 机夹车刀
(a) 上压式机夹车刀　1—刀杆；2—刀片；3—压板；4—螺钉；5—调整螺钉
(b) 侧压式机夹车刀　1—刀杆；2—螺钉；3—楔块；4—刀片；5—调整螺钉

机夹车刀的优点在于避免焊接引起的缺陷，刀柄能多次使用，刀具几何参数设计选用灵活。如采用集中刃磨，对提高刀具质量、方便管理、降低刀具费用等方面都有利。

机夹车刀设计时必须从结构上保证刀片夹固可靠，刀片重磨后应可调整尺寸，有时还应考虑断屑的要求。常用的刀片夹紧方式有上压式和侧压式两种。

(4) 可转位车刀。如图 2.33 所示，可转位车刀是将可转位刀片用机械夹固的方法装夹在特制刀杆上的一种车刀。它由刀片、刀垫、刀柄及刀杆、螺钉等元件组成。刀片上压制出断屑槽，周边经过精磨，刃口磨钝后可方便地转位换刃，不需重磨就可使新的切削刃投入使用，只有当全部切削刃都用钝后才需更换新刀片。

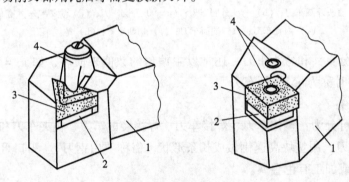

图 2.33 可转位车刀
1—刀杆；2—刀垫；3—刀片；4—夹固零件

可转位车刀是国家重点推广项目之一，它的主要优点是：不用焊接，避免了焊接、刃磨引起的热应力，提高刀具寿命及抗破坏能力；可使用涂层刀片，有合理槽形与几何参数，断屑效果好，能选用较大切削用量，提高生产率；刀片转位、更换方便，缩短了辅助时间；刀具已标准化，能实现一刀多用，减少刀具储备量，简化刀具管理等工作。

可转位车刀刀片形状很多，常用的有三角形、偏 8°三角形、凸三角形、五角形和圆形等。

(5) 成形车刀。成形车刀（图 2.34）又称样板刀，是在普通车床、自动车床上加工内外成形表面的专用刀具。用它能一次切出成形表面,故操作简便、生产率高。用成形车刀加工零件可达到公差等级 IT10~IT8,粗糙度 Ra 为 10~5 μm。成形车刀制造较为复杂,当切削刃的工作长度过长时,易产生振动,故主要用于批量加工小尺寸的零件。

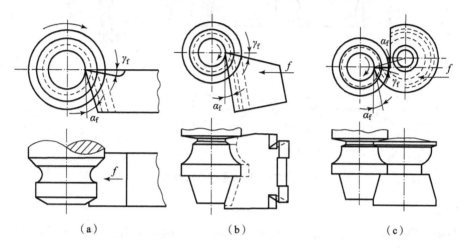

图 2.34　成形车刀的种类

(a) 平体成形车刀；(b) 棱体成形车刀；(c) 圆体成形车刀

【任务实施】

2.3.2　车槽

1. 选用、刃磨和装夹车槽刀

(1) 准备工作。

①设备：砂轮机。

②工艺装备：粒度号为 $46^\#$~$60^\#$ 和 $80^\#$~$120^\#$ 的白色氧化铝砂轮、油石、12 mm×4 mm 的高速钢刀片。

③量具：钢直尺、90°角尺、样板、0.02 mm/(0~150) mm 的游标卡尺。

(2) 操作步骤。选用车槽刀→粗磨车槽刀→精磨车槽刀→车槽刀刃磨的评价→车槽刀的装夹。

①选用车槽刀。

根据图 2.30 可知阶梯轴的槽宽为 3 mm,选择的车槽刀是片状高速车槽刀(图 2.35),此刀具材料和几何参数如下所述。

刀具材料：高速钢刀片,横截面尺寸为 12 mm×4 mm。

几何参数：主切削刃宽度 a = 3 mm,刀头长度 L = 11 mm,主偏角 κ_r = 90°,前角 γ_o = 25°,后角 α_o = 6°,副后角 α_o' = 1°30′,副偏角 κ_r' = 1°30′。

②粗磨车槽刀。

粗磨车槽刀选用粒度号为 $46^\#$~$60^\#$、硬度为 H~K 的白色氧化铝砂轮。

a. 粗磨左侧副后面。两手握刀,车刀前面向上,同时磨出左侧副后角 α_o' = 1°30′ 和副偏

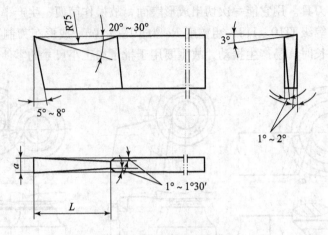

图 2.35 片状高速钢车槽刀

角 $\kappa_r' = 1°30'$。

b. 粗磨右侧副后面。两手握刀,车刀前面向上,同时磨出右侧副后角 $\alpha_o' = 1°30'$ 和副偏角 $\kappa_r' = 1°30'$。对于主切削刃宽度,要注意留出 0.5 mm 的精磨余量。

c. 粗磨主后面。两手握刀,车刀前面向上,磨出主后面,保证后角 $\alpha_o = 6°$。

d. 粗磨前面。两手握刀,车刀前面对着砂轮磨削表面,刃磨前面和前角、卷屑槽,保证前角 $\gamma_o = 25°$。

③精磨车槽刀。

精磨车槽刀选用粒度号为 $80^\#\sim120^\#$、硬度为 H~K 的白色氧化铝砂轮。

a. 修磨主后面,保证主切削刃平直。

b. 修磨两侧副后面,保证两副后角和两副偏角对称,主切削刃宽度 $a = 3$ mm(工件槽宽)。

c. 修磨前面和卷屑槽,保持主切削刃平直、锋利。

d. 修磨刀尖,可在两刀尖上各磨出一个小圆弧过渡刃。

④车槽刀的装夹。

把刃磨好的车槽刀装夹在刀架上,首先要符合车刀装夹的一般要求,如车槽刀不宜伸出过长等。

车槽刀的主切削刃必须与工件轴线平行。

车槽刀的中心线必须与工件轴线垂直,以保证两个副偏角对称,可用 90°角尺检查车槽刀的两个副偏角。

车槽刀的底平面应平整,以保证两个副后角对称。

2. 车槽

(1)准备工作。

①工件:精车后的阶梯轴。

②设备:CA6140 型车床。

③工艺装备:三爪自定心卡盘、后顶尖、高速钢车槽刀。

④量具:0.02 mm/(0~150) mm 的游标卡尺。

(2)操作步骤。启动车床→对刀→确定沟槽位置→试车沟槽→车沟槽→倒角→检测。

①启动车床。

为保证端面圆跳动误差小于等于 0.02 mm，采用两顶尖装夹（铜皮垫在 $\phi 40_{-0.06}^{-0.02}$ mm 外圆处）。

选取进给量 $f = 0.15$ mm/r，将车床主轴转速调整为 200 r/min。

启动车床，使工件回转。

②对刀。

左手摇动床鞍手轮，右手摇动中滑板手柄使刀尖趋近并轻轻接触工件右端面。

反向摇动中滑板手柄，使车刀横向退出。

记住床鞍刻度盘的刻度。

③确定沟槽位置。

摇动床鞍，利用床鞍刻度盘的刻度使车刀向左纵向移动 90 mm，确定沟槽位置。

④试车沟槽。

摇动中滑板手柄，使车刀轻轻接触工件 $\phi 50$ mm 外圆，记下中滑板刻度盘的刻度，或把此位置调至中滑板刻度盘"0"位，用以作为横向进给的起点。

算出中滑板的横向进给量，中滑板应进给 160 格。

横向进给车削工件 2 mm 左右，横向快速退出车刀。

停车，测量沟槽左侧槽壁与工件右端面之间的距离，根据测量结果，利用小滑板刻度盘相应调整车刀位置，直至测量结果符合（90 ± 0.1）mm 的要求。

⑤车沟槽。

双手均匀摇动中滑板手柄，车外沟槽至 ϕ（34 ± 0.15）mm。

⑥倒角。

将 45°车刀调整至工作位置，车床主轴转速为 500 r/min。

倒角 $C1.5$。

3. 自检与评价

（1）完成车槽后，卸下车刀和工件，用游标卡尺测量沟槽的位置尺寸（90 ± 0.1）mm、测量沟槽的宽度 a =（3 ± 0.1）mm、测量沟槽尺寸 3 mm × 2 mm，并测量其他项目是否符合图样要求，对自己的训练工件进行评价（见表 2.8）。

（2）针对自己出现的质量问题和废品种类，分析原因，找出改进措施。

（3）将工件送交检验后清点工具，收拾工作场地。

表 2.8　车槽的评分标准

考核内容	考 核 要 求	配分 (50)	评 分 标 准	检测值	得分
沟槽	3 mm × 2 mm	8	超差不得分		
长度	（90 ± 0.1）mm	7	超差不得分		
表面粗糙度	$Ra \leq 1.6$ μm（两处）	3 × 2	不符合要求不得分		
	沟槽槽底和右侧面的 $Ra \leq 3.2$ μm（两处）	3 × 2	不符合要求不得分		

续表

考核内容	考核要求	配分(50)	评分标准	检测值	得分
端面圆跳动	端面圆跳动误差不大于0.02 mm	8	超差不得分		
工具、设备的使用与维护	正确、规范地使用工具、量具、刃具,合理保养与维护工具、量具、刃具	3	不符合要求酌情扣1~3分		
	正确、规范地使用设备,合理保养与维护设备	3	不符合要求酌情扣1~3分		
	操作姿势正确、动作规范	3	不符合要求酌情扣1~3分		
安全及其他	安全文明生产,按国家颁布的有关法规或企业自定的有关规定执行	3	一处不符合要求扣1~3分,发生较大事故者取消考试资格		
	操作方法及工艺规程正确	3	一处不符合要求扣1分		
完成时间	50 min		超过定额时间少于20 min倒扣5分,超过20~30 min倒扣10分,超过30 min为不合格		
总得分					

【知识拓展】

2.3.3 加工余量与工序尺寸的确定

1. 加工余量的确定

(1) 加工余量的概念。

加工余量是指加工过程中从加工表面切去的金属层厚度。加工余量可分为工序(工步)加工余量和总加工余量。

①工序(工步)加工余量指某一表面在一道工序(工步)中所切除的金属层厚度,它取决于同一表面相邻工序(工步)的尺寸之差。

若以 Z 表示加工余量,对于如图2.36所示的加工表面,则有:

$$Z = a - b \quad \text{(图2.36 (a))}$$
$$Z = b - a \quad \text{(图2.36 (b))}$$

式中　a——前工序的工序尺寸;
　　　b——本工序的工序尺寸。

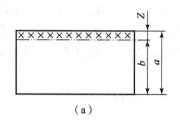 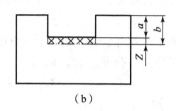

图 2.36 非对称单边加工余量

(a) 工序基准为下表面；(b) 工序基准为上表面

图 2.36 所示加工余量为不对称的单边加工余量。对于对称表面或回转体表面，其加工余量是对称分布的，是双边余量，如图 2.37 所示。

对于轴　　　　　　　　$2Z = d_a - d_b$　　　　　　　　（图 2.37（a））

对于孔　　　　　　　　$2Z = D_b - D_a$　　　　　　　　（图 2.37（b））

式中　$2Z$——直径上的加工余量；

　　　d_a、D_a——前工序的加工表面直径；

　　　d_b、D_b——本工序的加工表面直径。

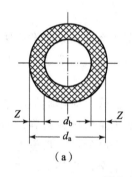 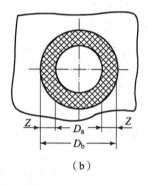

图 2.37 对称的双边加工余量

(a) 轴；(b) 孔

②总加工余量指零件从毛坯变为成品的整个加工过程中某一表面所切除金属层的总厚度，也即零件毛坯尺寸与零件图上设计尺寸之差。总加工余量等于各工序加工余量之和，即

$$Z_{总} = \sum_{i=1}^{n} Z_i$$

式中　$Z_{总}$——总加工余量；

　　　Z_i——第 i 道工序加工余量；

　　　n——该表面的工序数。

工序尺寸的公差带，一般规定在零件的入体方向。对于被包容面（轴），基本尺寸为最大工序尺寸；对于包容面（孔），基本尺寸为最小工序尺寸。毛坯尺寸的公差一般采用双向标注。

由于毛坯尺寸和工序尺寸都有制造误差，因而总加工余量和工序加工余量都是变动的，加工余量出现了基本余量、最大余量和最小余量三种情况。其基本余量为：$Z_i = A_{i-1} - A_i$；最大余量为：$Z_{i\max} = A_{(i-1)\max} - A_{i\min} = Z_i + T_i$；最小余量为：$Z_{i\min} = A_{(i-1)\min} - A_{i\max} = Z_i - T_{i-1}$。

式中 A_{i-1}、A_i 分别为前道和本道工序的基本工序尺寸；A_{imax}、A_{imin} 分别为本工序的最大、最小工序尺寸；$A_{(i-1)max}$、$A_{(i-1)min}$ 分别为前工序的最大、最小工序尺寸；T_{i-1}、T_i 分别为前道和本道工序的工序尺寸公差。加工余量的变化范围称为余量公差（T_{zi}），它等于前道工序和本道工序的工序尺寸公差之和。即

$$T_{zi} = Z_{imax} - Z_{imin} = (Z_i + T_i) - (Z_i - T_{i-1}) = T_i + T_{i-1}$$

（2）影响加工余量的因素。

加工余量的大小直接影响零件的加工质量和成本。加工余量过大，不仅增加机械加工的劳动量，降低了生产率，而且增加材料、工具、动力的消耗，使生产成本提高。但是加工余量过小，又不能保证产品质量，甚至出现废品。确定工序加工余量的基本要求是：各工序所留的最小加工余量应能保证被加工表面在前道工序所产生的形位误差和表面缺陷被相邻的后继工序去除，使加工质量提高。

以车削圆柱孔为例，分析影响加工余量大小的因素，影响加工余量的因素包含：
①前工序的表面质量（包括微观不平度 Ra 和表面缺陷层深度 H_1）；
②前工序的工序尺寸公差 T_1（一般形状误差 η_1 包含在 T_1 范围内）；
③前工序的位置误差 ρ_1；
④本工序的安装误差 ε_2。

（3）确定加工余量的方法。

①经验估计法。根据工艺人员和工人的长期生产实践经验，采用类比法来估计以确定加工余量的大小。为了防止加工余量不足而产生废品，估计余量一般偏大。此法常用于单件小批生产。

②分析计算法。此法是根据一定的试验资料和计算公式，对影响加工余量的各项因素进行分析和综合计算以确定加工余量的大小。所确定的加工余量比较精确，但需要积累可靠的实验数据和资料，计算较复杂，仅在大批生产和大量生产中的一些重要工序采用。

③查表修正法。以有关工艺手册和资料所推荐的加工余量为基础，结合实际加工情况进行修正以确定加工余量的大小。此法应用较广。查表时应注意表中数值是单边余量还是双边余量。

2. 工序尺寸的确定

工序尺寸是加工过程中各个工序应保证的加工尺寸，其公差即为工序尺寸公差。正确地确定工序尺寸及其公差，是制订工艺规程的重要工作之一。

工序尺寸及其公差的确定与工序加工余量的大小、工序尺寸标注、定位基准的选择有着密切的联系。下面讨论几种常见的工序尺寸确定的方法。

（1）工艺基准与设计基准重合时的工序尺寸及其公差的确定。

加工某一表面的各道工序采用同一定位基准、测量基准，且与设计基准重合，这时，只考虑各道工序的加工余量和所采用加工方法的经济加工精度，即可计算出各个工序尺寸及其公差。如零件上外圆和内孔的多工序加工都属于这种情况。

确定工序尺寸及其公差的方法：首先根据工艺手册或有关资料查取各工序的基本余量，再从工件上的设计尺寸开始，由最后一道工序向前推算，直至毛坯尺寸。工序尺寸公差可以从有关手册中查得或按所采用的加工方法的经济加工精度确定，并按"入体原则"确定上、下偏差。

例 2.1 某法兰盘件上有一个孔,孔径 $\phi 60^{+0.03}_{0}$ mm,表面粗糙度为 $Ra = 0.8$ μm,需淬硬。加工工序为:粗镗—半精镗—热处理—磨削。试用查表修正法确定孔的毛坯尺寸、各工序的工序尺寸及其公差。

解: ①根据机械加工手册或工厂资料确定各工序的基本余量,具体见表 2.9 中第 2 列。其中毛坯总余量应等于各加工工序基本余量之和,如果从毛坯余量表中查得毛坯总余量与各工序余量之和不等应取其大值,差值在毛坯总余量或粗加工工序余量中修正。

②按各加工方法的经济加工精度确定各工序公差,具体数值见表 2.9 中第 3 列。

③由后工序向前工序逐个推算工序尺寸,各工序尺寸具体数值见表 2.9 中第 4 列。

④按"入体原则"确定各工序的上、下偏差,见表 2.9 中第 5 列。

⑤毛坯的公差可根据毛坯的制造方法和工厂具体条件,参照有关毛坯的手册资料确定。

⑥验算磨削工序余量

$$磨削最大余量 = 60.03 - 59.6 = 0.43 \text{ (mm)}$$
$$磨削最小余量 = 60 - 59.674 = 0.326 \text{ (mm)}$$

验算结果表明,磨削余量是合适的。

表 2.9 各工序的工序尺寸及其公差计算实例

工序名称	工序基本余量/mm	工序经济加工精度/mm	工序尺寸/mm	工序尺寸及其公差/mm
磨 削	0.4	IT7 (0.03)	$\phi 60$	$\phi 60^{+0.03}_{0}$
半精镗	1.6	IT9 (0.074)	$\phi 59.6$	$\phi 59.6^{+0.074}_{0}$
粗 镗	7	IT12 (0.3)	$\phi 58$	$\phi 58^{+0.3}_{0}$
毛 坯	9	4	$\phi 51$	

(2) 工艺尺寸链及其计算公式。

制订工艺规程时,在工艺规程或工艺附图中所给出的尺寸称为工艺尺寸。它可以是零件的设计尺寸;有时,根据加工的需要,也可以是零件图上没有而检验时需要的测量尺寸或工艺过程中的工序尺寸等。当工艺基准与设计基准不重合时,运用工艺尺寸链理论去揭示这些尺寸间的联系,是合理确定工序尺寸及其公差的基础,这已成为制订工艺规程时确定工艺尺寸的重要手段。

①工艺尺寸链的概念。

如图 2.38(a)所示零件,平面 1、2 已加工,现要加工平面 3。平面 3 的位置尺寸 A_Σ 的设计基准为平面 2。为使夹具结构简单和工件定位时稳定可靠,若选平面 1 为定位基准,这样,就出现了定位基准与设计基准不重合的情况。当采用调整法加工时,工艺人员需要在工序图(图 2.38(b))上标注工序尺寸 A_2,供对刀和检验用。通过直接控制工序尺寸,间接保证零件设计尺寸 A_Σ。尺寸 A_1、A_2、A_Σ 首尾相连构成一封闭的尺寸组。在机械制造中称这种互相联系且按一定顺序排列的封闭尺寸组为尺寸链。在加工过程中有关工艺尺寸组成的尺寸链称为工艺尺寸链,如图 2.38(c)所示。尺寸链的主要特征是封闭性,即组成尺寸链的有关尺寸按一定顺序首尾相连构成封闭图形,没有开口。

②工艺尺寸链的组成。

组成工艺尺寸链的每一个尺寸称为工艺尺寸链的环。如图 2.38(c)所示尺寸链为三环

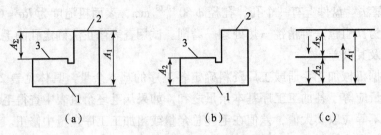

图 2.38 零件加工中的尺寸联系
(a) 零件图；(b) 工序图；(c) 工艺尺寸链图

尺寸链。在加工过程中直接得到的尺寸称为组成环，用 A_i 表示，如图中的 A_1、A_2。在加工过程中间接得到的尺寸称为封闭环，用 A_Σ 表示。

由于工艺尺寸链具有封闭的特征，故尺寸链中组成环的变化，必然引起封闭环的尺寸变化。在组成环中，那些自身增大会使封闭环也随之增大的组成环叫做增环，以 $\vec{A_i}$ 表示，如图 2.38（c）中的 A_1。那些自身增大会使封闭环随之减小的组成环叫做减环，以 $\overleftarrow{A_i}$ 表示，如图 2.38（c）中的 A_2。

尺寸链中各组成环性质的确定可用箭头法：在尺寸链图上，先给封闭环任定一方向并画出箭头，然后沿此方向环绕尺寸链回路，依次给每一组成环画出箭头，凡箭头方向和封闭环相反为增环，相同的则为减环（图 2.38（c））。

需着重指出，工艺尺寸链的构成，取决于工艺方案和具体的加工方法。正确确定工艺尺寸链的封闭环，是解工艺尺寸链的关键一步。封闭环确定错了，尺寸链的计算就是错的。

③工艺尺寸链的计算。

计算工艺尺寸链的目的是求出工艺尺寸链中某些环的基本尺寸及其上、下偏差。计算方法有极值法和概率法两种，本节只介绍用极值法解尺寸链的方法。

a. 基本公式。

用极值法解工艺尺寸链，是以尺寸链中各环的最大极限尺寸和最小极限尺寸为基础进行计算的。

表 2.10 列出了计算工艺尺寸链所用的尺寸及公差（或偏差）符号。

表 2.10 工艺尺寸链计算符号

名称	符号名称						
	基本尺寸	最大尺寸	最小尺寸	上偏差	下偏差	公差	平均尺寸
封闭环	A_Σ	$A_{\Sigma max}$	$A_{\Sigma min}$	ESA_Σ	EIA_Σ	T_Σ	$A_{\Sigma m}$
增环	$\vec{A_i}$	$\vec{A_{i max}}$	$\vec{A_{i min}}$	$ES\vec{A_i}$	$EI\vec{A_i}$	$\vec{T_i}$	$\vec{A_{im}}$
减环	$\overleftarrow{A_i}$	$\overleftarrow{A_{i max}}$	$\overleftarrow{A_{i min}}$	$ES\overleftarrow{A_i}$	$EI\overleftarrow{A_i}$	$\overleftarrow{T_i}$	$\overleftarrow{A_{im}}$

基本计算公式有以下几个。

各环基本尺寸计算：

$$A_\Sigma = \sum_{i=1}^{m} \vec{A_i} - \sum_{i=m+1}^{n-1} \overleftarrow{A_i} \tag{2.1}$$

式中　n——包括封闭环在内的尺寸链总环数；

　　　m——增环的数目；

　　　$n-1$——组成环（包括增环与减环）的数目。

各环极限尺寸的计算：

$$A_{\Sigma\max} = \sum_{i=1}^{m}\overrightarrow{A_{i\max}} - \sum_{i=m+1}^{n-1}\overleftarrow{A_{i\min}} \tag{2.2}$$

$$A_{\Sigma\min} = \sum_{i=1}^{m}\overrightarrow{A_{i\min}} - \sum_{i=m+1}^{n-1}\overleftarrow{A_{i\max}} \tag{2.3}$$

各环上、下偏差计算：

$$ESA_{\Sigma} = \sum_{i=1}^{m}ES\overrightarrow{A_i} - \sum_{i=m+1}^{n-1}EI\overleftarrow{A_i} \tag{2.4}$$

$$EIA_{\Sigma} = \sum_{i=1}^{m}EI\overrightarrow{A_i} - \sum_{i=m+1}^{n-1}ES\overleftarrow{A_i} \tag{2.5}$$

各环公差的计算：

$$T_{\Sigma} = \sum_{i=1}^{n-1}T_i \tag{2.6}$$

各环平均尺寸的计算：

$$A_{\Sigma m} = \sum_{i=1}^{m}\overrightarrow{A_{im}} - \sum_{i=m+1}^{n-1}\overleftarrow{A_{im}} \tag{2.7}$$

式（2.7）中各组成环平均尺寸计算：

$$A_{im} = \frac{A_{i\max} + A_{i\min}}{2} \tag{2.8}$$

b. 尺寸链的计算形式。尺寸链计算有以下三种形式。

（a）正计算。已知各组成环的基本尺寸和公差（或偏差），求封闭环的基本尺寸和公差（或偏差）。正计算主要用于产品的校验或零件加工后能否满足图纸规定的精度要求。封闭环的计算结果是唯一的。

（b）反计算。已知封闭环的基本尺寸和公差（或偏差），求算各组成环的基本尺寸和公差（或偏差）。反计算主要用于产品设计、加工和装配工艺计算等方面。由于组成环有若干个，所以，反计算形式是将封闭环的公差值合理地分配给各组成环，以求得最佳分配方案。反计算的结果不是唯一的。反计算有等公差法和等精度法两种解法。

ⓐ等公差法。按等公差的原则把封闭环的公差值分配给各组成环。根据式（2.6）可求出各组成环的平均公差 T_{im}。

$$T_{im} = \frac{T_{\Sigma}}{n-1} \tag{2.9}$$

用这种方法解尺寸链，计算比较简单，但未考虑各组成环的尺寸大小和加工难易程度，都给出相等的公差大小，这显然是不合理的。在实际应用中常将计算所得的 T_{im}，按各组成环的尺寸大小和难易程度进行适当的调整，使各组成环的公差都能较容易地达到。但调整后的各环公差之和仍应满足式（2.6）。

ⓑ等精度法。按各组成环公差等级相等的原则来分配各组成环的公差。它克服了等公差

法的缺点，从工艺上讲较为合理，但计算较麻烦。

（c）中间计算。已知封闭环及部分组成环的基本尺寸和公差（或偏差），求某一组成环的基本尺寸和公差（或偏差）。它用于设计与工艺计算、校验等方面。工艺尺寸链解算多属此种形式。在实际计算中，可能得到零公差或负公差（上偏差小于下偏差），即组成环公差之和等于或大于封闭环的公差。在机械加工中，零公差和负公差是不可能的，因此必须根据工艺可能性重新决定其他组成环的公差，即压缩组成环的制造公差，提高其加工精度。但调整后的各环公差之和仍应满足式（2.6）。

（3）工艺基准与设计基准不重合时的工序尺寸及其公差的确定。

为简便起见，设工序基准与定位基准或测量基准重合（一般与生产实际相符）。此时，工艺基准与设计基准不重合，就变为定位基准或测量基准与设计基准不重合两种情况。

①定位基准与设计基准不重合时，工序尺寸及其公差的确定。

例 2.2 如图 2.39（a）所示套筒零件，其加工顺序是：先加工两端面 A、B，保证尺寸 $50_{\ 0}^{+0.1}$ mm；然后以表面 A 定位加工表面 C，要求保证尺寸 $40_{\ 0}^{+0.2}$ mm。试求加工表面 C 时，工序尺寸 A 及其上、下偏差。

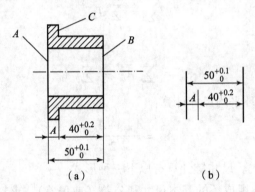

图 2.39 定位基准与设计基准不重合时的尺寸换算
（a）套筒零件；（b）工艺尺寸链

解：从加工顺序可知这是一种定位基准与设计基准不重合的情况。以表面 A 定位加工表面 C，控制尺寸 A，间接保证尺寸 $40_{\ 0}^{+0.2}$ mm。可见在工艺尺寸链中，尺寸 $40_{\ 0}^{+0.2}$ mm 为封闭环（尺寸链见图 2.39（b）），$50_{\ 0}^{+0.1}$ mm 为增环，A 为减环。

由式（2.1）得　　　　　$40 = 50 - A$　　　　　所以 $A = 10$ mm

由式（2.4）得　　　　　$0.2 = 0.1 - EIA$　　　所以 $EIA = -0.1$ mm

由式（2.5）得　　　　　$0 = 0 - ESA$　　　　　所以 $ESA = 0$

根据 $T_\Sigma = \sum_{i=1}^{n-1} T_i$，校验得：$T_{40} = T_{50} + T_A$ 计算正确。由此可见，加工表面 C 时，只要控制工序尺寸 $A = 10_{\ -0.1}^{\ \ 0}$ mm，即可保证尺寸 $40_{\ 0}^{+0.2}$ mm。

②测量基准与设计基准不重合时，工序尺寸及其公差的确定。

例 2.3 如图 2.40（a）所示轴承碗零件，其设计尺寸为 $10_{\ -0.25}^{\ \ 0}$ mm、$50_{\ -0.1}^{\ \ 0}$ mm。在加工内孔端面 C 时，尺寸 $50_{\ -0.1}^{\ \ 0}$ mm 不便于测量，需另选测量基准。为此，应先以加工好的 B 面定位车端面 A，保证设计尺寸 $10_{\ -0.25}^{\ \ 0}$ mm，然后车内孔及端面 C，以 A 面为测量基准，直接控

制尺寸 A，间接保证设计尺寸 $50_{-0.1}^{0}$ mm。这样，尺寸 $10_{-0.25}^{0}$ mm、$50_{-0.1}^{0}$ mm 及 A 组成工艺尺寸链如图 2.40（b）所示。$50_{-0.1}^{0}$ mm 为封闭环，$10_{-0.25}^{0}$ mm 为减环，A 为增环。

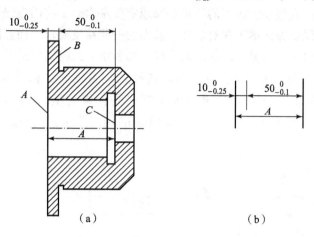

图 2.40　轴承碗的工艺尺寸计算
（a）轴承碗；（b）加工端面的工艺尺寸链

在这一尺寸链中，由于封闭环公差（0.1 mm）小于组成环 $10_{-0.25}^{0}$ mm 的公差，不能满足 $T_\Sigma = \sum_{i=1}^{n-1} T_i$，显然无法正确求得组成环 A 的偏差。此时，应根据工艺实施的可能性，压缩组成环公差。

解：①按等公差法重新分配各组成环公差

$$T_{im} = T_\Sigma / (n-1) = 0.1/2 = 0.05 \text{（mm）}$$

②根据加工难易程度调整组成环公差大小

由于车外端面 A 比车内端面 C 容易，也便于测量，取公差 $T_{10} = 0.036$ mm（IT9），经调整后车端面 A 的工序尺寸为 $10_{-0.036}^{0}$ mm。

③计算车端面 C 的工序尺寸及公差

由式（2.1）得	$50 = A - 10$	所以 $A = 60$ mm
由式（2.4）得	$0 = \text{ES}A - (-0.036)$	所以 $\text{ES}A = -0.036$ mm
由式（2.5）得	$-0.1 = \text{EI}A - 0$	所以 $\text{EI}A = -0.1$ mm

校核

$$T_A = \text{ES}A - \text{EI}A = -0.036 - (-0.1) = 0.064 \text{（mm）}$$

$$T_{50} = T_{10} + T_A = 0.036 + 0.064 = 0.1 \text{（mm）}$$

故计算无误。所以只要测量尺寸为 $60_{-0.1}^{-0.036}$ mm、$10_{-0.036}^{0}$ mm，即可保证 $50_{-0.1}^{0}$ mm。

必须指出，按换算后的工序尺寸间接保证原设计要求时，还存在一个"假废品"的问题。例如：当按图 2.40（b）的尺寸链所解算的尺寸 $A = 60_{-0.1}^{-0.036}$ mm 进行加工时，如某一零件加工后实际尺寸 $A = 60$ mm，超过尺寸 $60_{-0.1}^{-0.036}$ mm 的上限，从工序上看，此件即应报废。但如将该零件表面 A 至表面 B 的实际尺寸再测量一下，为 10 mm，则封闭环为 50 mm，仍符合设计尺寸 $50_{-0.1}^{0}$ mm 的要求。这就是工序上报废而产品仍合格的所谓"假废品"问题。为了避免"假废品"的出现，对换算后工序尺寸超差的零件，应按设计尺寸再进行复量和换算，以免将实际尺寸合格的零件报废而造成浪费。

（4）尚需继续加工表面标注工序尺寸的计算。

在零件加工中，有些加工表面的测量基面或定位基面是一些尚需继续加工的表面。当加工这些基面时，不仅要保证本工序对该加工基面的一些精度要求，而且同时还要保证原加工表面的要求，即一次加工后要同时保证两个尺寸的要求。此时需要进行工艺尺寸换算。

例2.4 如图2.41（a）所示为一齿轮内孔的局部简图。内孔尺寸为 $\phi 40^{+0.05}_{0}$ mm，键槽尺寸深度为 $46^{+0.30}_{0}$ mm。孔和键槽加工顺序是：镗孔至 $\phi 39.6^{+0.10}_{0}$ mm—插键槽至尺寸A—热处理—磨孔至 $\phi 40^{+0.05}_{0}$ mm，同时保证 $46^{+0.30}_{0}$ mm。试求插键槽的工序尺寸及其公差。

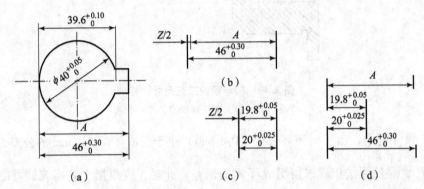

图 2.41 孔与键槽加工的工艺尺寸计算
(a) 齿轮内孔局部简图；(b)、(c)、(d) 工艺尺寸链图

解：①建立工序尺寸链

设计要求尺寸 $46^{+0.30}_{0}$ mm 和工序尺寸A两者仅差半径方向的磨削工序余量 $Z/2$（Z为磨削余量）。因而尺寸 $46^{+0.30}_{0}$ mm、A和 $Z/2$ 组成一个三环尺寸链，如图2.41（b）所示。其中，A是插键槽时控制的工序尺寸，而尺寸 $46^{+0.30}_{0}$ mm 是磨孔时间接获得的，所以该尺寸为封闭环。另一方面，磨削余量 $Z/2$ 是内孔两次加工的半径余量，也可建立一个三环尺寸链，如图2.41（c）所示。$Z/2$为封闭环，镗孔和磨孔工序的半径尺寸 $19.8^{+0.05}_{0}$ mm 和 $20^{+0.025}_{0}$ mm 为组成环。以上两个尺寸链可合并成一个四环尺寸链，如图2.41（d）所示。$Z/2$作为中介环，合并时可消去。设计尺寸 $46^{+0.30}_{0}$ mm 为封闭环，A和 $20^{+0.025}_{0}$ mm 为增环，$19.8^{+0.05}_{0}$ mm 是减环。

②计算插键槽的工序尺寸及偏差

由式（2.1）得　　　$46 = 20 + A - 19.8$　　　　所以 $A = 45.8$ mm

由式（2.4）得　　　$+0.3 = (+0.025 + ESA) - 0$　　所以 $ESA = 0.275$ mm

由式（2.5）得　　　$0 = (0 + EIA) - (+0.05)$　　　所以 $EIA = 0.05$ mm

故插键槽的工序尺寸及偏差为 $A = 45.8^{+0.275}_{+0.05}$ mm。

（5）保证渗氮、渗碳深度的工序尺寸及其公差的计算。

产品中有些零件的表面需进行渗碳或渗氮处理，而且要求在最终加工后还要保证具有一定的渗层深度。为此，必须合理地确定渗前加工的工序尺寸和热处理时的渗层深度。

例2.5 如图2.42（a）所示的轴类零件。轴径 $\phi 100^{0}_{-0.016}$ mm 表面需渗碳，精加工后要

求保证渗碳层深度为 $t=(1\pm0.1)$ mm（单边深度）。该表面的加工顺序为：半精车外圆至 $\phi 100.5_{-0.14}^{\ 0}$ mm—渗碳、淬火（渗碳层深度为 t_1）—磨削外圆至 $\phi 100_{-0.016}^{\ 0}$ mm，并同时保证渗碳层深度为 $t_1=(1\pm0.1)$ mm。试求半精车外圆后渗碳、淬火工序的渗碳层深度 t_1。

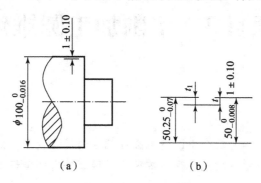

图 2.42 保证渗碳层深度的尺寸换算
（a）渗碳的轴零件图；（b）渗碳工艺尺寸链

解： ①建立工序尺寸链

渗碳前后工序的半径尺寸 $\phi 50.25_{-0.07}^{\ 0}$ mm、$\phi 50_{-0.008}^{\ 0}$ mm 和精加工前后的渗碳层深度 t_1、t 可组成一工艺尺寸链，如图 2.42（b）所示。显然图样规定的渗碳层深度 t 是封闭环。

②计算渗碳、淬火工序的渗碳层深度

由式（2.1）得 $1 = t_1 + 50 - 50.25$，所以 $t_1 = 1.25$ mm

由式（2.4）得 $0.1 = ESt_1 + 0 - (-0.07)$，所以 $EIt_1 = -0.092$ mm

由式（2.5）得 $-0.1 = EIt_1 - 0.008 - 0$，所以 $EIt_1 = -0.092$ mm

故 $t_1 = 1.25_{-0.092}^{+0.03}$ mm，即渗碳层深度为 $1.158 \sim 1.28$ mm。

项目3　车削加工圆锥体

【项目导入】

在机床和一些工具的零件配合中，使用圆锥配合的场合较多，如车床主轴锥孔与顶尖配合，车床尾座锥孔与麻花钻锥柄配合等。常见的圆锥零件有圆锥齿轮、锥形主轴、带锥孔的齿轮、锥形手柄等。

与轴线成一定角度，且一端相交于轴线的一条直线段（称为母线）围绕着该轴线旋转形成的表面称为圆锥表面，简称圆锥面。由圆锥表面和一定轴向尺寸、径向尺寸所限定的几何体，称为圆锥。圆锥又可分为外圆锥和内圆锥两种。通常把外圆锥称为圆锥体，内圆锥称为圆锥孔。圆锥体的车削方法主要有"转动小滑板法"和"偏移尾座法"。本项目以"转动小滑板法车削圆锥体"为操作任务，掌握圆锥体的一种车削方法及圆锥角度和尺寸精度的检测。

任务3.1　转动小滑板法车削圆锥体

【任务目标】

1. 掌握用转动小滑板法车削圆锥体的方法。
2. 掌握圆锥精度的检测方法。

【任务引入】

转动小滑板法车削圆锥体，是把刀架小滑板按工件的圆锥半角要求转动一个相应角度，使车刀的运动轨迹与所要加工的圆锥素线平行。转动小滑板法操作简便、调整范围广，主要适用于单件、小批量生产，特别适用于工件长度较短、圆锥角较大的圆锥面。

图3.1所示为一莫氏锥棒零件图样。本任务就是要在CA6140型车床上完成该零件的加工。该零件加工的主要内容是莫氏4号锥，圆锥大端直径31.267 mm，圆锥长度83 mm，圆锥小端倒角$C1$，要求圆锥表面粗糙度Ra 1.6 μm，其余表面粗糙度Ra 3.2 μm。最大外圆直径$\phi 45_{-0.05}^{0}$ mm，倒角$C2$，工件总长128 mm。

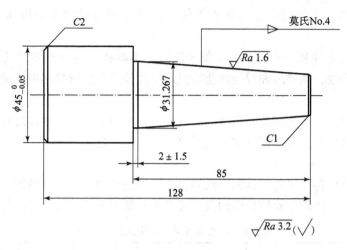

图 3.1 莫氏锥棒

 【相关知识】

3.1.1 刀具材料

刀具材料主要是指刀具切削部分的材料,刀具材料是工艺过程中影响加工效率和加工质量的重要因素。合理选用刀具材料,能大大提高切削加工效率,降低刀具的消耗,保证加工质量。

1. 刀具材料应具备的性能

在切削过程中,刀具切削部分受到高温、高压与剧烈的摩擦,磨损很快。在断续切削工作时,还伴随着冲击与振动,引起切削温度的波动。因此,刀具材料应具备以下性能:

(1) 高硬度。刀具要从工件上切除金属层,则刀具切削部分的硬度必须大于被切削材料的硬度。一般刀具材料的常温硬度应高于 60 HRC。

(2) 高耐磨性。刀具必须具备较高的耐磨性,即抵抗磨损的能力。它与刀具材料的硬度、化学成分、显微组织等有关。刀具材料硬度越高,耐磨性越好。含有耐磨的合金碳化物越多,晶粒越细,分布越均匀,耐磨性也越好。

(3) 足够的强度与韧性。刀具材料的强度一般是指抗弯强度,它影响着刀具能够承受切削力的大小;韧性是指材料断裂前吸收的能量和进行塑性变形的能力。刀具在切削中承受着各种应力、冲击和振动,为了防止崩刃和断裂,要求刀具材料必须具备足够的强度和韧性。

(4) 高耐热性。刀具材料的耐热性是指在高温条件下,仍能保持原有的高硬度和高强度的性能。耐热性越好,切削加工允许的切削速度就越高,它是衡量刀具材料性能优劣的主要标志。

(5) 好的导热性和耐热冲击性。良好的导热性,能使切削时产生的热量迅速传出,从而降低切削温度和延长刀具的使用寿命。为适应断续切削时瞬间反复的热力和机械的冲击而形成的热应力和机械应力,刀具材料应具有良好的耐热冲击性。

（6）抗黏附性。抗黏附性是指防止工件的切屑与刀具材料在高温高压下吸附黏结的能力。

（7）良好的工艺性和经济性。为了便于制造，刀具材料应具有良好的工艺性能，即切削加工性、可磨削性、热处理和焊接性能等。经济性是指刀具材料尽可能选择资源丰富的材料，以降低成本。

目前尚难找到各方面的性能都满意的刀具材料，因为上述材料性能之间有的是相互制约的。在选择刀具材料时，应根据具体工艺需要，保证主要性能要求。

2. 刀具材料的种类

刀具切削部分材料主要有工具钢、硬质合金、陶瓷和超硬刀具材料四类。而在一般机加工中使用最多的是高速钢与硬质合金两类。各类刀具材料的物理力学性能见表3.1。

表3.1 各类刀具材料的物理力学性能

材料种类		相对密度	硬度	抗弯强度/GPa	冲击韧性/(MJ·m^{-2})	热导率/(W·m^{-1}·K^{-1})	耐热性/℃	切削速度比值
工具钢	碳素工具钢	7.6～7.8	60～65 HRC 81.2～83.9 HRA	2.16	—	≈41.87	200～250	0.32～0.4
	合金工具钢	7.7～7.9	63～66 HRC 81.2～84 HRA	2.35	—	≈41.87	300～400	0.48～0.6
	高速钢	8.0～8.8	63～70 HRC 83～86.6 HRA	1.96～4.41	0.098～0.588	16.7～25.1	600～700	1～1.2
硬质合金	钨钴类	14.3～15.3	89～91.5 HRA	1.08～2.16	0.019～0.059	75.4～87.9	800	3.2～4.8
	钨钛钴类	9.35～13.2	89～92.5 HRA	0.88～1.37	0.0029～0.0068	20.9～62.8	900	4～4.8
	含有碳化钼、铌类	—	78～82 HRA	1.18～1.47			1 000～1 100	6～10
	碳化钛基类	5.56～6.3	92～93.3 HRA	0.78～1.08			1 100	6～10
陶瓷	氧化铝陶瓷	3.6～4.3	91～95 HRA	0.44～0.69	0.0049～0.0117	4.19～20.9	1 200	8～12
	氧化铝碳化物混合陶瓷			0.71～0.88			1 100	6～10
	氮化硅陶瓷	3.26	5 000 HV	0.76～0.83		37.68	1 300	—
超硬材料	人造金刚石	3.47～3.56	10 000 HV	0.21～0.48		146.54	700～800	≈25
	立方氮化硼	3.44～3.49	8 000～9 000 HV	≈0.294		75.55	1 400～1 500	—

（1）工具钢。

用来制造刀具的工具钢主要包括碳素工具钢、合金工具钢和高速钢。

①碳素工具钢。

由于碳素工具钢在切削温度高于250 ℃~300 ℃时，马氏体要分解，使得硬度降低；碳化物分布不均匀，淬火后变形较大，易产生裂纹，淬透性差，淬硬层薄，所以只适于制造手用和切削速度很低的刀具，如锉刀、手用锯条、丝锥和板牙等。

常用牌号有：T8A、T10A和T12A，其中以T12A用得最多，其含碳量为1.15%~1.2%，淬火后硬度可达58~64 HRC，热硬性达250 ℃~300 ℃，允许切削速度可达v_c=5~10 m/min。

②合金工具钢。

合金工具钢是在高碳钢中加入Si、Cr、W、Mn等合金元素，其目的是提高淬透性和回火稳定性，细化晶粒，减小变形。常用牌号有：9SiCr、CrWMn等。热硬性达325 ℃~400 ℃，允许切削速度可达v_c=10~15 m/min。合金工具钢目前主要用于低速工具，如丝锥、板牙、铰刀等。常用合金工具钢牌号成分及用途见表3.2。

表3.2 常用合金工具钢的牌号成分及用途

牌号	化学成分/%						硬度 HRC	应用举例
	C	Mn	Si	Cr	W	V		
9Mn2V	0.85~0.95	1.7~2.0	≤0.035	—	—	0.1~0.25	≥62	丝锥、板牙、铰刀等
9SiCr	0.85~0.95	0.3~0.6	1.2~1.6	0.95~1.25	—	—	≥62	板牙、丝锥、钻头、铰刀等
CrW5	1.26~1.5	≤0.3	≤0.3	0.4~0.7	4.5~5.5	—	≥65	铣刀、车刀、刨刀等
CrMn	1.3~1.5	0.45~0.75	≤0.35	1.3~1.6	—	—	≥62	量规、块规
CrWMn	0.9~1.05	0.8~1.1	0.15~0.35	0.9~1.2	1.2~1.6	—	≥62	板牙、拉刀、量规等

③高速钢。

高速钢的全称为高速合金工具钢，也称白钢或锋钢。它是在合金工具钢中加入较多的W、Mo、Cr、V等合金元素的高合金工具钢。其合金元素与碳化合形成高硬度的碳化物，使高速钢具有高硬度、高耐磨性、高热硬性，热处理变形小，能锻造，易磨出较锋利的刃口等优点。高速钢是综合性能较好、应用范围最广的一种刀具材料。热处理后硬度达63~66 HRC，抗弯强度约3.3 GPa，耐热性为600 ℃~660 ℃。高速钢的使用占刀具材料总量的60%~70%，特别适用于制造结构复杂的成形刀具、孔加工刀具，例如各类铣刀、拉刀、螺纹刀具、切齿刀具等。

高速钢按切削性能可分为普通高速钢和高性能高速钢，按制造工艺方法可分为熔炼高速钢和粉末冶金高速钢。常用高速钢的牌号及其物理力学性能如表3.3所示。

表 3.3　常用高速钢的牌号及其物理力学性能

类别	牌号	常温硬度 HRC	抗弯强度 /GPa	冲击韧度 /(MJ·m^{-2})	高温硬度 HRC	
					500 ℃	600 ℃
普通高速钢	W18Cr4V	63~66	3~3.4	0.18~0.32	56	48.5
	W6Mo5Cr4V2	63~66	3.5~4	0.29~0.39	55~56	47~48
	W9Mo3Cr4V	65~66.5	4~4.5	0.34~0.39	—	—
高性能高速钢	95W18Cr4V	66~68	3~3.4	0.17~0.22	57	51
	W6Mo5Cr4V3	65~67	3.2	0.25	—	51.7
	W6Mo5Cr4V2Co8	66~68	3.0	0.3	—	54
	W2Mo9Cr4VCo8	67~69	2.7~3.8	0.23~0.3	60	55
	W6Mo5Cr4V2Al	67~69	2.9~3.9	0.23~0.3	60	55
	W10Mo4Cr4V3Al	67~69	3.1~3.5	0.2~0.28	59.5	54

a. 普通高速钢。

普通高速钢按钨、钼含量不同，可分为钨系高速钢和钨钼系高速钢两类。普通高速钢应用最为之泛，约占高速钢总量的75%。

钨系高速钢中早期常见的牌号有W18Cr4V，它具有较好的综合性能，刃磨工艺性好，淬火时过热倾向小，热处理控制较容易；缺点是碳化物分布不均匀，不宜做大截面的刀具，热塑性较差。又因钨价高，因此现在这个牌号应用较少，在一些发达国家已经被淘汰。

钨钼系高速钢中现在较常见的牌号是W6Mo5Cr4V2，是国内外普遍应用的牌号。因一份Mo可代替两份W，这就能减少钢中的合金元素，降低钢中碳化物的数量及分布的不均匀性，有利于提高热塑性、抗弯强度与韧度。其高温塑性及韧性优于W18Cr4V，故可用于制造热轧刀具，如螺旋槽麻花钻等。主要缺点是脱碳敏感性大，淬火温度范围窄，较难掌握热处理工艺等。钨系高速钢W9Mo3Cr4V，是根据我国资源自行研制的牌号，其硬度、抗弯强度与韧性均比W6Mo5Cr4V2好，高温热塑性好，而且淬火过热、脱碳敏感性小，有良好的切削性能，成本也更低。

b. 高性能高速钢。

高性能高速钢是在普通高速钢中增加碳、钒，添加钴或铝等合金元素的新钢种。其常温硬度可达67~70 HRC，耐磨性与耐热性有显著的提高，能用于不锈钢、耐热钢和高强度钢的加工。常用高性能高速钢主要有：高钒高速钢、钴高速钢和铝高速钢。

c. 粉末冶金高速钢。

粉末冶金高速钢是通过高压惰性气体或高压水雾化高速钢水而得到细小的高速钢粉末，然后压制或热压成形，再经烧结而成的高速钢。与熔炼高速钢相比，粉末冶金高速钢硬度与韧性较高，材质均匀，热处理变形小，刃磨性能好，质量稳定可靠，刀具使用寿命较长。它能够切削各种难加工材料，适合于制造各种精密刀具和形状复杂的刀具，如精密螺纹车刀、拉刀、切齿刀具等。

(2) 硬质合金。

硬质合金是用硬度和熔点很高的碳化物（WC、TiC 等）和金属黏结剂（Co、Ni、Mo 等）在高温条件下烧结而成的粉末冶金制品。硬质合金的物理力学性能取决于合金的成分、粉末颗粒的粗细及合金的烧结工艺。含高硬度、高熔点的碳化物愈多，合金的硬度与高温硬度愈高。含金属黏结剂愈多，强度也就愈高。因此硬质合金的硬度、耐磨性、耐热性均高于工具钢，常温硬度高达 89~94 HRA，耐热性达 800 ℃~1 000 ℃。切削钢时，切削速度可达 220 m/min 左右。在合金中加入熔点更高的 TaC、NbC，可使耐热性提高到 1 000 ℃~1 100 ℃，切削钢时，切削速度可进一步提高到 200~300 m/min。硬质合金现已成为主要的刀具材料之一，大多数车刀都采用硬质合金，其他刀具采用硬质合金的也日益增多，如端铣刀、立铣刀、镗刀、钻头、铰刀等均已采用硬质合金制造。

硬质合金按其化学成分与使用性能分为四类：钨钴类 YG（WC + Co）、钨钛钴类 YT（WC + TiN + Co）、添加稀有金属碳化物类 YW（WC + TiC + TaC（NbC）+ Co）及碳化钛基类 YN（TiN + WC + Ni + Mo）。常用硬质合金成分和性能见表 3.4。

表 3.4 常用硬质合金成分和性能

合金牌号		化学成分				物理力学性能						相当ISO牌号
		WC	TiC	TaC(NbC)	Co	硬度		抗弯强度 σ_{bb}/GPa	冲击韧度 α_k/(kJ·m^{-2})	导热系数 κ/(W·m^{-1}·K^{-1})	线膨胀系数 α/(℃$^{-1}$×10^{-6})	密度 ρ/(g·cm^{-3})	
						HRC	HRC						
钨钴类	YG3	97	—	—	3	91	78	1.10	—	87.9	—	14.9~15.3	K01 K05
	YG6	94	—	—	6	89.5	75	1.40	26.0	79.6	4.5	14.6~15.0	K15 K20
	YG6X	94	—	—	6	91	78	1.35	—	79.6	4.4	14.6~15.0	K10
	YG8	92	—	—	8	89	74	1.50	—	75.4	4.5	14.4~14.9	K20
	YG8C	92	—	—	8	88	72	1.72	—	75.4	4.5	14.4~14.9	K30
钨钛钴类	YT30	66	30	—	4	92.5	80.5	0.90	3.00	20.9	7.00	9.35~9.7	P01
	YT15	79	15	—	6	91	78	1.15	—	33.5	6.51	11.0~11.7	P10
	YT14	78	14	—	8	90.5	77	1.20	7.00	33.5	6.21	11.2~12.7	P20
	YT5	85	5	—	10	89.5	75	1.30	—	62.8	6.06	12.5~13.2	P30

续表

合金牌号		化学成分				物理力学性能						相当ISO牌号
		WC	TiC	TaC(NbC)	Co	硬度		抗弯强度 σ_{bb}/GPa	冲击韧度 α_k/(kJ·m^{-2})	导热系数 κ/(W·m^{-1}·K^{-1})	线膨胀系数 α/(℃$^{-1}$×10^{-6})	密度 ρ/(g·cm^{-3})	
						HRC	HRC						
添加钽（铌）类	YG6A(YA6)	91	—	5	6	92	80	1.37				14.6~15.0	K10
	YG8A	91	—	1	8	90	75	1.47				14.5~15.0	K10
	YW1	84	6	4	6	92	80	1.25				13.0~13.5	M10
	YW2	82	6	4	8	91	78	1.50				12.7~13.3	M20
碳化钛基类	YN05	8	71		Ni-7 Mo-14	93	82	0.90				5.9	P01
	YN10	15	62	1	Ni-12 Mo-10	92.5	80.5	1.10				6.3	P05

注：Y-硬质合金；G-钴，其后数字表示含钴量（质量）；X-细晶粒；T-TiC，其后数字表示 TiC 含量（质量）；A-含 TaC（NbC）的钨钴类合金；W-通用合金；N-不含钴，以镍作黏结剂的合金。

涂层硬质合金是 20 世纪 60 年代出现的新型刀具材料。采用化学气相沉积（CVD）工艺，在硬质合金表面涂覆一层或多层（5~13 μm）难熔金属碳化物。涂层合金有较好的综合性能，基体强度韧性较好，表面耐磨、耐高温。但涂层硬质合金刃口锋利程度与抗崩刃性不及普通合金，因此，多用于普通钢材的精加工或半精加工。

涂层硬质合金允许采用较高的切削速度，与未涂层硬质合金相比，能减小切削力，降低切削温度，改善已加工表面质量，提高通用性。

涂层硬质合金不能用于焊接结构，不能重磨，主要用于可转位刀片。

对比工具钢和硬质合金，工具钢耐热性差，但抗弯强度高，价格便宜，焊接与刃磨性能好，故广泛用于中、低速切削的成形刀具，不宜高速切削。硬质合金耐热性好，切削效率高，但刀片强度、韧性不及工具钢，焊接刃磨工艺性也比工具钢差，故多用于制作车刀、铣刀及各种高效切削刀具。一般刀体均用普通碳钢或合金钢制作。如焊接车、镗刀的刀柄，钻头、铰刀的刀体常用 45 钢或 40Cr 制造。尺寸较小的刀具或切削负荷较大的刀具宜选用合金工具钢或整体高速钢制作，如螺纹刀具、成形铣刀、拉刀等。机夹、可转位硬质合金刀具，镶硬质合金钻头，可转位铣刀等可用合金工具钢制作，如 9CrSi 或 GCr15 等。对于一些尺寸较小的精密孔加工刀具，如小直径镗、铰刀，为保证刀体有足够的刚度，宜选用整体硬质合金制作，以提高刀具的切削用量。

（3）陶瓷。

用于制作刀具的陶瓷材料主要有两类：以氧化铝或以氮化硅为基体再添加少量金属，在高温下烧结而成。陶瓷刀具材料主要特点是：

①有高硬度与耐磨性，常温硬度达 91～95 HRA，超过硬质合金，因此可用于切削 60 HRC 以上的硬材料；

②有高的耐热性，1 200 ℃下硬度为 80 HRA，强度、韧性降低较少；

③有高的化学稳定性，在高温下仍有较好的抗氧化、抗黏结性能，因此刀具的热磨损较少；

④有较低的摩擦系数，切屑不易粘刀，不易产生积屑瘤；

⑤强度与韧性低，强度只有硬质合金的 1/2，因此陶瓷刀具切削时需要选择合适的几何参数与切削用量，避免承受冲击载荷，以防崩刃与破损；

⑥热导率低，仅为硬质合金的 1/2～1/5，热胀系数比硬度合金高 10%～30%，这就使陶瓷刀具抗热冲击性能较差，故陶瓷刀具切削时不宜有较大的温度波动。

陶瓷刀具一般适用于在高速下精细加工硬材料。但近年来发展的新型陶瓷刀具也能半精或粗加工多种难加工材料，有的还可用于铣、刨等断续切削，其使用寿命、加工效率和已加工表面质量常高于硬质合金刀具。

(4) 超硬刀具材料。

①金刚石。

金刚石分为天然和人造两种，都是碳的同素异形体。天然金刚石由于价格昂贵而用的很少，主要用于有色金属及非金属的精密加工。天然金刚石有一定的方向性，不同的晶面上硬度与耐磨性有较大的差异，刃磨时需选定某一平面，否则影响刃磨与使用质量。人造金刚石是借助某些合金的触媒作用，在高温高压下由石墨转化而成。金刚石的硬度高达 10 000 HV，是目前已知的最硬物质。

金刚石刀具主要用于有色金属（如铝硅合金）的精加工、超精加工，高硬度的非金属材料（如陶瓷、刚玉、玻璃等）的精加工，以及难加工的复合材料的加工。金刚石耐热温度只有 700 ℃～800 ℃，其工作温度不能过高。金刚石刀具不宜加工铁族元素，因为金刚石中的碳原子与铁族元素的亲和力大，致使刀具寿命降低。

②立方氮化硼。

立方氮化硼是由六方氮化硼（白石墨）在高温高压下加入催化剂转变而成的。立方氮化硼刀具的主要优点是：有很高的硬度与耐磨性，硬度达 8 000～9 000 HV，仅次于金刚石；有很高的热稳定性，耐热性为 1 400 ℃，与大多数金属、铁系材料都不起化学反应，因此能高速切削高硬度的钢铁材料及耐热合金，刀具的黏结与扩散磨损较小。有较好的导热性，与钢铁的摩擦系数较小，抗弯强度与断裂韧性介于陶瓷与硬质合金之间。可用于淬硬钢、冷硬铸铁等粗加工与半精加工，高速切削高温合金、热喷涂材料等难加工材料。当对淬硬材料进行半精车和精车时，其加工精度与表面质量足以代替磨削加工。

【任务实施】

3.1.2　转动小滑板法车削圆锥体

图 3.1 所示为一莫氏锥棒零件图样（零件材料为 45 钢），毛坯尺寸 $\phi 50$ mm × 131 mm。

本任务是在 CA6140 型车床上完成该零件的加工。

1. 操作准备

准备好刀具材料为 YT15 的 90°外圆车刀、45°车刀；需准备的量具为游标卡尺、千分尺、圆锥套规；需准备的工具为旋具、活扳手、呆扳手、显示剂等。

2. 操作过程

车圆锥时，车刀刀尖必须对准工件轴线，否则会出现双曲线误差，造成废品。

（1）转动小滑板法车削外圆锥面时确定小滑板转动角度的方法。

根据工件图样选择相应的公式计算出圆锥半角 $\frac{\alpha}{2}$，圆锥半角 $\frac{\alpha}{2}$ 即是小滑板应转动的角度。

用扳手将小滑板下面的转盘螺母松开，把转盘转至需要的圆锥半角 $\frac{\alpha}{2}$，当刻度与基准零线对齐后将转盘螺母锁紧。圆锥半角 $\frac{\alpha}{2}$ 的值通常不是整数，其小数部分用目测估计，大致对准后再通过试车逐步找正。小滑板转动的角度值可以大于计算值的 $10'\sim20'$，但不能小于计算值，角度偏小会使圆锥素线车长而难以修正圆锥长度尺寸。

车削常用标准工具的圆锥和专用的标准圆锥时，小滑板转动角度可参考表 3.5。

表 3.5 车削常用锥度和标准锥度时小滑板转动角度

名称		锥 度	小滑板转动角度	名称	锥 度	小滑板转动角度
莫氏锥度	0	1:19.212	1°29′27″	标准锥度	1:200	0°08′36″
	1	1:20.047	1°25′43″		1:100	0°17′11″
	2	1:20.020	1°25′50″		1:50	0°34′23″
	3	1:19.922	1°26′26″		1:30	0°57′17″
	4	1:19.254	1°29′15″		1:20	1°25′56″
	5	1:19.002	1°30′26″		1:15	1°54′33″
	6	1:19.180	1°29′36″		1:12	2°23′09″
标准锥度	30°	1:1.866	15°		1:10	2°51′15″
	45°	1:1.207	22°30′		1:8	3°34′35″
	60°	1:0.866	30°		1:7	4°05′08″
	75°	1:0.625	37°30′		1:5	5°42′38″
	90°	1:0.5	45°		1:3	9°27′44″
	120°	1:0.289	60°		7:24	8°17′46″

工件大端靠近主轴，小端靠近尾座方向时，小滑板应逆时针方向转动一个圆锥半角 $\frac{\alpha}{2}$，反之则应顺时针方向转动一个圆锥半角 $\frac{\alpha}{2}$。

（2）加工莫氏锥棒的操作步骤。

①用三爪自定心卡盘夹持外圆，伸出长度 53 mm 左右，找正夹紧；

②选切削速度 $v_c = 80\sim150$ m/min，进给量 $f = 0.15\sim0.35$ mm/r，车端面，端面车平即可；

③粗、精车外圆 $\phi 45_{-0.05}^{0}$ mm 至尺寸，长度大于 43 mm，表面粗糙度达到图样要求；
④用 25～50 mm 的千分尺检测 $\phi 45_{-0.05}^{0}$ mm 外圆，控制尺寸在公差范围内；
⑤倒角 $C2$；
⑥夹住 $\phi 45_{-0.05}^{0}$ mm 外圆，伸出长度大于 85 mm，车端面，保证总长 128 mm；
⑦车外圆 $\phi 32$ mm，长 85 mm；
⑧调整小滑板间隙，通过转动小滑板前后螺钉，移动小滑板内的斜铁，增大或减小小滑板与导轨的间隙；
⑨小滑板间隙应适当，小滑板间隙太大，易出现锥度超差；小滑板间隙太小，手动进给强度大，进给速度不宜控制，影响表面粗糙度；要求小滑板移动灵活、均匀；
⑩小滑板逆时针转动 $1°29'15''$；
⑪粗车外圆锥面，找正圆锥角度；
⑫首先在工件表面顺着圆锥素线薄而均匀地涂上周向均等的三条显示剂（印油或红丹粉和机油的调和物等）；
⑬用标准莫氏 4 号套规检测，手握套规轻轻地套在工件上，稍加轴向推力，并将套规转动半圈；
⑭取下套规，观察工件表面显示剂擦去的情况。若小端擦着，大端未擦去，说明圆锥角小了；若大端擦着，小端未擦去，说明圆锥角大了；若两端显示剂擦去，中间不接触，说明是形成了双曲线误差，原因是车刀刀尖没有对准工件回转轴线，需调整车刀高度；若三条显示剂全长擦痕均匀，表面圆锥接触良好，说明锥度正确；
⑮在检验锥度正确的前提下，精车外圆锥面；
⑯用套规控制长度 (2 ± 1.5) mm。

3. 自检与评价

（1）加工完毕，卸下工件，仔细测量各部分尺寸。对自己的练习件进行评价（评分标准见表 3.6），对出现的质量问题分析原因，并找出改进措施。

（2）将工件送交检验后清点工具，收拾工作场地。

表 3.6 转动小滑板法车削圆锥体的评分标准

考核内容	考核要求	配分(50)	评分标准	检测值	得分
外圆	$\phi 45_{-0.05}^{0}$ mm	8	超差不得分		
外圆	$\phi 32$ mm	4	超差不得分		
检验锥度	用标准莫氏 4 号套规检测符合要求	8	不符合要求扣 8 分		
表面粗糙度	$Ra \leq 3.2$ μm（6 处）	3×6	一处不符合要求扣 3 分		
倒角、毛刺	各倒钝锐边处无毛刺、有倒角	2	一处不符合要求扣 1 分		

续表

考核内容	考核要求	配分(50)	评分标准	检测值	得分
工具、设备的使用与维护	正确、规范地使用工具、量具、刃具,合理保养与维护工具、量具、刃具	2	不符合要求酌情扣1~2分		
	正确、规范地使用设备,合理保养与维护设备	2	不符合要求酌情扣1~2分		
	操作姿势正确、动作规范	2	不符合要求酌情扣1~2分		
安全及其他	安全文明生产,按国家颁布的有关法规或企业自定的有关规定执行	2	一处不符合要求扣2分,发生较大事故者取消考试资格		
	操作方法及工艺规程正确	2	一项不符合要求扣2分		
完成时间	50 min		每超过15 min倒扣4分,超过30 min为不合格		
总得分					

【知识拓展】

3.1.3 机械加工的生产率

1. 时间定额的确定

时间定额是在一定的生产条件下,规定生产一件产品或完成一道工序所需消耗的时间。时间定额不仅是衡量劳动生产率的指标,也是安排生产计划、核算生产成本的重要依据。合理的时间定额能调动工人的生产积极性,促进工人技术水平的提高,从而不断提高劳动生产率。

时间定额通常由定额员、工艺人员和工人相结合,通过总结过去的经验,并参考有关的技术资料直接估计确定;或者以同类产品的工件或工序的时间定额为依据进行对比分析后推算出来;也可以通过对实际操作时间的测定和分析后确定。

完成一个零件的一道工序的时间称为单件时间($t_{单件}$),它包括下列组成部分。

(1)基本时间($t_{基本}$)。

基本时间是直接用于改变零件尺寸、形状、相对位置、表面质量或材料性质等工艺过程所消耗的时间。对于切削加工是指切除工序加工余量所消耗的时间(包括刀具的切入和切出时间)。

(2)辅助时间($t_{辅助}$)。

辅助时间是指为实现工艺过程所必须进行的各种辅助动作所消耗的时间,它包括装卸工件、开停机床、改变切削用量、试切和测量工件尺寸等。

(3) 布置工作地时间（$t_{布置}$）。

布置工作地时间是指为使加工正常进行，工人照管工作地所消耗的时间，如更换刀具、润滑机床、清理切屑、收拾工具等。一般可按作业时间的2%~7%来计算。

(4) 休息和生理需要时间（$t_{休息}$）。

休息和生理需要时间是工人在工作班内为恢复体力和满足生理上的需要所消耗的时间，一般可按作业时间的2%~4%来计算。

因此单件时间为：

$$t_{单件} = t_{基本} + t_{辅助} + t_{布置} + t_{休息}$$

成批生产中还必须考虑准备终结时间（$t_{终结}$）。

(5) 准备终结时间（$t_{终结}$）。

准备终结时间是指成批生产中，工人为了生产一批零件，进行准备和结束工作所消耗的时间，如熟悉工艺文件、领取毛坯、安置工装和归还工装、送交成品等。

准备终结时间对一批工件只消耗一次，分摊在每个工件上的时间为$t_{终结}/n$。显然批量越大（n为所加工的工件数），分摊在每一个工件上的时间越少。因此，成批生产的单件时间为：

$$t_{单件} = t_{基本} + t_{辅助} + t_{布置} + t_{休息} + t_{终结}/n$$

在大批量生产中，因各工作地点只完成固定的工作，在单件时间定额中$t_{终结}/n$极小，所以可不计入。

2. 提高劳动生产率的工艺途径

提高机械加工生产率的工艺途径是合理利用高生产率的机床和工艺装备以及先进的加工方法，从而缩短各工序的单件时间。

(1) 缩短单件时间定额。

缩短时间定额，首先应缩减占定额中比重较大部分。在单件小批量生产中，辅助时间和准备终结时间所占比重大；在大批大量生产中，基本时间所占比重较大。因此，缩短单件时间定额主要从以下几方面采取措施。

① 缩减基本时间。

基本时间$t_{基本}$可按有关公式计算。以车削为例：

$$t_{基本} = \frac{\pi d L}{1\,000 v_c f} \cdot \frac{Z}{a_p}$$

式中　L——切削长度（mm）；

　　　d——切削直径（mm）；

　　　Z——切削余量（mm）；

　　　v_c——切削速度（m/min）；

　　　f——进给量（mm/r）；

　　　a_p——吃刀深度（mm）。

a. 提高切削用量。由基本时间计算公式可知，增大v_c、f、a_p均可缩减基本时间。

b. 减少切削长度L。利用n把刀具或复合刀具对工件的同一表面或几个表面同时进行加工，或者利用宽刃刀具或成形刀具做横向走刀同时加工多个表面，实现复合工步，均能减少每把刀切削长度，减少基本时间。

c. 采用多件加工。多件加工通常有顺序多件加工（图 3.2（a））、平行多件加工（图 3.2（b））、平行顺序加工（图 3.2（c））三种形式。多件加工常见于龙门刨、平面磨削以及铣削加工中。

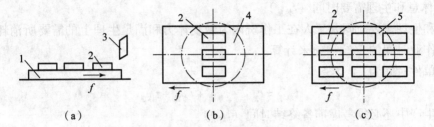

图 3.2 多件加工示意图
(a) 顺序多件加工；(b) 平行多件加工；(c) 平行顺序加工
1—工作台；2—工件；3—刨刀；4—铣刀；5—砂轮

②缩减辅助时间。

a. 直接减少辅助时间。采用高效的气、液动夹具和自动测量装置等，使辅助动作实现机械化和自动化，以缩减辅助时间。

b. 辅助时间与基本时间重合。采用转位夹具或回转工作台加工，使装卸工件的辅助时间与基本时间重合。

③缩减布置工作地时间。

提高刀具或砂轮耐用度，减少换刀次数；采用各种快换刀夹、自动换刀、对刀装置，减少换刀和调刀时间，均可缩减布置工作地时间。

④缩减准备终结时间。

中、小批生产中，由于批量小、品种多，准备终结时间在单件时间中占有较大比重，使生产率受到限制。扩大批量是缩减准备终结时间的有效途径。目前，采用成组技术以及零部件通用化、标准化、产品系列化是扩大批量的有效方法。

（2）采用先进工艺方法。

采用先进工艺可大大提高劳动生产率，具体措施如下。

①在毛坯制造中采用新工艺。如粉末冶金、失蜡铸造、精锻等新工艺，能提高毛坯精度，减少机械加工劳动量和节约原材料。

②采用少、无切削工艺。如冷挤、冷轧、滚压等方法，不仅能提高生产率，而且可提高工件表面质量和精度。

③改进加工方法。如采用拉削代替镗、铰削，可大大提高生产率。

④应用特种加工新工艺。对于某些特硬、特脆、特韧性材料及复杂型面的加工，往往用常规切削方法难以完成加工，而采用电加工等特种加工能显示其优越性和经济性。

项目 4　车削加工螺纹

【项目导入】

很多机器零件都带有螺纹，螺纹用途十分广泛，有作连接或固定用，有作传递动力用。螺纹的加工方法有许多种，在大批量的专业生产中常采用滚压螺纹、轧螺纹和搓螺纹等加工工艺；对较少数量的螺纹工件，车削螺纹是最常用的一种方法。三角形螺纹是普通螺纹中应用最广泛的一种，本项目以三角形外螺纹的车削加工为主要任务，掌握车削三角形外螺纹的工艺准备及加工操作方法。

图 4.1 所示为一带有退刀槽普通三角形外螺纹的零件图样（零件材料为 45 钢），本项目要在 CA6140 型车床上完成该零件的加工。该零件加工的主要内容是一含退刀槽的外三角形普通细牙螺纹，螺距 P 为 2 mm，端面倒角 $C2$，长度（含 6 mm 宽、2 mm 深退刀槽）55 mm，要求表面粗糙度值为 Ra 3.2 μm。

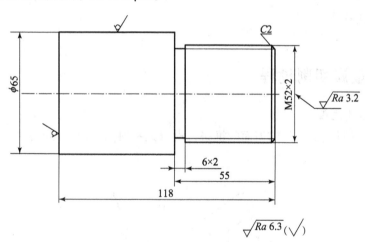

图 4.1　有退刀槽螺纹零件

任务 4.1　三角形外螺纹车刀的选择及其刃磨

【任务目标】

1. 掌握车刀材料和角度的选择。
2. 掌握三角形外螺纹车刀的刃磨和检查方法以及注意事项。

3. 熟悉刀具的工作角度及其影响因素。

【任务引入】

为进行三角形外螺纹的车削，应首先正确选择车刀并对其进行刃磨。按图 4.2 所示的几何参数进行刃磨操作。

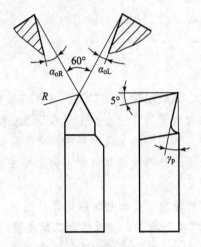

图 4.2 三角形螺纹车刀几何参数

【相关知识】

4.1.1 金属切削过程

1. 切屑的形成过程

切屑是被切材料受到刀具前刀面的推挤，沿着某一斜面剪切滑移形成的。切削过程示意图如图 4.3 所示。

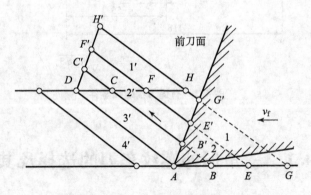

图 4.3 切削过程示意图

图中未变形的切削层 AGHD 可看成是由许多个平行四边形组成的，如 ABCD、BEFC、EGHF 等。当这些平行四边形扁块受到前刀面的推挤时，便沿着 BC 方向向斜上方滑移，形成另一些扁块，即 ABCD→AB'C'D、BEFC→B'E'F'C'、EGHF→E'G'H'F' 等。由此可以看出，切削层不是由刀具切削刃削下来的或劈开来的,而是靠前刀面的推挤、滑移而形成的。

2. 切削过程变形区的划分

切削过程的实际情况要比前述的情况复杂得多。这是因为切削层金属受到刀具前刀面的推挤产生剪切滑移变形后,还要继续沿着前刀面流出变成切屑。在这个过程中,切削层金属要产生一系列变形,通常将其划分为三个变形区,如图 4.4 所示。

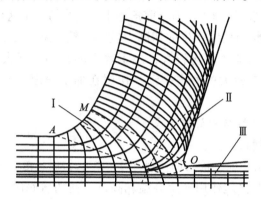

图 4.4　剪切滑移线与三个变形区示意图

图中 I（AOM）为第一变形区。在第一变形区内,当刀具和工件开始接触时,材料内部产生应力和弹性变形,随着切削刃和前刀面对工件材料的挤压作用加强,工件材料内部的应力和变形逐渐增大,当切应力达到材料的屈服强度时,材料将沿着与走刀方向成 45°的剪切面滑移,即产生塑性变形。切应力随着滑移量增加而增加,当切应力超过材料的强度极限时,切削层金属便与材料基体分离,从而形成切屑沿前刀面流出。由此可以看出,第一变形区变形的主要特征是沿滑移面的剪切变形。

实验证明,在一般切削速度下,第一变形区的宽度仅为 0.02 ~ 0.2 mm,切削速度越高,其宽度越小,故可看成一个平面,称剪切面。

图中 II 为第二变形区。切屑底层（与前刀面接触层）在沿前刀面流动过程中受到前刀面的进一步挤压与摩擦,使靠近前刀面处金属纤维化,即产生了第二次变形,变形方向基本上与前刀面平行。

图中 III 为第三变形区。此变形区位于后刀面与已加工表面之间,切削刃钝圆部分及后刀面对已加工表面进行挤压,使已加工表面产生变形,造成纤维化和加工硬化。

3. 切屑类型及控制

由于工件材料性质和切削条件不同,切削层变形程度也不同,因而产生的切屑形态也多种多样。归纳起来主要有以下四种切屑类型。

（1）带状切屑。切屑延续成较长的带状,这是一种最常见的切屑形状。一般情况下,当加工塑性材料,切削厚度较小,切削速度较高,刀具前角较大时,往往会得到此类屑型。此类屑型底层表面光滑,上层表面毛茸;切削过程较平稳,已加工表面粗糙度值较小。

（2）节状切屑。切屑底层表面有裂纹,上层表面呈锯齿形。大多在加工塑性材料,切削速度较低,切削厚度较大,刀具前角较小时,容易得到此类屑型。

（3）粒状切屑。当切削塑性材料,剪切面上剪切应力超过工件材料破裂强度时,挤裂切屑便被切离成粒状切屑。切削时采用较小的前角或负前角,切削速度较低、进给量较大时，易产生此类屑型。

以上三种切屑均是切削塑性材料时得到的，只要改变切削条件，三种切屑形态是可以相互转化的。

（4）崩碎切屑。在加工铸铁等脆性材料时，由于材料抗拉强度较低，刀具切入后，切削层金属只经受较小的塑性变形就被挤裂，或在拉应力状态下脆断，形成不规则的碎块状切屑。工件材料越脆、切削厚度越大、刀具前角越小，越容易产生这种切屑。

实践表明，形成带状切屑时产生的切削力较小、较稳定，加工表面的粗糙度较小；形成节状、粒状切屑时的切削力变化较大，加工表面的粗糙度增大；在崩碎切屑时产生的切削力虽然较小，但具有较大的冲击振动，切屑在加工表面上不规则崩落，加工后表面较粗糙。

4. 前刀面上的摩擦特性与积屑瘤现象

1）前刀面上的摩擦特性

切屑从工件上分离流出时与前刀面接触产生摩擦，接触长度 l_f 如图4.5所示。在近切削刃长度 l_{f1} 内，由于摩擦与挤压作用产生高温和高压，使切屑底面与前面的接触面之间形成黏结，亦称冷焊，黏结区或称冷焊区内的摩擦属于内摩擦，是前面摩擦的主要区域。在内摩擦区外的长度 l_{f2} 内的摩擦为外摩擦。内摩擦力使黏结材料较软的一方产生剪切滑移，使得切屑底层很薄的一层金属晶粒出现拉长的现象。由于摩擦对切削变形、刀具寿命和加工表面质量有很大影响，因此，在生产中常采用减小切削力、缩短刀—屑接触长度、降低加工材料屈服强度、选用摩擦系数小的刀具材料、提高刀面刃磨质量和浇注切削液等方法，来减小摩擦。

2）积屑瘤现象

在切削塑性材料时，如果前刀面上的摩擦系数较大，切削速度不高又能形成带状切屑的情况下，常常会在切削刃上黏附一个硬度很高的鼻型或楔形硬块，称为积屑瘤。如图4.6所示，积屑瘤包围着刃口，将前刀面与切屑隔开，其硬度是工件材料的2~3倍，可以代替刀刃进行切削，起到增大刀具前角和保护切削刃的作用。

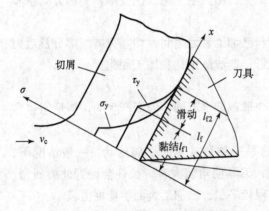

图4.5 刀—屑接触面上的摩擦特性

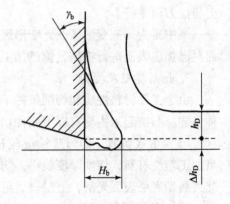

图4.6 积屑瘤

积屑瘤是切屑底层金属在高温、高压作用下在刀具前表面上黏结并不断层积的结果。当积屑瘤层积到足够大时，受摩擦力的作用会产生脱落，因此，积屑瘤的产生与大小是周期性变化的。积屑瘤的周期性变化对工件的尺寸精度和表面质量影响较大，所以，在精加工时应避免积屑瘤的产生。

通过切削实验和生产实践表明，在中温情况下切削中碳钢，温度在 300 ℃~380 ℃时，积屑瘤的高度最大，温度在 500 ℃~600 ℃时积屑瘤消失。

5. 影响切削变形的因素

影响切削变形的因素很多，但归纳起来主要有四个方面，即工件材料、刀具前角、切削速度和进给量。

（1）工件材料。

工件材料的强度和硬度越高，则摩擦系数越小，变形越小。因为材料的强度和硬度增大时，前刀面上的法向应力增大，摩擦系数减小，使剪切角增大，变形减小。

（2）刀具前角。

刀具前角越大，切削刃越锋利，前刀面对切削层的挤压作用越小，则切削变形越小。

（3）切削速度。

在切削塑性材料时，切削速度对切削变形的影响比较复杂，如图 4.7 所示。在有积屑瘤的切削范围内（$v_c \leqslant 400$ m/min），切削速度通过积屑瘤来影响切削变形。在积屑瘤增长阶段，切削速度增大，积屑瘤高度增大，实际前角增大，从而使切削变形减少；在积屑瘤消退阶段中，切削速度增大，积屑瘤高度减小，实际前角减小，切削变形随之增大。积屑瘤最大时切削变形达最小值，积屑瘤消失时切削变形达最大值。

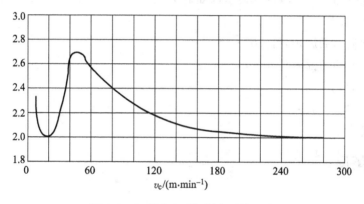

图 4.7　切削速度对切削变形的影响

在没有积屑瘤的切削范围内，切削速度越大，则切削变形越小。这有两方面原因：一方面是由于切削速度越高，切削温度越高，摩擦系数降低，使剪切角增大，切削变形减小；另一方面，切削速度增高时，金属流动速度大于塑性变形速度，使切削层金属尚未充分变形，就已从刀具前刀面流出成为切屑，从而使第一变形区后移，剪切角增大，切削变形进一步减小。

（4）进给量。

进给量对切削变形的影响是通过摩擦系数影响的。进给量增加，作用在前刀面上的法向力增大，摩擦系数减小，从而使摩擦角减小，剪切角增大，因此切削变形减小。

【任务实施】

4.1.2 三角形外螺纹车刀的选择及其刃磨

1. 操作准备

准备好刀具图样、高速钢刀具材料、细粒度砂轮（如80#白刚玉砂轮）、防护镜、冷却水、角度尺和样板等。

2. 操作过程

在磨刀前，要对砂轮机的防护设施进行检查。如防护罩壳是否齐全，有托架的砂轮，其托架与砂轮之间的间隙是否恰当等。

（1）刃磨进给方向后刀面，控制刀尖半角 $\varepsilon_r/2$ 及后角 α_{oL}（$=\alpha_{oe}+\psi$）；

（2）刃磨背进给方向后刀面，以初步形成两刃夹角，控制刀尖角 ε_r 及后角 α_{oR}（$=\alpha_{oe}-\psi$）；

（3）精磨后刀面；

（4）用螺纹车刀样板测量刀尖角；

（5）粗、精磨前刀面，以形成前角；

（6）刃磨刀尖圆弧。

三角形外螺纹粗车刀选取的几何参数如下：

①刀尖角 $\varepsilon_r=60°$；

②进给方向后刀面后角 $\alpha_{oL}=6°\sim8°$；

③背进给方向后刀面后角 $\alpha_{oR}=4°\sim6°$；

④前角 $5°\sim15°$；

⑤刀尖圆弧 $R0.5$ mm；

⑥径向后角 5°。

【知识拓展】

4.1.3 机械加工精度

1. 加工精度的基本概念

机械零件加工质量包含零件加工精度和表面质量两大部分。机械加工精度是指零件加工后的实际几何参数（尺寸、形状和位置）与理想几何参数相符合程度。它们之间的差异称为加工误差。加工误差的大小反映了加工精度的高低。误差越大加工精度越低；反之，误差越小加工精度越高。

加工精度包括三个方面。

（1）尺寸精度：指加工后零件的实际尺寸与零件的设计尺寸相符合的程度。

（2）形状精度：指加工后的零件表面的实际几何形状与理想的几何形状的相符合程度。

（3）位置精度：指加工后零件有关表面之间的实际位置与理想位置相符合程度。

2. 获得加工精度的方法

1）获得尺寸精度的方法

工件在加工时，其尺寸精度的获得方式有下列四种。

（1）试切法。即依靠试切工件、测量、调整刀具、再试切直至工件达到所要求的精度。

（2）调整法。先按试切法调整好刀具相对于机床或夹具的位置，然后再成批加工工件。

（3）定尺寸法。用一定的形状和尺寸的刀具（或组合刀具）来保证工件的加工形状和尺寸精度，如钻孔、铰孔、拉孔、攻丝和镗孔。定尺寸法加工精度比较稳定，对工人的技术水平要求不高，生产率高，在各种生产类型中广泛应用。

（4）自动控制法。这种方法是由测量装置、进给装置和控制系统等组成自动控制加工系统，它使加工过程的尺寸测量、刀具补偿调整和切削加工以及机床停车等一系列工作自动完成，自动达到所要求的尺寸精度。

如在数控机床上加工时，将数控加工程序输入到 CNC 装置中，由 CNC 装置发出的指令信号，通过伺服驱动机构使机床工作，检测装置进行自动测量和比较，输出反馈信号使工作台补充位移，最终达到零件规定的形状和尺寸精度。

2）获得形状精度的方法

工件在加工时，其形状精度的获得方法有下列三种。

（1）轨迹法。这种方法是依靠刀具与工件的相对运动轨迹来获得工件形状的。如利用工件的回转和车刀按靠模做的曲线运动来车削成形表面等。

（2）成形法。为了提高生产率，简化机床结构，常采用成形刀具来代替通用刀具。此时，机床的某些成形运动就被成形刀具的刃形所代替。如用成形车刀车曲面等。

（3）展成法。各种齿形的加工常采用此法。如滚齿时，滚刀与工件保持一定的速比关系，而工件的齿形则是由一系列刀齿的包络线所形成的。

3）获得位置精度的方法

获得位置精度的方法有两种：一是根据工件加工过的表面进行找正的方法；二是用夹具安装工件，工件的位置精度由夹具来保证。

3. 影响加工精度的原始误差

在机械加工中，机床、夹具、工件和刀具构成了一个完整的系统，称为工艺系统。由于工艺系统本身的结构和状态、操作过程以及加工过程中的物理力学现象而产生刀具和工件之间的相对位置关系发生偏移所产生的误差称为原始误差，它影响零件加工精度。一部分原始误差与切削过程有关；一部分原始误差与工艺系统本身的初始状态有关。这两部分误差又受环境条件、操作者技术水平等因素的影响。

（1）与工艺系统本身初始状态有关的原始误差。

①原理误差。即加工方法原理上存在的误差。

②工艺系统几何误差。它可归纳为两类：

a. 工件与刀具的相对位置在静态下已存在的误差，如刀具和夹具制造误差、调整误差以及安装误差；

b. 工件与刀具的相对位置在运动状态下存在的误差，如机床的主轴回转运动误差、导轨的导向误差、传动链的传动误差等。

（2）与切削过程有关的原始误差。

①工艺系统力效应引起的变形,如工艺系统受力变形、工件内应力引起的变形等。

②工艺系统热效应引起的变形,如机床、刀具、工件的热变形等。

4. 加工原理误差

加工原理误差是由于采用了近似的加工运动方式或者近似的刀具轮廓而产生的误差。因为它在加工原理上存在误差,故称原理误差。原理误差应在允许范围内。

(1) 采用近似的加工运动造成的误差。

在许多场合,为了得到要求的工件表面,必须在工件或刀具的运动之间建立一定的联系。从理论上讲,应采用完全准确的运动联系。但是,采用理论上完全准确的加工原理有时使机床或夹具极为复杂,致使制造困难,反而难以达到较高的加工精度,有时甚至是不可能做到的。如在车削或磨削模数螺纹时,由于其导程 $P = \pi m$,式中有 π 这个无理数因子,在用配换齿轮来得到导程数值时,就存在原理误差。

(2) 采用近似的刀具轮廓造成的误差。

用成形刀具加工复杂的曲面时,要使刀具刃口做得完全符合理论曲线的轮廓,有时非常困难,往往采用圆弧、直线等简单近似的线型代替理论曲线。如用滚刀滚切渐开线齿轮时,为了滚刀的制造方便,多用阿基米德蜗杆或法向直廓基本蜗杆来代替渐开线基本蜗杆,从而产生了加工原理误差。

5. 机床的几何误差

机床是工艺系统中重要的组成部分,机床的制造误差、安装误差、使用中的磨损都直接影响工件的加工精度。这里着重分析对工件加工精度影响较大的主轴回转运动误差、导轨导向误差和传动链传动误差。

(1) 主轴回转运动误差。

①主轴回转精度的概念。

主轴回转时,在理想状态下,主轴回转轴线在空间的位置应是稳定不变的,但是,由于主轴、轴承、箱体的制造和装配误差以及受静力、动力作用引起的变形,温升热变形等,主轴回转轴线瞬时都在变化(漂移),通常以各瞬时回转轴线的平均位置作为平均轴线来代替理想轴线。主轴回转精度是指主轴的实际回转轴线与平均回转轴线相符合的程度,它们的差异就称为主轴回转运动误差。主轴回转运动误差可分解为三种形式:纯轴向窜动、纯径向跳动和纯角度摆动,如图4.8所示。

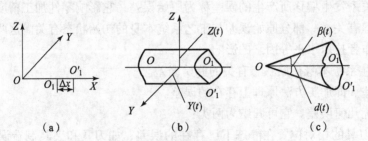

图 4.8 主轴回转精度误差
(a) 纯轴向窜动;(b) 纯径向跳动;(c) 纯角度摆动

②影响主轴回转精度的主要因素。

实践和理论分析表明,影响主轴回转精度的主要因素有主轴的误差、轴承的误差、床头箱体主轴孔的误差以及与轴承配合零件的误差等。当采用滑动轴承时,影响主轴回转精度的因素有:主轴颈和轴瓦内孔的圆度误差以及主轴颈和轴瓦内孔的配合精度。对于车床类机床,轴瓦内孔的圆度误差对加工误差影响很小。因为切削力方向不变,回转的主轴轴颈总是与轴瓦内孔的某固定部分接触,因而轴瓦内孔的圆度误差几乎对主轴回转运动误差影响为零。如图4.9(a)所示。

对于镗床类机床,因为切削力方向是变化的,轴瓦的内孔总是与主轴颈的某一固定部分接触。因而,轴瓦内孔的圆度误差对主轴回转精度影响较大,主轴轴颈的圆度误差对主轴回转精度影响较小。如图4.9(b)所示。

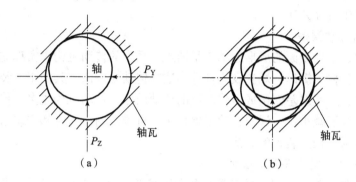

图4.9 滑动轴承对主轴回转精度的影响
(a)车床类;(b)镗床类

采用滚动轴承的主轴部分,影响主轴回转精度的因素很多,如内圈与主轴颈的配合精度,外圈与箱体孔配合精度,外圈、内圈滚道的圆度误差,内圈孔与滚道的同轴度,以及滚动体的形状精度和尺寸精度。

床头箱体的轴承孔不圆,使外圈滚道变形;主轴轴颈不圆,使轴承内圈滚道变形,都会产生主轴回转误差。主轴前后轴颈之间,床头箱体的前后轴承孔之间存在同轴度误差,会使滚动轴承内外圈相对倾斜,主轴产生径向跳动和端面跳动。此外,主轴上的定位轴套、锁紧螺母端面的跳动等也会影响主轴的回转精度。

③提高主轴回转精度的措施。

a. 提高主轴、箱体的制造精度。主轴回转精度只有20%取决于轴承精度,而80%取决于主轴、箱体的精度和装配质量。

b. 高速主轴部件要进行动平衡,以消除激振力。

c. 滚动轴承采用预紧。轴向施加适当的预加载荷(约为径向载荷的20%~30%),消除轴承间隙,使滚动体产生微量弹性变形,可提高刚度、回转精度和使用寿命。

d. 采用多油楔动压轴承(限于高速主轴)。上海机床厂生产的MGB1432高精度半自动外圆磨床采用三块瓦式三油楔动压轴承,轴心漂移量可控制在1 μm以下。

e. 采用静压轴承。静压轴承由于是纯液体摩擦,摩擦系数为0.000 5,因此,摩擦阻力较小,可以均化主轴颈与轴瓦的制造误差,具有很高的回转精度。

f. 采用固定顶尖结构。如果磨床前顶尖固定,不随主轴回转,则工件圆度只和一对顶尖及工件顶尖孔的精度有关,而与主轴回转精度关系很小。主轴回转只起传递动力带动工件转动的作用。

(2)导轨导向误差。

导轨在机床中起导向和承载作用。它既是确定机床主要部件相对位置的基准,也是运动的基准。导轨的各项误差直接影响工件的加工质量。

①水平面内导轨直线度的影响。由于车床的误差敏感方向在水平面内(Y轴方向),所以这项误差对加工精度影响极大。导轨误差为ΔY,引起尺寸误差$\Delta d = 2\Delta Y$。当导轨形状有误差时,造成圆柱度误差,如当导轨中部向前凸出时,工件产生鞍形(中凹形);当导轨中部向后凸出时,工件产生鼓形(中凸形)。

②垂直面内导轨直线度的影响。对车床来说,垂直面内(Z轴方向)不是误差的敏感方向,但也会产生直径方向误差。

(3) 传动链传动误差。

切削过程中,工件表面的成形运动,是通过一系列的传动机构来实现的。传动机构的传动元件有齿轮、丝杠、螺母、蜗轮及蜗杆等。这些传动元件由于其加工、装配和使用过程中磨损而产生误差,这些误差就构成了传动链的传动误差。传动机构越多,传动路线越长,则传动误差越大。为了减小这一误差,除了提高传动机构的制造精度和安装精度外,还可采用缩短传动路线或附加校正装置的方法。

6. 刀具、夹具的制造误差及磨损

一般刀具(如车刀、镗刀及铣刀等)的制造误差,对加工精度没有直接的影响。

定尺寸刀具(如钻头、铰刀、拉刀及槽铣刀等)的尺寸误差,直接影响被加工零件的尺寸精度。同时刀具的工作条件,如机床主轴的跳动或因刀具安装不当引起径向或端面跳动等,都会影响加工面的尺寸。

成形刀(成形车刀、成形铣刀以及齿轮滚刀等)的误差,主要影响被加工面的形状精度。

夹具的制造误差一般指定位元件、导向元件及夹具等零件的加工和装配误差。这些误差对被加工零件的精度影响较大,所以在设计和制造夹具时,凡影响零件加工精度的尺寸都控制较严。

刀具的磨损会直接影响刀具相对被加工表面的位置,造成被加工零件的尺寸误差;夹具的磨损会引起工件的定位误差。所以,在加工过程中,上述两种磨损均应引起足够的重视。

7. 工艺系统受力变形引起的加工误差

工艺系统在切削力、传动力、惯性力、夹紧力以及重力的作用下,产生相应的变形和振动,将会破坏刀具和工件之间成形运动的位置关系和速度关系,影响切削运动的稳定性,从而产生各种加工误差和表面粗糙度。

(1) 切削过程中受力点位置变化引起的加工误差。

切削过程中,工艺系统的刚度随切削着力点位置的变化而变化,引起系统变形的差异,使零件产生加工误差。

①在两顶尖车削粗而短的光轴时,由于工件刚度较大,在切削力作用下的变形,相对机床、夹具和刀具的变形要小得多,故可忽略不计。此时,工艺系统的总变形完全取决于机床床头、尾架(包括顶尖)和刀架(包括刀具)的变形。工件产生的误差为双曲线圆柱度误差。

②在两顶尖间车削细长轴时,由于工件细长、刚度小,在切削力作用下,其变形大大超过机床、夹具和刀具的受力变形。因此,机床、夹具和刀具受力变形可忽略不计,工艺系统的变形完全取决于工件的变形。工件产生腰鼓形圆柱度误差,如图 4.10 所示。

(2) 切削力大小变化引起的加工误差——误差复映。

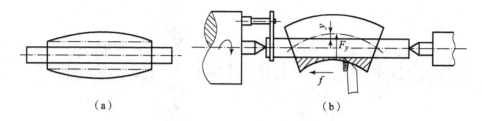

图 4.10 车削细长轴时受力变形产生的加工误差
(a) 加工后工件的形状（y 轴方向尺寸已夸大）；(b) 加工示意图

工件的毛坯外形虽然具有粗略的零件形状，但它在尺寸、形状以及表面层材料硬度上都有较大的误差。毛坯的这些误差在加工时使切削深度不断发生变化，从而导致切削力的变化，进而引起工艺系统产生相应的变形，使得零件在加工后还保留与毛坯表面类似的形状或尺寸误差。当然工件表面残留的误差比毛坯表面误差要小得多。这种现象称为"误差复映规律"，所引起的加工误差称为"复映误差"。

除切削力外，传动力、惯性力、夹紧力等其他作用力也会使工艺系统的变形发生变化，从而引起加工误差，影响加工质量。

(3) 减小工艺系统受力变形的措施。

减小工艺系统受力变形，不仅可以提高零件的加工精度，而且有利于提高生产率。因此，生产中必须采取有力措施，减小工艺系统受力变形。

① 提高工艺系统各部分的刚度。

a. 提高工件加工时的刚度。

有些工件因其自身刚度很差，加工中将产生变形而引起加工误差，因此必须设法提高工件自身刚度。

例如车削细长轴时，为提高细长轴刚度，可采用如下措施：

- 减小工件支承长度 l。为此常采用跟刀架或中心架及其他支承架；
- 减小工件所受法向切削力 F_y。通常可采取增大前角 γ_o、主偏角 κ_r 选为 90°以及适当减小进给量 f 和切削深度 a_p 等措施减小 F_y；
- 采用反向走刀法。使工件从原来的轴向受压变为轴向受拉。

b. 提高工件安装时的夹紧刚度。

对薄壁件，夹紧时应选择适当的夹紧方法和夹紧部位，否则会产生很大的形状误差。

如图 4.11 所示的薄板零件的磨削。由于工件本身有形状误差，用电磁吸盘吸紧时，工件产生弹性变形，磨削后松开工件，因弹性恢复工件表面仍有形状误差（翘曲）。解决办法是在工件和电磁吸盘之间垫入一薄橡皮（0.5 mm 以下）。当吸紧时，橡皮被压缩，工件变形减小，经几次反复磨削逐渐修正工件的翘曲，将工件磨平。

c. 提高机床部件的刚度。

机床部件的刚度在工艺系统中占有很大的比重，在机械加工时常用一些辅助装置提高其刚度。如图 4.12 (a) 所示为六角车床上提高刀架刚度的装置。该装置的导向加强杆与辅助支承套或装于主轴孔内的导套配合，从而使刀架刚度大大提高，如图 4.12 (b) 所示。

② 提高接触刚度。

由于部件的接触刚度远远低于实体零件本身的刚度，因此，提高接触刚度是提高工艺系

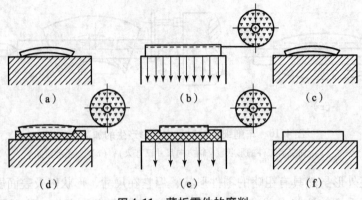

图 4.11 薄板零件的磨削

(a)、(b)、(c) 用吸盘直接吸紧工件；(d)、(e)、(f) 垫入橡皮吸紧工件

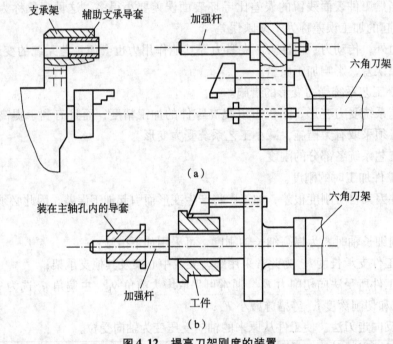

图 4.12 提高刀架刚度的装置

(a) 固定导向套支承；(b) 转动导向套支承

统刚度的关键，常用的方法有：

a. 改善工艺系统主要零件接触面的配合质量。如机床导轨副、锥体与锥孔、顶尖与顶尖等配合面采用刮研与研磨，以提高配合表面的形状精度，降低表面粗糙度。

b. 施加预紧载荷。由于配合表面的接触刚度随所受载荷的增大而不断增大，所以对机床部件的各配合表面施加预紧载荷不仅可以消除配合间隙，而且还可以使接触表面之间产生预变形，从而大大提高了连接表面的接触刚度，例如为了提高主轴部件的刚度，常常对机床主轴轴承进行预紧等。

8. 工艺系统受热变形引起的加工误差

机械加工中，工艺系统在各种热源的作用下产生一定的热变形。由于工艺系统热源分布的不均匀性及各环节结构、材料的不同，使工艺系统各部分的变形产生差异，从而破坏了刀具与工件的准确位置及运动关系,产生加工误差。尤其对于精密加工,热变形引起的加工误差占总加工误差的一半以上。因此,在近代精密自动化加工中,控制热变形对加工精度的影响已成为一项重要的任务和研究课题。

(1) 工艺系统的热源。

加工过程中,工艺系统的热源主要有两大类:内部热源和外部热源。

①内部热源。

内部热源主要来自切削过程,它包括以下几种。

a. 切削热。切削过程中,切削金属层的弹性、塑性变形及刀具、工件、切屑间摩擦消耗的能量绝大多数转化为切削热。这些热能量以不同的比例传给工件、刀具、切屑及周围的介质。

b. 摩擦热。机床中的各种运动副,如导轨副、齿轮副、丝杠螺母副、蜗轮蜗杆副、摩擦离合器等,在相对运动时因摩擦而产生热量。机床的各种动力源如液压系统、电动机、马达等,工作时也要产生能量损耗而发热。这些热量是机床热变形的主要热源。

c. 派生热源。切削中的部分切削热由切屑、切削液传给机床床身,摩擦热由润滑油传给机床各处,从而使机床产生热变形。这部分热源称为派生热源。

②外部热源。

外部热源主要来自于外部环境。

a. 环境温度。一般来说,工作地周围环境温度随气温而变化,而且不同位置处的温度也各不相同,这种环境温度的差异有时也会影响加工精度。如加工大型精密件往往需要较长时间(有时甚至需要几个昼夜),由于昼夜温差使工艺系统热变形不均匀,从而产生加工误差。

b. 热辐射。热辐射来源于阳光、照明灯、暖气设备及人体等。

(2) 工艺系统的热平衡。

工艺系统受各种热源影响,其温度逐步上升。但同时,它们也通过各种传热方式向周围散发热量。当单位时间内传入和散发的热量相等时,则认为工艺系统达到热平衡。图4.13所示为一般机床的温度和时间曲线。由图可见,机床温度变化比较缓慢。机床开始后一段时间(2~6 h)里,温升才逐渐趋于稳定。当机床各点温度都达到稳定值时,则被认为处于热平

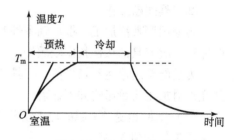

图4.13 温度和时间曲线

衡,此时的温度场,是比较稳定的温度场,其热变形也相应地趋于稳定。此时引起的加工误差是有规律的。

当机床处于平衡之前的预热期,温度随时间而升高,其热变形将随温度的升高而变化,故对加工精度的影响比较大。因此,精密加工应在热平衡之后进行。

(3) 机床热变形引起的加工误差。

由于机床的结构和工作条件差别很大,因此引起热变形的主要热源也不太相同,大致分为以下三种。

①主要热源来自机床的主传动系统,如普通机床、六角机床、铣床、卧式镗床、坐标镗床等。

②主要热源来自机床导轨的摩擦,如龙门刨床、立式车床等。

③主要热源来自液压系统，如各种液压机床。

热源的热量，一部分传给周围介质，一部分传给热源近处的机床零部件和刀具，以致产生热变形，影响加工精度。由于机床各部分的体积较大，热容量也大，因而机床热变形进行得缓慢（车床主轴箱一般不高于60℃）。实践表明，车床部件中受热最多而变形最大的是主轴箱，其他部分如刀架、尾座等温升不高，热变形较小。

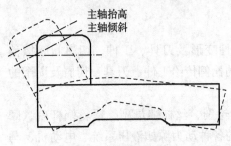

图4.14 车床的热变形

图4.14所示的虚线表示车床的热变形。可以看出，车床主轴前轴承的温升最高。对加工精度影响最大的因素是主轴轴线的抬高和倾斜。实践表明，主轴抬高是主轴轴承温度升高而引起主轴箱变形的结果，它约占总抬高量的70%。由床身热变形所引起的抬高量一般小于30%。影响主轴倾斜的主要原因是床身的受热弯曲，它约占总倾斜量的75%。主轴前后轴承的温差所引起的主轴倾斜只占25%。

（4）刀具热变形及对加工精度的影响。

切削过程中，一部分切削热传给刀具，尽管这部分热量很少（高速车削时只占1%~2%），但由于刀体较小，热容量较小，因此，刀具的温度仍然很高，如高速钢车刀的工作表面温度可达700℃~800℃。刀具受热伸长量一般情况下可达到0.03~0.05 mm，从而产生加工误差，影响加工精度。

①刀具连续工作时的热变形引起的加工误差。

当刀具连续工作时，如车削长轴或在立式车床车大端面，传给刀具的切削热随时间不断增加，刀具产生热变形而逐渐伸长，工件产生圆度误差或平面度误差。

②刀具间歇工作。

当采用调整法加工一批短轴零件时，由于每个工件切削时间较短，刀具的受热与冷却间歇进行，故刀具的热伸长比较缓慢。

刀具能够迅速达到热平衡，刀具的磨损又能给刀具的受热伸长进行部分地补偿，故刀具热变形对加工质量影响并不显著。

（5）工件热变形引起的加工误差。

①工件均匀受热。

当加工比较简单的轴、套、盘类零件的内外圆表面时，切削热比较均匀地传给工件，工件产生均匀热变形。

加工盘类零件或较短的轴套类零件，由于加工行程较短，可以近似认为沿工件轴向方向的温升相等。因此，加工出的工件只产生径向尺寸误差而不产生形位误差。若工件精度要求不高，则可忽略热变形的影响。对于较长工件（如长轴）的加工，开始走刀时，工件温度较低，变形较小。随着切削的进行，工件温度逐渐升高，直径逐渐增大，因此工件表面被切去的金属层厚度越来越大，冷却后不仅产生径向尺寸误差，而且还会产生圆柱度误差。若该长轴（尤其是细长轴）工件用两顶尖装夹，且后顶尖固定锁紧，则加工中工件的轴向热伸长使工件产生弯曲并可能引起切削不稳。因此，加工细长轴时，工人经常车一刀后转一下后顶尖，再车下一刀，或后顶尖改用弹簧顶尖，目的是消除工件热应力和弯曲变形。

对于轴向精度要求较高的工件（如精密丝杠），其热变形引起的轴向伸长将产生螺距误差。因此，加工精密丝杠时必须采取有效冷却措施，减少工件的热伸长。

②工件不均匀受热。

当工件进行铣、刨、磨等平面的加工时，工件单侧受热，上、下表面温升不等，从而导致工件向上凸起，中间切去的材料较多。冷却后被加工表面呈凹形。这种现象对于加工薄片类零件尤为突出。

为了减小工件不均匀变形对加工精度的影响，应采取有效的冷却措施，减小切削表面温升。

③控制温度变化，均衡温度场。

由于工艺系统温度变化，引起工艺系统热变形变化，从而产生加工误差，并且具有随机性。因而，必须采取措施控制工艺系统温度变化，保持温度稳定，使热变形产生的加工误差具有规律性，便于采取相应措施给予补偿。

对于床身较长的导轨磨床，为了均衡导轨面的热伸长，可利用机床润滑系统回油的余热来提高床身下部的温度，使床身上、下表面的温差减小，变形均匀。

9. 工件残余应力引起的误差

1）基本概念。

残余应力也称内应力，是指当外部载荷去掉以后仍存留在工件内部的应力。残余应力是由于金属内部组织发生了不均匀的体积变化而产生的，其外界因素来自热加工和冷加工。

具有内应力的工件，是处在一种不稳定状态之中，它内部的组织有强烈的恢复到没有内应力稳定状态的倾向。即使在常温下工件的内部组织也在不断发生变化，直到内应力完全消失为止。在这一过程中，工件的形状逐渐改变（如翘曲变形）从而丧失其原有精度。如果把存在内应力的工件装配到机器中，则会因其在使用中的变形而破坏整台机器的精度。

2）残余应力产生的原因。

（1）毛坯制造中产生的残余应力。

在铸、锻、焊及热处理等加工过程中，由于工件各部分热胀冷缩不均匀以及金相组织转变时的体积变化，使毛坯内部产生了相当大的残余应力。毛坯的结构愈复杂，各部分壁厚愈不均匀，散热条件差别愈大，毛坯内部产生的残余应力也愈大。具有残余应力的毛坯在短时间内还看不出有什么变化，残余应力暂时处于相对平衡的状态，但当切去一层金属后，就打破了这种平衡，残余应力重新分布，工件就明显地出现了变形。

（2）冷校直产生的残余应力。

一些刚度较差、容易变形的工件（如丝杠等），通常采用冷校直的办法修正其变形。如图 4.15（a）所示，当工件中部受到载荷 F 作用时，工件内部产生应力，其轴心线以上产生压应力，轴心线以下产生拉应力（图 4.15（b）），而且两条虚线之间为弹性变形区，虚线

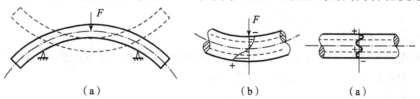

图 4.15 冷校直引起的残余应力

(a) 工件受力作用；(b) 内部应力分布；(c) 残余应力重新分布

之外为塑性变形区。当去掉外力后，工件的弹性恢复受到塑性变形区的阻碍，致使残余应力重新分布（图4.15（c））。由此可见，工件经冷校直后内部产生残余应力，处于不稳定状态，若再进行切削加工，工件将重新发生弯曲。

(3) 切削加工中产生的残余应力。

工件切削加工时，在各种力和热的作用下，其各部分将产生不同程度的塑性变形及金相组织变化，从而产生残余应力，引起工件变形。

实践证明，在加工过程中切去表面一层金属后，所引起残余应力的重新分布，变形最为强烈。因此，粗加工后，应将被夹紧的工件松开使之有时间使残余应力重新分布。否则，在继续加工时，工件处于弹性应力状态下，而在加工完成后，必然要逐渐产生变形，致使破坏最终工序所得到的精度。因而机械加工中常采用粗、精加工分开以消除残余应力对加工精度的影响。

3) 减少或消除残余应力的措施

(1) 采取时效处理。

自然时效处理，主要是在毛坯制造之后，或粗、精加工之间，让工件停留一段时间，利用温度的自然变化，经过多次热胀冷缩，使工件的晶体内部或晶界之间产生微观滑移，从而达到减少或消除残余应力的目的。这种过程对大型精密件（如床身、箱体等）需要很长时间，往往影响产品的制造周期，所以除特别精密件外，一般较少采用。

人工时效处理，这是目前使用最广的一种方法。它是将工件放在炉内加热到一定温度，使工件金属原子获得大量热能来加速运动，并保温一段时间使原子组织重新排列，再随炉冷却，以达到消除残余应力的目的。这种方法对大型件就需要一套很大的设备，其投资和能源消耗都较大。

振动时效处理，这是消除残余应力、减少变形以及保持工件尺寸稳定的一种新方法，可用于铸造件、锻件、焊接件以及有色金属件等。它是以激振的形式将机械能加到含有大量残余应力的工件内，引起工件金属内部晶格错位蠕变，使金属的结构状态稳定，以减少和消除工件的内应力。操作时，将激振器牢固地夹持在工件的适当位置上，根据工件的固有频率调节激振器的频率，直到达到共振状态；再根据工件尺寸及残余应力调整激振力，使工件在一定的振动强度下，保持几分钟甚至几十分钟的振动。这种方法不需庞大的设备，经济简便，效率高。

(2) 合理安排工艺路线。

对于精密零件，粗、精加工分开。对于大型零件，由于粗、精加工一般安排在一个工序内进行，故粗加工后先将工件松开，使其自由变形，再以较小的夹紧力夹紧工件进行精加工。对于焊接件，焊接前，工件必须经过预热以减小温差，减小残余应力。

(3) 合理设计零件结构。

设计零件结构时，应注意简化零件结构，提高其刚度，减小壁厚差。如果是焊接结构时，则应使焊缝均匀，以减小残余应力。

10. 提高加工精度的工艺措施

保证和提高加工精度的方法，大致可概括为减少误差法、误差补偿法、误差分组法、误差转移法、就地加工法以及误差平均法等几种。

(1) 减少误差法。

这种方法在生产中应用较广，它是在查明产生加工误差的主要因素之后，设法消除或减少误差的一种方法。

例如细长轴的车削，现在采用了"大走刀反向车削法"，基本消除了轴向切削力引起的弯曲变形。若辅之以弹簧顶尖，则可进一步消除热变形引起的热伸长的危害。

再如薄片磨削中，由于采用了弹性加压和树脂胶合以加强工件刚度的办法，使工件在自由状态下得到固定，解决了薄片零件加工平面度不易保证的难题。

（2）误差补偿法或误差抵消法。

误差补偿法是人为地造出一种新的误差，去抵消原来工艺系统中固有的原始误差。当原始误差是负值时人为的误差就取正值，反之，取负值，尽量使两者大小相等、方向相反。或者利用一种原始误差去抵消另一种原始误差，也是尽量使两者大小相等、方向相反，从而达到减少加工误差，提高加工精度的目的。

如用预加载荷法精加工磨床床身导轨，借以补偿装配后受部件自重而产生的变形。磨床床身是一个狭长结构，刚性比较差。虽然在加工时床身导轨的各项精度都能达到，但装上横向进给机构、操纵箱以后，往往发现导轨精度超差。这是因为这些部件的自重引起床身变形的缘故。为此，某些磨床厂在加工床身导轨时采取用"配重"代替部件重量，或者先将该部件装好再磨削的办法，使加工、装配和使用条件一致，以保持导轨高的精度。

（3）误差分组法。

在加工中，由于上道工序"毛坯"误差存在，造成了本工序的加工误差。由于工件材料性能改变，或者上道工序的工艺改变（如毛坯精化后，把原来的切削加工工序取消），引起毛坯误差发生较大的变化。这种毛坯误差的变化，对本工序的影响主要有两种情况：

①误差复映，引起本工序误差；

②定位误差扩大，引起本工序误差。

解决这个问题，最好是采用分组调整均分误差的办法。这种办法的实质就是把毛坯按误差的大小分 n 组，每组毛坯误差范围就缩小为原来的 $\frac{1}{n}$，然后按各组分别调整加工。

例如，某厂生产 Y7520W 齿轮磨床交换齿轮时，产生了剃齿时心轴与工件定位孔的配合问题。配合间隙大了，剃后的工件产生较大的几何偏心，反映在齿圈径向跳动超差。同时剃齿时也容易产生振动，引起齿面波度，使齿轮工作时噪声较大。因此，必须设法限制配合间隙，保证工件孔和心轴间的同轴度要求。由于工件的孔已是 IT6 级精度，不宜再提高。为此，采用了多挡尺寸的心轴，对工件孔进行分组选配，减少由于间隙而产生的定位误差，从而提高了加工精度。

（4）误差转移法。

误差转移法实质上是转移工艺系统的几何误差、受力变形和热变形等。

误差转移的实例很多。如当机床精度达不到零件加工要求时，常常不是一味提高机床精度，而是在工艺上或夹具上想办法，创造条件，使机床的几何误差转移到不影响加工精度的方面去。如磨削主轴锥孔保证其和轴颈的同轴度，不是靠机床主轴的回转精度来保证，而是靠夹具保证。当机床主轴与工件主轴之间用浮动连接以后，机床主轴的原始误差就被转移掉了。在箱体的孔系加工中，介绍过用坐标法在普通镗床上保证孔系的加工精度，其要点就是采用了精密量棒、内径千分尺和百分表等进行精密定位。这样，镗床上因丝杠、刻度盘和刻线尺而产生的误差就不反映到工件的定位精度上去了。

（5）"就地加工"法。

在加工和装配中有些精度问题,牵扯到零部件间的相互关系,相当复杂,如果一味地提高零部件本身精度,有时不仅困难,甚至不可能,若采用"就地加工"的方法,就可能很方便地解决看起来非常困难的精度问题。

例如,六角车床制造中,转塔上六个安装刀架的大孔,其轴心线必须保证和主轴旋转中心线重合,而六个面又必须和主轴中心线垂直。如果把转塔作为单独零件,加工出这些表面后再装配,因包含了很复杂的尺寸链关系,要想达到上述两项要求是很困难的。因而实际生产中采用了"就地加工"法。这些表面在装配前不进行精加工,等它装配到机床上以后,再加工六个大孔及端面。

(6) 误差平均法。

对配合精度要求很高的轴和孔,常采用研磨方法来获得。研具本身并不要求具有高精度,但它却能在和工件相对运动过程中对工件进行微量切削,最终达到很高的精度。这种工件和研具表面间的相对摩擦和磨损的过程也是误差不断减少的过程,此即称为误差平均法。

如内燃机进、排气阀门与阀座配合的最终加工,船用气、液阀座间配合的最终加工,常用误差平均法消除配合间隙。

利用误差平均法制造精密零件,在机械行业中由来已久,在没有精密机床的时代,用"三块平板合研"的误差平均法刮研制造出号称原始平面的精密平板,平面度达几个微米。像平板一类的基准工具,如直尺、角度规、多棱体、分度盘及标准丝杠等高精度量具和工具,现在还采用误差平均法来制造。

任务 4.2　三角形外螺纹车削的工艺准备

【任务目标】

1. 掌握三角形外螺纹车削的工艺要求及工艺制订方法。
2. 掌握车床的调整操作、刀具的装夹及调整。
3. 掌握三角形外螺纹尺寸计算以及切削用量的选择。
4. 掌握螺纹车削时挂轮的选择方法并熟悉传动比和挂轮的计算。

【任务引入】

在加工任何零件之前,必须进行相应的工艺准备。在工艺准备活动中,要特别注意根据被加工螺纹的螺距调整车床手柄的位置。本任务要求完成 M52×2 螺纹加工的工艺准备。螺纹加工有别于其他车削加工,其工艺准备内容如下:

1. 看清零件图样和工艺要求;
2. 计算(或查表)掌握螺纹基本要素数据;
3. 检查毛坯尺寸及形状;
4. 调整好车床相关手柄位置;
5. 检查中、小滑板间隙,确保大小适当,必要时进行相应调整;
6. 调整好开合螺母松紧;

7. 准备好必要的刀具；
8. 准备好必要的量具。

【相关知识】

4.2.1 切削过程基本规律

1. 切削力与切削功率

切削力是被加工材料抵抗刀具切入所产生的阻力。它是影响工艺系统强度、刚度和加工工件质量的重要因素，是设计机床、刀具和夹具，计算切削动力消耗的主要依据。

（1）切削力的来源、合力与分力。

刀具在切削工件时，由于切屑与工件内部产生弹、塑性变形抗力，切屑与工件对刀具产生摩擦阻力，形成了作用在刀具上的合力 F，如图 4.16 所示。切削时合力 F 作用在接近切削刃空间某方向，由于大小与方向都不易确定，因此，为便于测量、计算和反映实际作用的需要，常将合力 F 分解为三个分力。

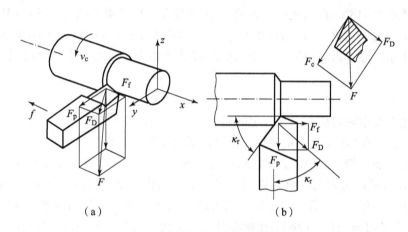

图 4.16 切削时切削合力及其分力

切削力 F_c（主切削力 F_z）——在主运动方向上的分力；
背向力 F_p（切深抗力 F_y）——在垂直于工作平面上的分力；
进给力 F_f（进给抗力 F_x）——在进给运动方向上的分力。

背向力 F_p 与进给力 F_f 也是推力 F_D 的合力，推力 F_D 作用在切削层平面上且垂直于主切削刃。

合力 F、推力 F_D 与各分力之间关系：

$$F = \sqrt{F_D^2 + F_c^2} = \sqrt{F_c^2 + F_p^2 + F_f^2}$$

$$F_p = F_D \cos\kappa_r; \quad F_f = F_D \sin\kappa_r$$

（2）切削功率。

在切削过程中消耗的功率叫切削功率 P_c，单位为 kW，它是 F_c、F_p、F_f 在切削过程中单位时间内所消耗的功的总和。一般来说，F_f 相对 F_c 所消耗的功率很小，可以略去不计，于是

$$P_c = F_c v_c$$

式中 v_c——主运动的切削速度。

计算切削功率 P_c 是为了核算加工成本和计算能量消耗,并在设计机床时根据它来选择机床电机功率。机床电机的功率 P_E 可按下式计算

$$P_E = P_c / \eta_c$$

式中 η_c——机床传动效率,一般取 $\eta_c = 0.75 \sim 0.85$。

(3) 影响切削力的主要因素。

凡影响切削过程变形和摩擦的因素均影响切削力,其中主要包括工件材料、切削用量和刀具几何参数等三个方面。

① 工件材料。

工件材料是通过材料的剪切屈服强度、塑性变形程度与刀具间的摩擦条件影响切削力的。

一般来说,材料的强度和硬度愈高,切削力愈大。这是因为强度、硬度高的材料,切削时产生的抗力大,虽然其变形系数 ξ 相对较小,但总体来看,切削力还是随材料强度、硬度的增大而增大。在强度、硬度相近的材料中,塑性、韧性大的,或加工硬化严重的,切削力大。例如不锈钢 1Cr18Ni9Ti 与正火处理的 45 钢强度和硬度基本相同,但不锈钢的塑性、韧性较大,其切削力比正火 45 钢约高 25%。加工铸铁等脆性材料时,切削层的塑性变形很小,加工硬化小,形成崩碎切屑,与前刀面的接触面积小,摩擦力小,故切削力就比加工钢小。

② 切削用量。

切削用量三要素对切削力均有一定的影响,但影响程度不同,其中背吃刀量 a_p 和进给量 f 影响较明显。若 f 不变,当 a_p 增加一倍时,切削厚度 a_c 不变,切削宽度 a_w 增加一倍,刀具上的负荷也增加一倍,即切削力增加约一倍;若 a_p 不变,当 f 增加一倍时,切削宽度 a_w 保持不变,切削厚度 a_c 增加约一倍,在刀具刃圆半径的作用下,切削力只增加 68%~86%。可见在同样切削面积下,采用大的 f 较采用大的 a_p 省力和节能。切削速度 v_c 对切削力的影响不大,当 $v_c > 500$ m/min,切削塑性材料时,v_c 增大,切削温度增高,使材料强度、硬度降低,剪切角增大,变形系数减小,使得切削力减小。

③ 刀具几何参数。

在刀具几何参数中,刀具的前角 γ_o 和主偏角 κ_r 对切削力的影响较明显。当加工钢时,γ_o 增大,切削变形明显减小,切削力减小的较多。κ_r 适当增大,使切削厚度 a_c 增加,单位面积上的切削力减小。在切削力不变的情况下,主偏角大小将影响背向力和进给力的分配比例,当 κ_r 增大,背向力 F_p 减小,进给力 F_f 增加;当 $\kappa_r = 90°$ 时,背向力 $F_p = 0$,对车细长轴类零件时减少弯曲变形和振动十分有利。

2. 切削热与切削温度

切削热和切削温度是切削过程中产生的另一个物理现象,它对刀具的寿命、工件的加工精度和表面质量影响较大。

(1) 切削热的产生和传散。

在切削加工中,切削变形与摩擦所消耗的能量几乎全部转换为热能,即切削热。切削热通过切屑、刀具、工件和周围介质(空气或切削液)向外传散,同时使切削区域的温度升

高。切削区域的平均温度称为切削温度。

影响热传散的主要因素是工件和刀具材料的热导率、加工方式和周围介质的状况。热量传散的比例与切削速度有关，切削速度增加时，由摩擦生成的热量增多，但切屑带走的热量也增加，刀具中的热量减少，工件中的热量更少。所以高速切削时，切屑的温度很高，刀具和工件的温度较低，这有利于切削加工顺利进行。

（2）影响切削温度的主要因素。

切削温度的高低主要取决于：切削加工过程中产生热量的多少和热量向外传散的快慢。影响热量产生和传散的主要因素有：工件材料、切削用量、刀具几何参数和切削液等。

① 工件材料。工件材料主要是通过硬度、强度和导热系数影响切削温度的。

加工低碳钢时，材料的强度和硬度低，导热系数大，故产生的切削温度低；加工高碳钢时，材料的强度和硬度高，导热系数小，故产生的切削温度高。例如，加工合金钢产生的切削温度比加工 45 钢高 30%；不锈钢的导热系数比 45 钢小三倍，故切削时产生的切削温度高于 45 钢 40%；加工脆性金属材料产生的变形和摩擦均较小，故切削时产生的切削温度比 45 钢低 25%。

② 切削用量。当 v_c、f 和 a_p 增加时，由于切削变形和摩擦所消耗的功增大，故切削温度升高。其中切削速度 v_c 影响最大，v_c 增加一倍，切削温度约增加 30%；进给量 f 的影响次之，f 增加一倍，切削温度约增加 18%；背吃刀量 a_p 影响最小，a_p 增加一倍，切削温度约增加 7%。上述影响规律的原因是，v_c 增加使摩擦生热增多；f 增加因切削变形增加较少，故热量增加不多，此外，使刀—屑接触面积增大，改善了散热条件；a_p 增加使切削宽度增加，显著增大了热量的传散面积。

切削用量对切削温度的影响规律在切削加工中具有重要的实际意义。例如，分别增加 v_c、f 和 a_p 均能使切削效率按比例提高，但为了减少刀具磨损、保持长的刀具寿命，减小对工件加工精度的影响，可先设法增大背吃刀量 a_p，其次增大进给量 f；但是，在刀具材料与机床性能允许条件下，应尽量提高切削速度 v_c，以进行高效率、高质量切削。

③ 刀具几何参数。在刀具几何参数中，影响切削温度最明显的因素是前角 γ_o 和主偏角 κ_r，其次是刀尖圆弧半径 r_ε。

前角 γ_o 增大，切削变形和摩擦产生的热量均较少，故切削温度下降；但前角 γ_o 过大，散热变差，使切削温度升高。因此在一定条件下，均有一个产生最低切削温度的最佳前角 γ_o 值。

主偏角 κ_r 减小，使切削变形和摩擦增加，切削热增加，但 κ_r 减小后，因刀头体积增大，切削宽度增大，故散热条件改善。由于散热起主要作用，故切削温度下降。

增大刀尖圆弧半径 r_ε，选用负的刃倾角 λ_s 和磨制负倒棱均能增大散热面积，降低切削温度。

④ 切削液。使用切削液对降低切削温度有明显效果。切削液有两个作用：一方面可以减小切屑与前刀面、工件与后刀面的摩擦；另一方面可以吸收切削热。两者均使切削温度降低，但切削液对切削温度的影响，与其导热性能、比热、流量、浇注方式以及本身的温度也有很大关系。

3. 刀具磨损与刀具耐用度

金属切削刀具在切削过程中，在高温、高压条件下工作，与工件加工表面及切屑产生强烈的摩擦，结果使刀具材料逐渐被磨损。当刀具磨损到一定程度时，切削力迅速增大，切削温度急剧上升，并产生振动，致使工件的加工精度降低，需及时对刀具进行修磨或更换新刀。这将直接影响加工质量、生产率和加工成本。为了控制和减少刀具磨损，必须分析刀具磨损的本质和原因，研究刀具磨损的过程。

(1) 刀具磨损方式。

刀具磨损是指在刀具与工件或切屑的接触面上，刀具材料的微粒被切屑或工件带走的现象，这种磨损现象称为正常磨损；若由于刀具材料选择不合理，刀具结构、制造工艺不合理，刀具几何参数不合理，切削用量选择不当，刃磨和操作不当等原因致使刀具崩刃、碎裂而损坏，称为非正常磨损亦称破坏。刀具正常磨损表现为下列三种形态。

①前刀面磨损。在高温、高压条件下，切屑流出时与前刀面产生摩擦，在前刀面形成月牙洼形的磨损现象，如图4.17（a）所示。月牙洼处是切削温度最高的地方，当接近刃口时，会使刃口突然崩去。磨损量通常用月牙洼的宽度 K_B 和深度 K_T 测量。

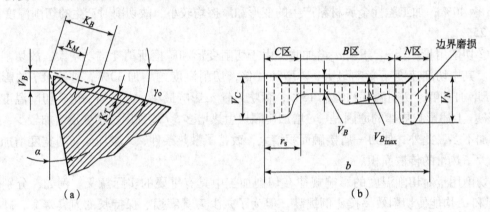

图4.17 刀具的磨损形式

②后刀面磨损。由于后刀面与加工表面间存在着强烈摩擦，在后刀面邻近刃口处很快形成后角等于零度的小棱面，如图4.17（b）所示。后刀面磨损往往不均匀，可将磨损划分为三个区域。

刀尖磨损 C 区：在靠近刀尖部分，由于其强度低，散热条件较差，磨损较严重，磨损量用 V_c 表示；中间磨损 B 区：在切削刃的中间位置，存在着均匀磨损量 V_B，局部出现最大磨损量 $V_{B_{max}}$；边界磨损 N 区：在切削刃与待加工表面相交处，因高温氧化，表面硬化层作用造成最大磨损量 $V_{N_{max}}$。

刀面磨损形式可随切削条件变化而发生转化，但在大多数情况下，刀具的后刀面都发生磨损，而且测量也比较方便，因此常以 V_B 值表示刀面磨损程度。

(2) 刀具磨损的原因。

刀具磨损原因很复杂，它与工件材料、刀具材料和切削条件等因素密切相关，刀具磨损的主要原因有以下几个。

①磨料磨损。由于在工件材料中含有硬质点（如碳化物、氮化物和氧化物），在铸、锻工件表面存在着硬夹杂物，在切屑和工件表面黏附着硬的积屑瘤残片，这些硬质点的作用使刀具表面刻划出沟痕，致使刀具表面磨损。磨料磨损又称机械磨损。

②黏结磨损。切削塑性材料时，在很大压力和强烈摩擦作用下，切屑、工件与前、后刀

面间的吸附膜被挤破,形成新的表面紧密接触,因而发生黏结现象。刀具表面局部强度较低的微粒被切屑和工件带走,这样形成的磨损称为黏结磨损。黏结磨损一般在中等偏低的切削速度下较严重。黏结磨损又称冷焊磨损。

③扩散磨损。扩散磨损产生于切削温度很高时,工件与刀具材料中合金元素相互扩散,改变了原来刀具材料中化学成分的比值,使其性能下降,加快了刀具的磨损。因此,切削加工中选用的刀具材料,应具有较高的化学稳定性。扩散磨损往往与黏结磨损同时产生。硬质合金刀具前刀面上的月牙洼最深处的温度最高,则此处的扩散速度也快,磨损也严重。月牙洼处又容易黏结,因此月牙洼磨损是由扩散与黏结磨损共同造成的。

④氧化磨损。在一定切削温度下,刀具材料与周围介质起化学作用,在刀具表面形成一层硬度较低的化合物而被切屑带走。刀具材料还极易被周围介质腐蚀,造成刀具的氧化磨损。

(3) 刀具的磨损过程及磨钝标准。

①刀具的磨损过程。

刀具的磨损是随切削时间的延长而逐渐增加的。刀具的磨损过程可分成三个阶段,如图4.18所示。

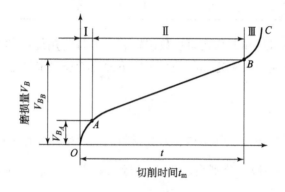

图4.18 刀具磨损过程曲线

a. 初期磨损阶段(OA 段)。初期磨损阶段磨损曲线斜率较大,刀具磨损较快。将新刃磨刀具表面存在的凸凹不平及残留砂轮痕迹很快磨去。初期磨损量的大小,与刀具刃磨质量相关,一般经研磨过的刀具,初期磨损量较小。

b. 正常磨损阶段(AB 段)。经初期磨损后,刀面上的粗糙表面已被磨平,压强减小,磨损比较均匀缓慢。后刀面上的磨损量将随切削时间的延长而近似的成正比例增加。此阶段是刀具的有效工作阶段。

c. 急剧磨损阶段(BC 段)。当刀具磨损达到一定限度后,已加工表面粗糙度变差,摩擦加剧,切削力、切削温度猛增,磨损速度增加很快,往往产生振动、噪声等,致使刀具失去切削能力,这样的刀具刃磨也很困难。为了合理使用刀具,保证加工质量,刀具应避免达到急剧磨损阶段,在这个阶段到来之前,就应更换新刀或新刃。

②刀具的磨钝标准。

刀具磨损到一定限度就不能继续使用,否则将降低工件的尺寸精度和加工表面质量,增加刀具材料的消耗和加工成本。刀具的这个磨损限度称为刀具的磨钝标准。国际标准 ISO 统一规定以 1/2 背吃刀量处的后刀面上测定的磨损带宽度 V_B 值作为刀具的磨钝标准。

根据加工条件的不同，磨钝标准应有变化。粗加工应取大值，工件刚性较好或加工大件时应取大值，反之应取小值。自动化生产中的精加工刀具，常以沿工件径向的刀具磨损量作为刀具的磨钝标准，称为刀具径向磨损量 N_B 值。目前，在实际生产中，常根据切削时突然发生的现象，如振动产生、已加工表面质量变差、切屑颜色改变、切削噪声明显增加等来决定是否更换刀具。

(4) 刀具耐用度。

① 刀具耐用度是指一把新刀从开始切削直到磨损量达到磨钝标准为止总的切削时间，或者是刀具两次刃磨之间总的切削时间，也称为刀具寿命，用 T 表示，单位为 min。刀具总寿命应等于刀具耐用度乘以重磨次数。

常用车刀的耐用度如表 4.1 所示。

表 4.1 车刀的耐用度

刀具材料	硬质合金	高速钢	
	普通车刀	普通车刀	成形车刀
耐用度 T/min	60	60	120

在工件材料、刀具材料和刀具几何参数选定后，刀具耐用度由切削用量三要素来决定。刀具耐用度 T 与切削用量三要素之间的关系可由下面经验公式来确定。

$$T = \frac{C_T}{v_c^{\frac{1}{m}} f^{\frac{1}{n}} a_p^{\frac{1}{p}}}$$

式中　C_T——系数，其数值与工件材料、刀具材料、切削条件等有关；

$\frac{1}{m}$、$\frac{1}{n}$、$\frac{1}{p}$——指数，分别表示切削用量三要素 v_c, f, a_p 对刀具耐用度 T 的影响程度。

参数 C_T、$\frac{1}{m}$、$\frac{1}{n}$、$\frac{1}{p}$ 均可由有关切削加工手册中查得。例如，当用硬质合金车刀切削碳素钢（$\sigma_b = 0.736$ GPa）时，车削用量三要素（v_c, f, a_p）与刀具寿命 T 之间的关系为

$$T = \frac{7.77 \times 10^{11}}{v_c^5 f^{2.25} a_p^{0.75}}$$

由上例可以看出：当其他条件不变，切削速度提高一倍时，刀具寿命 T 将降低到原来的 3% 左右；若进给量提高一倍，其他条件不变时，刀具寿命 T 则降低到原来的 21% 左右；若背吃刀量提高一倍，其他条件不变时，刀具寿命 T 仅降低到原来的 78% 左右。由此不难看出，在切削用量三要素中，切削速度 v_c 对刀具寿命的影响最大，进给量 f 次之，背吃刀量 a_p 影响最小。因此，在实际使用中，为提高刀具的使用寿命而又不影响生产率，应尽量选取较大的背吃刀量。

② 刀具合理耐用度的选择。

能保持生产率最高或成本最低的耐用度，称为合理的耐用度。因为切削用量与刀具耐用度密切相关，所以在确定切削用量时，应选择合理的刀具耐用度。但在实践中，一般是先确定一个合理的刀具耐用度 T 值，然后以它为依据选择切削用量，并计算切削效率和核算生产

成本。确定刀具合理耐用度有两种方法：最高生产率耐用度和最低生产成本耐用度。

a. 最高生产率耐用度 T_P。它是根据切削一个零件所花时间最少或在单位时间内加工出的零件数最多来确定的。切削用量三要素 v_c，f 和 a_p 是影响刀具耐用度的主要因素，也是影响生产率高低的决定性因素。提高切削用量，可缩短切削时间 t_m，从而提高生产效率，但容易使刀具磨损，降低刀具寿命，增加换刀、磨刀和装刀等辅助时间，反而会降低生产率。最高生产率耐用度 T_P 可用下面经验公式确定：

$$T_P = \frac{1-m}{m} \cdot t_{ct}$$

式中　t_{ct}——换一次刀所需的时间（min）；

　　　m——切削速度对刀具耐用度的影响系数。

b. 最低生产成本耐用度 T_c。它是根据加工零件的一道工序成本最低来确定的。一般来说，刀具寿命越长，刀具磨刀及换刀等费用越少，但因延长刀具寿命需减小切削用量，降低切削效率，使经济效益变差，同时，机动时间过长所需机床折旧费、消耗能量费用也增多。因此，在确定刀具耐用度时应考虑生产成本对其的影响。最低生产成本耐用度 T_c 可按下面经验公式确定：

$$T_c = \frac{1-m}{m}\left(t_{ct} + \frac{C_t}{M}\right)$$

式中　M——该工序单位时间内所分担的全厂开支；

　　　C_t——磨刀费用（包括刀具成本和折旧费）。

由于最低生产成本耐用度 T_c 高于最高生产率耐用度 T_P，故生产中常采用最低生产成本耐用度 T_c，只有当生产紧急需要时才采用最高生产率耐用度 T_P。最低成本耐用度数值：在通用机床上，硬质合金车刀的耐用度为 60~90 min；钻头的耐用度为 80~120 min；硬质合金端面铣刀的耐用度为 90~180 min；齿轮刀具的耐用度为 200~300 min 等。

【任务实施】

4.2.2　三角形外螺纹车削的工艺准备

1. 操作准备

准备好 CA6140 型车床和交换齿轮 $z_1 = 63$、$z_0 = 100$（两只）、$z_2 = 75$。根据高速钢螺纹刀具车削 M52×2 螺纹的加工特点，选择粗车切削速度 v_c 为 15 m/min（精车时为 5 m/min），对应的主轴转速 n 为 92 r/min（精车时为 31 r/min）。

2. 操作过程

（1）车削螺纹时相关手柄位置的调整操作。

在有进给的车床上车削常用螺距（或导程）的螺纹和蜗杆时，一般只要按照车床进给箱铭牌上标注的数据变换主轴箱外和进给箱外的手柄位置，并配合更换齿轮箱内的交换齿轮就可以得到需要的螺距（或导程）。

以 CA6140 型卧式车床为例，车削 M52×2 螺纹时相关手柄位置的调整操作内容如下：

①变换正常或扩大螺距手柄位置，选择右旋正常螺距（或导程）；
②变换主轴变速手柄位置，选择主轴转速 105 r/min，以满足切削速度的要求；
③变换螺纹种类手柄位置，选择手柄位置 t（t：米制螺纹；n：英制螺纹；m：米制蜗杆；D_P：英制蜗杆）；
④变换进给基本操作手柄位置，将手轮扳至"Ⅰ"；变换进给倍增组操作手柄，将手柄扳至"Ⅱ"以选择所需螺距 $P=2$ mm；
⑤确保交换箱内齿轮 $z_1=63$、$z_0=100$、$z_2=75$。

（2）车削螺纹的进刀方式选择。

低速车削螺纹时，可根据不同的情况，选择不同进刀方法，它们各自的特点和应用场合见表 4.2。

表 4.2 三种进刀方式的特点及应用场合

进刀方法	直 进 法	左右切削法	斜 进 法
方法	车削时只用中滑板作横向进给	车削时，除用中滑板作横向进给外，同时用小滑板将车刀向左或右作微量进给（俗称借刀）	除中滑板横向进给外，小滑板只向一个方向作微量进给
加工性质	双面切削	单面切削	单面切削
加工特点	能获得正确的牙型，但左、右切削刃同时参加切削，表面粗糙度值不易降低，并容易产生"扎刀"现象	不易产生"扎刀"现象，但小滑板的左、右移动量不宜太大	不易产生"扎刀"现象，采用该法粗车螺纹后，必须用左右切削法精车，以获得两侧面表面粗糙度值都较低的螺纹
适用场合	适用于车削螺距较小（$P<2.5$ mm）的螺纹	适合于车削螺距较大（$P>2.5$ mm）的螺纹	适用于车削螺距较大（$P>2.5$ mm）的螺纹

$M52\times2$ 螺纹螺距为 2，选择直进法作为车削螺纹的进刀方式。

【知识拓展】

4.2.3 机械加工表面质量

1. 表面质量的基本概念

机器零件的加工质量，除了加工精度外，还包括零件在加工后的表面质量。表面质量的好坏对零件的使用性能和寿命影响很大。机械加工表面质量包括以下两个方面的内容。

（1）表面层的几何形状特性。

①表面粗糙度。它是指加工表面的微观几何形状误差，在图 4.19（a）中 Ra 表示轮廓算术平均偏差。表面粗糙度通常是由机械加工中切削刀具的运动轨迹所形成的。

②表面波度。它是介于宏观几何形状误差（$\Delta_形$）与微观几何形状误差之间的周期性几何形状误差。图 4.19（b）中，A 表示波度的高度。表面波度通常是由加工过程中工艺系统的低频振动所造成的。

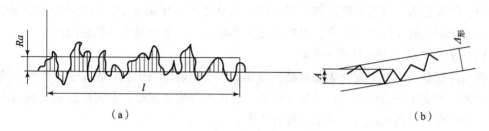

图 4.19　表面粗糙度与波度

(a) 表面粗糙度；(b) 表面波度

(2) 表面层物理机械性能。

表面层物理机械性能主要是指下列三个方面：

①表面层冷作硬化；

②表面层金相组织的变化；

③表面层残余应力。

2. 表面质量对零件使用性能的影响

(1) 表面质量对零件耐磨性的影响。

零件的使用寿命常常是由耐磨性决定的，而零件的耐磨性不仅和材料及热处理有关，而且还与零件接触表面的粗糙度有关，若两接触表面产生相对运动，则最初只在部分凸峰处接触，因此实际接触面积比理论接触面积小得多，从而使得单位面积上的压力很大。当其超过材料的屈服点时，就会使凸峰部分产生塑性变形甚至被折断或因接触面的滑移而迅速磨损，这就是零件表面的初期磨损阶段（如图 4.20 中第Ⅰ阶段）。以后随接触面积的增大，单位

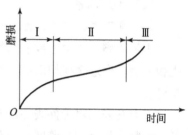

图 4.20　零件的磨损

面积上的压力减小，磨损减慢，进入正常磨损阶段（如图 4.20 中第Ⅱ阶段）。此阶段零件的耐磨性最好，持续的时间也较长。最后，由于凸峰被磨平，粗糙度值变得非常小，不利于润滑油的贮存，且使接触表面之间的分子亲和力增大，甚至发生分子黏合，使摩擦阻力增大，从而进入急剧磨损阶段（如图 4.20 中第Ⅲ阶段）。零件表面层的冷作硬化或经淬硬，可提高零件的耐磨性。

(2) 表面质量对零件疲劳强度的影响。

零件由于疲劳而破坏都是从表面开始的，因此表面层的粗糙度对零件的疲劳强度影响很大。在交变载荷作用下，由于表面上微观不平的凹谷处，容易形成应力集中，产生和加剧疲劳裂纹以致疲劳损坏。实验证明，表面粗糙度值从 0.02 μm 变到 0.2 μm，其疲劳强度下降约为 25%。

零件表面的冷硬层，有助于提高疲劳强度。因为强化过的表面冷硬层具有阻碍裂纹继续扩大和新裂纹产生的能力。此外，当表面层具有残余压应力时，能使疲劳强度提高；当表面层具有残余拉应力时，则使疲劳强度进一步降低。

(3) 表面质量对零件耐腐蚀性的影响。

零件的耐腐蚀性在很大程度上取决于表面粗糙度。表面粗糙度值越大，越容易积聚腐蚀

性物质；凹谷越深，渗透与腐蚀作用越强烈。故减小表面粗糙度值，可提高零件的耐蚀性。此外，残余应力使零件表面紧密，腐蚀性物质不易进入，可增强零件的耐蚀性。

（4）表面质量对配合性质的影响。

在间隙配合中，如果配合表面粗糙，则在初期磨损阶段由于配合表面迅速磨损，使配合间隙增大，改变了配合性质。在过盈配合中，如果配合表面粗糙，则装配后表面的凸峰将被挤压，而使有效过盈量减少，降低了配合强度。

3. 影响表面粗糙度的因素

机械加工时，表面粗糙度形成原因大致归纳为两个方面：一是刀刃与工件相对运动轨迹所形成的表面粗糙度——几何因素；二是与被加工材料性质及切削机理有关的因素——物理因素。

1）切削加工中影响表面粗糙度的因素

（1）几何因素。

切削加工时，由于刀具切削刃的形状和进给量的影响，不可能把余量完全切除，而在工件表面上留下一定的残余面积，残留面积高度愈大，表面愈粗糙。残留面积高度与进给量、刀具主偏角等有关。

（2）物理因素。

切削加工时，影响表面粗糙度的物理因素主要表现为：

①积屑瘤。用中等或较低的切削速度（一般 v_c < 80 m/min）切削塑性材料时，易于产生积屑瘤。合理选择切削量，采用润滑性能优良的切削液，都能抑制积屑瘤产生，降低表面粗糙度。

②刀具表面对工件表面的挤压与摩擦。在切削过程中，刀具切削刃总有一定的钝圆半径，因此在整个切削厚度内会有一薄层金属无法切去，这层金属与刀刃接触的瞬间，先受到剧烈的挤压而变形，当通过刀刃后又立即弹性恢复与后刀面强烈摩擦，再次受到一次拉伸变形，这样往往在已加工表面上形成鳞片状的细裂纹（称为鳞刺）而使表面粗糙度值增大。降低刀具前、后刀面的表面粗糙度，保持刀刃锋利及充分施加润滑液，可减小摩擦，有利于降低工件表面粗糙度。

③工件材料性质。切削脆性金属材料，往往出现微粒崩碎现象，在加工表面上留下麻点，使表面粗糙度值增大。降低切削用量并使用切削液有利于降低表面粗糙度。切削塑性材料时，往往挤压变形而产生金属的撕裂和积屑瘤现象，增大了表面粗糙度。此外，被加工材料的金相组织对加工表面粗糙度也有较大的影响。实验证明，在低速切削时，片状珠光体组织较粒状珠光体更能获得较低的表面粗糙度；在中速切削时，粒状珠光体组织则比片状珠光体好；高速切削时，工件材料性能对表面粗糙度的影响较小。加工前如对工件材料调质处理，降低材料的塑性，也有利于降低表面粗糙度。

2）磨削加工中影响表面粗糙度的因素

磨削加工是由砂轮的微刃切削形成加工表面，单位面积上刻痕越多，且刻痕细密均匀，则表面粗糙度越小。磨削加工中影响表面粗糙度的因素有以下几个。

（1）磨削用量。

砂轮速度 v_s 对表面粗糙度的影响较大，v_s 大时，参与切削的磨粒数增多，可以增加工件单位面积上的刻痕数，同时高速磨削时工件表面塑性变形不充分，因而提高 v_s 有利于降低表面粗糙度。

磨削深度与进给速度增大时，将使工件表面塑性变形加剧，因而使表面粗糙度值增大。为了提高磨削效率，通常在开始磨削时采用较大的磨削深度，而后采用小的磨削深度或光磨，以减小表面粗糙度值。

（2）砂轮。

砂轮的粒度愈细，单位面积上的磨粒数愈多，使加工表面刻痕细密，则表面粗糙度值愈小。但粒度过细，容易堵塞砂轮而使工件表面塑性变形增大，影响表面粗糙度。

砂轮硬度应适宜，使磨粒在磨钝后及时脱落，露出新的磨粒来继续切削，即具有良好的"自砺性"，工件就能获得较小的表面粗糙度。

砂轮应及时修整，以去除已钝化的磨粒，保证砂轮具有等高微刃，砂轮上的切削微刃越多，其等高性越好，磨出的表面越细。

（3）工件材料。

工件材料的硬度、塑性、韧性和导热性能等对表面粗糙度有显著影响，工件材料太硬时，磨粒易钝化；太软时，易堵塞；韧性大和导热性差的材料，使磨粒早期崩落而破坏了微刃的等高性，因此均使表面粗糙度值增大。

（4）冷却润滑液。

磨削冷却润滑液对减小磨削力、温度及砂轮磨损等都有良好的效果。正确选用冷却液有利于减小表面粗糙度值。

4. 影响表面物理机械性能的因素

（1）加工表面的冷作硬化。

表面冷作硬化是由于机械加工时，工件表面层金属受到切削力的作用，产生强烈的塑性变形，使金属的晶格被拉长、扭曲，甚至破坏而引起的。其结果是引起材料强化，表面硬度提高，塑性降低，物理机械性能发生变化。另一方面，机械加工中产生的切削热在一定条件下会使金属在塑性变形中产生回复现象（已强化的金属回复到正常状态），使金属失去冷作硬化中所得到的物理机械性能，因此，机械加工表面层的冷硬，是强化作用与回复作用的综合结果。

影响表面层冷作硬化的因素有以下几个。

①切削用量。

a. 切削速度 v_c。随着切削速度的增大，被加工金属塑性变形减小，同时由于切削温度上升使回复作用加强，因此冷硬程度下降。当切削速度高于 100 m/min 时，由于切削热的作用时间减少，回复作用降低，故冷硬程度反而有所增大。

b. 进给量 f。进给量增大使切削厚度增大，切削力增大，工件表面层金属的塑性变化增大，故冷硬程度增大。

②刀具。

a. 刀具刃口圆弧半径 r_e。刀具刃口圆弧半径增大，表面层金属的塑性变形加剧，导致冷硬程度增大。

b. 刀具后刀面磨损宽度 V_B。一般地说，随后刀面磨损宽度 V_B 的增大，刀具后刀面与工作表面摩擦加剧，塑性变形增大，导致表面层冷硬程度增大。但当磨损宽度超过一定值时，摩擦热急剧增加，从而使得硬化的表面得以回复，所以显微硬度并不继续随 V_B 的增大而增大。

c. 前角 γ_o。前角增大，可减小加工表面的变形，故冷硬程度减小。实验表明，当前角在 $\pm 15°$ 范围内变化时，对表面冷硬程度的影响很小，前角小于 $-20°$ 时，表面层的冷硬程度将急剧增大。

刀具后角 α_o、主偏角 κ_r、副偏角 κ_r' 及刀尖圆角半径 r_ε 等对表面层冷硬程度影响不大。

③工件材料。

工件材料的塑性越大，加工表面层的冷硬程度越大；碳钢中含碳量越高，强度越高，其冷硬程度越小。

有色金属熔点较低，容易回复，故冷硬程度要比结构钢小得多。

（2）加工表面的金相组织变化。

对于一般的切削加工，切削热大部分被切屑带走，加工表面温升不高，故对工件表面层的金相组织的影响不甚严重。而磨削时，磨粒在高速（一般是 35 m/s）下以很大的负前角切削薄层金属，在工件表面引起很大的摩擦和塑性变形，其单位切削功率消耗远远大于一般切削加工。由于消耗的功率大部分转化为磨削热，其中约 80% 的热量将传给工件，所以磨削是一种典型的容易产生加工表面金相组织变化（磨削烧伤）的加工方法。

磨削烧伤分为回火烧伤、淬火烧伤和退火烧伤，它们的特征是在工件表面呈现烧伤色，不同的烧伤色表明表面层具有不同的温度与烧伤深度。

表面层烧伤将使零件的物理机械性能大为降低，使用寿命也可能成倍缩减，因此工艺上必须采取措施，避免烧伤的出现。

影响磨削表面金相组织变化的因素主要有以下几个。

①磨削用量。

a. 磨削深度 a_p。当磨削深度增加时，无论是工件表面温度，还是表面层下不同深度的温度，都随之升高，故烧伤的可能性增大。

b. 纵向进给量 f_a。纵向进给量增大，热作用时间减少，使金相组织来不及变化，磨削烧伤减轻。但 f_a 大时，加工表面的粗糙度增大，一般可采用宽砂轮来弥补。

c. 工件线速度 v_w。工件线速度增大，虽使发热量增加，但热作用时间减少，故对磨削烧伤影响不大。提高工件线速度会导致工件表面更为粗糙。为了弥补这一缺陷而又能保持较高的生产率，一般可提高砂轮速度。

②砂轮的选择。

砂轮的粒度越细，硬度越高，自砺性越差，则磨削温度越高。砂轮组织太紧密时磨削堵塞砂轮，易出现烧伤。

砂轮结合剂最好采用具有一定弹性的材料，磨削力增大时，砂轮磨粒能产生一定的弹性退让，使切削深度减小，避免烧伤。

③工件材料。

工件材料对磨削区温度的影响主要取决于它的硬度、强度、韧性和导热系数。

工件的强度、硬度越高或韧性越大，磨削时磨削力越大，功率消耗也越大，造成表面层温度增高，因而容易造成磨削烧伤。

导热性能较差的材料，如轴承钢、高速钢以及镍铬钢等，受热后更易磨削烧伤。

④冷却润滑。

采用切削液带走磨削区热量可以避免烧伤。但是磨削时，由于砂轮转速较高，在其周围表面会产生一层强气流，用一般冷却方法，切削液很难进入磨削区。目前采用的比较有效的冷却方法有内冷却法、喷射法和含油砂轮等。

（3）加工表面的残余应力。

切削加工的残余应力与冷作硬化及热塑性变形密切相关。凡是影响冷作硬化及热塑性变形的因素如工件材料、刀具几何参数、切削用量等都将影响表面残余应力，其中影响最大的是刀具前角和切削速度。

任务4.3　三角形外螺纹的低速车削方法

【任务目标】

1. 掌握三角形外螺纹低速车削方法。
2. 掌握三角形外螺纹车削的工艺过程。
3. 掌握外螺纹的检测方法。
4. 熟悉三角形外螺纹高速车削方法及应注意的问题。

【任务引入】

在车床上加工的零件，往往是由若干个基本表面组成的，如内、外圆柱面，内、外圆锥面，螺纹，成形表面等。因此在车削加工中，要综合零件各部分加工工步的关系，制订合理的车削步骤。

本任务中，三角形外螺纹的加工是其主要内容，掌握三角形外螺纹的车削是本任务的重点。有退刀槽螺纹零件（图4.1）的加工工艺路线如下：

车端面→粗车外圆→精车外圆→切槽→倒角→粗车螺纹→精车螺纹→检测。

【相关知识】

4.3.1　切削过程基本规律应用

1. 改善工件材料的切削加工性

工件材料的切削加工性是指在一定切削条件下，工件材料被切削加工的难易程度。研究切削加工性的目的，是为了寻求改善材料切削加工性的途径。

1）衡量工件材料切削加工性的指标

工件材料的切削加工性，与材料的化学成分、热处理状态、金相组织、物理力学性能以及切削条件等有关。切削加工性可以用刀具使用寿命、切削力、切削温度以及已加工表面粗糙度值大小等指标衡量。在切削普通金属材料时，取刀具使用寿命为 60 min 时允许的切削速度 v_{60} 值的大小，来评定材料切削加工性的好坏；在切削难加工材料时，则用 v_{20} 值的大小，来评定材料切削加工性的好坏。

某一种材料的切削加工性的好坏,是相对另一种材料而言的,因此,切削加工性具有相对性。在讨论钢材的切削加工性时,一般以45钢（170~229 HBW,$\sigma_b = 637$ MPa）的v_{60}为基准,记作v_{060},其他材料v_{60}与v_{060}之比K_r称为相对加工性,即

$$K_r = v_{60}/v_{060}$$

当$K_r > 1$时,该材料比45钢容易切削,切削加工性好；当$K_r < 1$时,该材料比45钢难切削,切削加工性差。表4.3是相对切削加工性及其分级。

表4.3 相对切削加工性及其分级

加工性等级	工件材料分类		相对切削加工性K_r	代表性材料
1	很容易切削的材料	一般有色金属	>3.0	铝镁合金、9—4铝青铜
2	容易切削的材料	易切钢	2.5~3.0	退火15Cr、自动机钢
3		较易切钢	1.6~2.5	正火30钢
4	普通材料	一般钢、铸铁	1.0~1.6	45钢、灰铸铁、结构钢
5		稍难切削的材料	0.65~1.0	调质2Cr13、85钢
6	难切削的材料	较难切削的材料	0.5~0.65	调质45Cr、调质65Mn
7		难切削的材料	0.15~0.5	1Cr18Ni9Ti、调质50CrV、某些钛合金
8		很难切削的材料	<0.15	铸造镍基高温合金、某些钛合金

2）改善工件材料切削加工性的措施

(1) 选择易切钢。易切钢是含有易切添加剂且不降低力学性能的易切材料。切削该种材料可以延长刀具使用寿命,减小切削力,易断屑,加工表面质量好。

(2) 进行适当的热处理。可以将硬度较高的高碳钢、工具钢等材料进行退火处理,以降低硬度,从而改善材料的切削加工性。低碳钢可以通过正火与冷拔等工艺方法降低材料的塑性,以提高其硬度,使工件的切削变得容易。中碳钢也可以通过正火等热处理方法使其金相组织与材料硬度得以均匀,达到改善工件材料切削加工性的目的。

(3) 合理选择刀具材料。根据加工材料的性能和要求,选择与之相匹配的刀具材料。

(4) 加工方法的选择。根据加工材料的性能和要求,选择与之相适应的加工方法。随着切削加工技术的发展,也出现了一些新的加工方法,如加热切削、低温切削、振动切削等,其中有些加工方法可有效地对一些难加工材料进行切削加工。

2. 切削液的合理选择

合理地使用切削液,可以改善切削条件,减少刀具磨损,提高已加工表面质量,这也是提高金属切削效益的有效途径之一。

1）切削液的作用

(1) 冷却作用。切削液浇注到切削区域后,通过切削液的传导、对流和汽化,一方面使切屑、刀具与工件间摩擦减小,产生热量减少；另一方面将产生的热量带走,使切削温度降低,起到冷却作用。

（2）润滑作用。切削液的润滑作用是通过切削液渗透到刀具与切屑、工件表面之间，形成润滑性能较好的油膜而实现的。

（3）清洗与防锈作用。切削液的清洗作用是清除黏附在机床、刀具和夹具上的细碎切屑和磨粒细粉，以防止划伤已加工表面和机床的导轨并减小刀具磨损。清洗作用的效果取决于切削液的油性、流动性和使用压力。在切削液中加入防锈添加剂后，能在金属表面形成保护膜，使机床、刀具和工件不受周围介质的腐蚀，起到防锈作用。

2) 切削液的种类

（1）水溶性切削液主要有水溶液、乳化液和化学合成液三种。

①水溶液。水溶液是以水为主要成分并加入防锈添加剂的切削液。由于水的导热系数、比热容和汽化热较大，因此，水溶液主要起冷却作用。由于其润滑性能较差，所以主要用于粗加工和普通磨削加工中。

②乳化液。乳化液是乳化油加 95%～98% 水稀释而成的一种切削液，乳化油由矿物油、乳化剂配制而成。乳化剂可使矿物油与水乳化形成稳定的切削液。

③化学合成液。化学合成液是由水、各种表面活性剂和化学添加剂组成，具有良好的冷却、润滑、清洗和防锈性能。合成液中不含油，可节省能源。

（2）油溶性切削液。油溶性切削液主要有切削油和极压切削油两种。

①切削油。切削油是以矿物油为主要成分并加入一定的添加剂而构成的切削液。用于切削油的矿物油主要包括机油、轻柴油和煤油等，切削油主要起润滑作用。

②极压切削油。切削油中加入了硫、氯、磷等极压添加剂后，能显著提高润滑效果和冷却作用，尤其硫化油应用较广泛。

（3）固体润滑剂。常用的固体润滑剂是二硫化钼，形成的润滑膜有极小的摩擦系数，耐高温、耐高压，切削时可涂抹在刀面上，也可添加在切削液中。

3) 切削液的合理选用和使用方法

（1）切削液的合理选用。

切削液应根据工件材料、刀具材料、加工方法和技术要求等具体情况进行合理选用。

高速钢刀具耐热性差，需采用切削液。通常粗加工时，主要以冷却为主，同时也希望能减小切削力和降低功率消耗，可采用 3%～5% 的乳化液；精加工时，主要目的是改善加工表面质量，降低刀具磨损，减少积屑瘤，可以采用 15%～20% 的乳化液。

硬质合金刀具耐热性高，一般不用切削液。若要使用切削液，则必须连续、充分地供应，否则，因骤冷骤热产生的内应力将导致刀片产生裂纹。

切削铸铁时因易形成崩碎状切屑，一般不用切削液。

切削铜合金等有色金属时，一般不用含硫的切削液，以免腐蚀工件表面。切削铝合金时一般不用切削液，但在铰孔和攻螺纹时，常加 5:1 的煤油与机油的混合液或轻柴油，要求不高时，也可用乳化液。

（2）切削液的使用方法。

切削液的合理使用非常重要，其浇注部位、充足的程度与浇注方法的差异，将直接影响切削液的使用效果。

切削变形区是发热的核心区，切削液应尽量浇注在该区域。

切削液的种类和选用见表 4.4。

表4.4 切削液的种类和选用

序号	名称	组成	主要用途
1	水溶液	以硝酸钠、碳酸钠等溶于水的溶液，用100~200倍的水稀释而成	磨削
2	乳化液	（1）矿物油很少，主要为表面活性剂的乳化油，用40~80倍的水稀释而成，冷却和清洗性能好	车削、钻孔
		（2）以矿物油为主，少量表面活性剂的乳化油，用10~20倍的水稀释而成，冷却和润滑性能好	车削、攻螺纹
		（3）在乳化液中加入添加剂	高速车削、钻削
3	切削油	（1）矿物油（L-AN15或L-AN32全损耗系统用油）单独使用	滚齿、插齿
		（2）矿物油加植物油或动物油形成混合油，润滑性能好	精密螺纹车削
		（3）矿物油或混合油中加入添加剂形成极压油	高速滚齿、插齿、车螺纹等
4	其他	液态的CO_2	主要用于冷却
		二硫化钼+硬脂酸+石蜡做成蜡笔，涂于刀具表面	攻螺纹

3. 刀具几何参数的合理选择

刀具切削部分的几何参数对切削力的大小、切削温度高低、切削时金属的变形和刀具磨损都有显著影响，从而影响生产率、刀具耐用度、已加工表面质量和加工成本。因此，为充分发挥刀具的切削性能，除应正确选用刀具材料外，还应合理选择刀具几何参数。

选择刀具几何参数是在刀具材料已选定情况下进行的，刀具几何参数包括刀具的切削刃形状、切削刃区的剖面形式、刀具几何角度、刀面形式等。

（1）前角的选择。

前角 γ_o 是刀具的一个重要角度。前角的大小决定切削刃的锋利程度和强固程度。前角增大可使刃口锋利，切削变形减小；切削力和切削温度减小，较大的前角还有利于排除切屑，使表面粗糙度减小。可是，前角增大以后会使刃口楔角减小，削弱刀刃的强度，同时，散热条件恶化，使切削区温度升高，导致刀具寿命降低，甚至出现崩刃现象。因此要确定刀具前角具有一个合理值，以使刀具刃口锋利、易于切削、变形和摩擦减少，又要保证足够的强度，以提高刀具耐用度。即存在一个刀具耐用度为最大的前角——合理前角 γ_{opt}。

刀具合理前角通常根据以下三个方面进行选择。

①根据工件材料。当工件材料的强度低、塑性较大时，为使变形减小，应选择较大的前角；当工件材料的强度、硬度大时，为增加刃口强度，降低切削温度，增加散热体积，应选择较小的前角；加工脆性材料，塑性变形很小，切屑为崩碎切屑，切削力集中在刀尖和刀刃附近，为增加刃口强度，宜选用较小的前角。

②根据刀具材料。选择强度和韧性较高的刀具材料时，如高速钢强度高、韧性好，可选择较大的前角；硬质合金脆性大，怕冲击，应选择较小的前角；而陶瓷刀应比硬质合金刀的合理前角还要小些。如图4.21所示为不同刀具材料的合理前角。

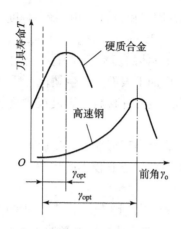

图 4.21 不同刀具材料的合理前角

③根据加工性质。工件表面的加工要求不同,刀具所选择的前角大小也不相同。粗加工时,为增加刀刃的强度,宜选用较小的前角;加工高强度钢断续切削时,为防止脆性材料的破损,常采用负前角;精加工时,为增加刀具的锋利性,宜选择较大前角;工艺系统刚性较差和机床功率不足时,为使切削力减小,减小振动、变形,宜选择较大的前角。

硬质合金车刀合理前角的选择可参考表 4.5。

表 4.5 硬质合金车刀合理前角参考值

工件材料	合理前角		工件材料	合理前角	
	粗车	精车		粗车	精车
低碳钢	20°~25°	25°~30°	灰铸铁	10°~15°	10°~30°
中碳钢	10°~15°	15°~20°	铜及铜合金	10°~15°	10°~30°
合金钢	10°~15°	15°~20°	铝及铝合金	30°~35°	35°~40°
淬火钢	−15°~−5°		钛合金 $\sigma_b \leq 1.177$ GPa	5°~10°	
不锈钢(奥氏体)	15°~20°	20°~25°			

(2)后角的选择。

刀具后角 α_o 的作用是减小切削过程中刀具后刀面与工件切削表面之间的摩擦。后角增大,可减小后刀面的摩擦与磨损,刀具楔角减小,刀具变得锋利,可切下很薄的切削层。在相同的磨损标准 V_B 时,所磨去的金属体积减小,使刀具寿命提高。但是后角太大,楔角减小,刃口强度减小,散热体积减小,α_o 将使刀具寿命缩短,故后角不能太大。因此,与前角一样,有一个刀具耐用度最大的合理后角 α_{opt},如图 4.22 所示。

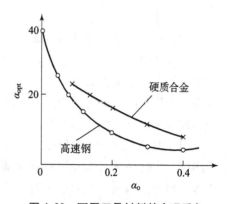

图 4.22 不同刀具材料的合理后角

刀具的合理后角 α_o 的选择主要根据切削厚度 h_D 选取。粗加工时,进给量 f 大,切削厚度 h_D 大,前刀面上的磨损量加大,为使楔角增大以增加散热体积,提高刀具耐用度,后角可取小值;精加工时,进给量 f 小,切削厚度 h_D 小,磨损主要在后刀面上，为减小后刀面的磨损和增加刀刃的锋利程度，后角应取大值。一般车刀合理后角 α_{opt} 与进给量 f 的关系为：$f>0.25$ mm/r，$\alpha_{opt}=50°\sim80°$；$f\leqslant0.25$ mm/r，$\alpha_{opt}=10°\sim12°$。

刀具合理后角 α_{opt} 的选择还与具体的切削条件有关。选择原则如下：

①材料较软，塑性较大时，已加工表面易产生硬化，后刀面摩擦对刀具磨损和工件表面质量影响较大，应取较大的后角；当工件材料的强度或硬度较高时，为加强切削刃的强度，应选取较小的后角。

②切削工艺系统刚性较差时，易出现振动，应使后角减小。

③对于尺寸精度要求较高的刀具，应取较小的后角，这样可保证刀具的尺寸变化较小，刀具寿命增加。

④精加工时，因背吃刀量 a_p 及进给量 f 较小，使得切削厚度较小，刀具磨损主要发生在后刀面，此时宜取较大的后角。粗加工或刀具承受冲击载荷时，为使刃口强固，应取较小后角。

⑤刀具的材料对后角的影响与前角相似。一般高速钢刀具可比同类型的硬质合金刀具的后角大 $2°\sim3°$。

⑥车刀的副后角一般与主后角数值相等，而有些刀具（如切断刀）由于结构的限制，只能取得很小。

硬质合金车刀合理后角的选择可参考表 4.6。

表 4.6 硬质合金车刀合理后角参考值

工件材料	合理后角		工件材料	合理后角	
	粗车	精车		粗车	精车
低碳钢	$8°\sim10°$	$10°\sim12°$	灰铸铁	$4°\sim6°$	$6°\sim8°$
中碳钢	$5°\sim7°$	$6°\sim8°$	铜及铜合金	$6°\sim8°$	$6°\sim8°$
合金钢	$5°\sim7°$	$6°\sim8°$	铝及铝合金	$8°\sim10°$	$10°\sim12°$
淬火钢	$8°\sim10°$		钛合金 $\sigma_b\leqslant1.177$ GPa	$10°\sim15°$	
不锈钢（奥氏体）	$6°\sim8°$	$8°\sim10°$			

（3）主偏角的选择。

主偏角 κ_r 的大小影响着切削力、切削热和刀具耐用度。当切削面积 A_c 不变时，主偏角减小，使切削宽度 b_D 增大，切削厚度 h_D 减小，会使单位长度上切削刃的负荷减小，使刀具耐用度提高；主偏角减小，刀尖 ε_r 增大，使刀尖强度增加，散热体积增大，使刀具耐用度提高；主偏角减小，可减少因切入冲击而造成的刀尖损坏；减小主偏角可使工件表面残留面积高度减小，使已加工表面粗糙度减小。但是，另一方面减小主偏角，将使径向分力 F_p 增大，引起振动及增加工件挠度，这会使刀具耐用度下降，使已加工表面粗糙度增大及降低加工精度。主偏角还影响断屑效果和排屑方向。增大主偏角，使切屑窄而厚，易折断。对钻头而言，增大主偏角，有利于切屑沿轴向顺利排出。因此，合理选择主偏角的原则主要应根据工艺系统刚度，兼顾工件材料硬度和工件形状等要求。选择原则如下：

①粗加工、半精加工和工艺系统刚性较差时，为减小振动，提高刀具耐用度，选择较大的主偏角。

②加工很硬的材料时，为提高刀具耐用度，选择较小的主偏角。

③根据工件已加工表面形状选择主偏角。如加工阶梯轴时，选 $\kappa_r = 90°$；需 $45°$ 倒角时，选 $\kappa_r = 45°$ 等。

④有时考虑一刀多用，常选通用性较好的车刀，如 $\kappa_r = 45°$ 或 $\kappa_r = 90°$ 等。

(4) 副偏角的选择。

副偏角 κ_r' 的作用是减小副切削刃和副后刀面与工件已加工表面间的摩擦。车刀副切削刃形成已加工表面，副偏角对刀具耐用度和已加工表面粗糙度都有影响。副偏角减小，会使残留面积高度减小，已加工表面粗糙度减小；同时，副偏角减小，使副后刀面与已加工表面间摩擦增加，径向力增加，易出现振动。但是，副偏角太大，使刀尖强度下降，散热体积减小，刀具耐用度降低。

硬质合金车刀合理主偏角和副偏角的选择可参考表 4.7。

表 4.7 硬质合金车刀合理主偏角与副偏角参考值

加工情况		合理偏角/(°)	
		主偏角 κ_r	副偏角 κ_r'
粗车，无中间切入	工艺系统刚度好	45, 60, 75	5~10
	工艺系统刚度差	65, 70, 90	10~15
精车，无中间切入	工艺系统刚度好	45	0~5
	工艺系统刚度差	65, 75	0~5
车削细长轴、薄壁件		90, 93	6~10
车削冷硬铸铁、淬火钢		10~30	4~10
从工件中间切入		45~60	30~45
切断刀、切槽刀		60~90	1~2

(5) 刃倾角的选择。

刃倾角 λ_s 的作用是控制切屑流出的方向、影响刀头强度和切削刃的锋利程度。当刃倾角 $\lambda_s > 0°$ 时，切屑流向待加工表面；$\lambda_s = 0°$ 时，切屑沿主剖面方向流出；$\lambda_s < 0°$ 时，切屑流向已加工表面。粗加工时宜选负刃倾角，以增加刀具的强度；在断续切削时，负刃倾角有保护刀尖的作用。因为当 $\lambda_s = 0°$ 时，切削刃全长与工件同时接触，冲击较大；当 $\lambda_s > 0°$ 时，刀尖首先接触工件，易崩刀尖；当 $\lambda_s < 0°$ 时，离刀尖较远处的切削刃先接触工件，保护刀尖。当工件刚性较差时，不易采用负刃倾角，因为负刃倾角将使径向切削力 F_p 增大。精加工时宜选用正刃倾角，可避免切屑流向已加工表面，保证已加工表面不被切屑碰伤。大刃倾角刀具可使排屑平面的实际前角增大，刃口圆弧半径减小，使刀刃锋利，能切下极薄的切削层（微量切削）。

刃倾角主要由切削刃强度与流屑方向而定。一般加工钢材和铸铁时，粗车取 $\lambda_s = 0°$ ~ $-5°$，精车取 $\lambda_s = 0°$ ~ $5°$，有冲击负荷时取 $\lambda_s = -5°$ ~ $-15°$。

刀具切削部分的各构造要素中，最关键的部位是切削刃，它完成切除与成形表面的任务，而刀尖是工作条件最困难的部位，为提高刀具耐用度，必须设法保护切削刃和刀尖。为此，要处理好刃区的形式，如锋刃、负倒棱、过渡刃、修光刃等。

刀具几何参数是一个有机的组合体，各参数之间既有联系又相互制约，因此在选择刀具几何参数时应从具体的生产条件出发，抓住影响切削性能的主要几何参数，综合地考虑和分析各个参数之间的相互关系，充分发挥各参数的有利作用，限制和克服不利的影响。从而在保证加工质量的前提下，提高切削效率，获得最高刀具耐用度，降低生产成本。

4. 切削用量的合理选择

切削用量的合理确定，对加工质量、生产率及加工成本都有重要影响，因此应根据具体条件和要求，考虑约束条件，正确选择切削用量。

要确定具体加工条件下的背吃刀量 a_p、进给量 f、切削速度 v_c 及刀具耐用度 T，应综合考虑加工质量、生产率及加工成本。"合理"的切削用量，是指充分发挥刀具和机床的性能，保证加工质量、高的生产率及低的加工成本下的切削用量。

(1) 切削用量对生产率的影响。

切削用量 v_c、f 和 a_p 中任一参数增大都会提高生产率。

(2) 切削用量对刀具耐用度的影响。

v_c、f 和 a_p 中任一参数增大，T 都会下降，但其影响度不一样，v_c 最大，f 次之，a_p 最小。故从刀具耐用度出发选择切削用量时，首先选择大的 a_p，其次选择大的 f，最后再根据已定的 T 确定合理的 v_c 值。

(3) 切削用量对加工质量的影响。

切削用量的选择会影响切削变形、切削力、切削温度和刀具耐用度，从而会对加工质量产生影响。

a_p 增大，切削力成比例增大，工艺系统变形大、振动大，工件加工精度下降，表面粗糙度增大。

f 增大，切削力也增大（但不成正比例），使表面粗糙度的增大更为显著。

v_c 增大，切削变形、切削力、表面粗糙度等均有所减小。

因此，精加工应采用小的 a_p、f，为避免积屑瘤、鳞刺的影响，可用硬质合金刀具高速切削（$v_c > 80$ m/min），或用高速钢刀具低速切削（$v_c = 3 \sim 8$ m/min）。

(4) 切削用量的确定。

①背吃刀量 a_p 的合理选择。

背吃刀量 a_p 一般是根据加工余量确定。

粗加工（表面粗糙度 Ra 为 $50 \sim 12.5$ μm），一次走刀尽可能切除全部余量，在中等功率机床上，$a_p = 3 \sim 6$ mm；如果余量太大或不均匀、工艺系统刚性不足或断续切削时，可分几次走刀。

半精加工（表面粗糙度 Ra 为 $6.3 \sim 3.2$ μm）时，$a_p = 0.5 \sim 2$ mm。

精加工（表面粗糙度 Ra 为 $1.6 \sim 0.8$ μm）时，$a_p = 0.1 \sim 0.4$ mm。

②进给量 f 的合理选择。

粗加工时，对表面质量没有太高的要求，而切削力往往较大，合理的 f 应是工艺系统（机床进给机构强度、刀杆强度和刚度、刀片的强度、工件装夹刚度等）所能承受的最大进给量。生产中 f 常根据工件材料材质、形状尺寸、刀杆截面尺寸、已定的 a_p，从切削用量手册中查得。一般情况下,当刀杆尺寸、工件直径增大,f 可较大;a_p 增大,因切削力增大,f 就选择较小的值;加工铸铁时的切削力较小,所以 f 可大些。

精加工时,进给量主要受加工表面粗糙度限制,一般取较小值。但进给量值过小,切削深度太薄,刀尖处应力集中,散热不良,使刀具磨损加快,反而使表面粗糙度加大。所以,进给量也不易太小。

③切削速度 v_c 的合理选择。

在背吃刀量和进给量确定后,再根据合理的刀具耐用度值,计算出切削速度。此外,生产中经常按实践经验和有关手册来选取切削速度。

选择切削速度的一般原则有以下几个。

a. 粗车时,a_p、f 均较大,故 v_c 较小;精车时 a_p、f 均较小,所以 v_c 较大。

b. 工件材料强度、硬度较高时,应选较小的 v_c,反之选较高的 v_c。材料加工性能越差,v_c 越低,易切削钢的 v_c 较同等条件的普通碳钢高;加工灰铸铁的 v_c 较碳钢低;加工铝合金、铜合金的 v_c 较加工钢高得多。

c. 刀具材料的性能越好,v_c 也选得越高。

此外,在选择 v_c 时,还应考虑以下几点。

a. 精加工时,应尽量避免积屑瘤和鳞刺产生的区域。

b. 断续切削时,为减小冲击和热应力,应当降低 v_c。

c. 在易发生振动情况下,v_c 应避开自激振动的临界速度。

d. 加工大件、细长件、薄壁件及带硬皮的工件时,应选用较低的 v_c。

总之,选择切削用量时,可参照有关手册的推荐数据,也可凭经验根据选择原则确定。

【任务实施】

4.3.2 三角形外螺纹的低速车削方法

1. 工艺装备

准备好 CA6140 型车床、$\phi 65$ mm×123 mm 的 45 钢棒料、高速钢外螺纹粗车刀、高速钢外螺纹精车刀、外圆车刀、端面车刀、游标卡尺、千分尺和螺纹样板等。

2. 操作过程

有退刀槽螺纹零件的加工操作步骤如下。

(1) 夹持毛坯外圆,伸出长度 65 mm,找正后夹紧。

(2) 车端面(光出即可,建议选择主轴转速 n 为 630~800 r/min,进给量 f 为 0.25~0.3 mm/r)。

(3) 粗、精车外圆(螺纹大径)至尺寸 $\phi 51.74$ mm,长度 55 mm(粗车时主轴转速 n 为 320~500 r/min,进给量 f 为 0.25~0.3 mm/r;最后精车选择主轴转速 n 为 800~1 250 r/min,进给量 f 为 0.08~0.25 mm/r)。

(4) 倒角 $C2$。

(5) 车退刀槽 6 mm×2 mm。

(6) 按进给箱铭牌上标注的螺距调整手柄相应的位置。

①变换正常或扩大螺距手柄位置,选择右旋正常螺距;

②变换主轴变速手柄位置,以满足切削速度的要求;

③变换螺纹种类变换手柄位置,以选择米制螺纹;

④变换进给基本操纵手柄位置,将手柄扳至"Ⅰ",变换进给倍增组操纵手柄,将手柄扳至"Ⅱ"以选择所需螺距 $P=2$ mm;

(7) 开到顺车,采用直进法粗、精车 M52×2 螺纹至符合图样要求。

3. 自检与评价

(1) 加工完毕,卸下工件,仔细测量各部分尺寸。对自己的练习件进行评价(评分标准见表4.8),对出现的质量问题分析原因,并找出改进措施。

(2) 将工件送交检验后,清点工具,收拾工作场地。

表4.8 三角形外螺纹车削加工的评分标准

考核内容	考 核 要 求	配分(100)	评 分 标 准	检测值	得分
螺纹	M52×2	15	超差不得分		
外圆	φ51.74 mm	10	超差不得分		
长度	118 mm	8	超差不得分		
	55 mm	8	超差不得分		
退刀槽	6 mm×2 mm	8	超差不得分		
表面粗糙度	$Ra \leq 3.2$ μm(3处)	3×5	一处不符合要求扣5分		
倒角、毛刺	各倒钝锐边处无毛刺、有倒角	6	一处不符合要求扣1分		
工具、设备的使用与维护	正确、规范地使用工具、量具、刃具,合理保养与维护工具、量具、刃具	6	不符合要求酌情扣1~6分		
	正确、规范地使用设备,合理保养与维护设备	6	不符合要求酌情扣1~6分		
	操作姿势正确、动作规范	6	不符合要求酌情扣1~6分		
安全及其他	安全文明生产,按国家颁布的有关法规或企业自定的有关规定执行	6	一处不符合要求扣3分,发生较大事故者取消考试资格		
	操作方法及工艺规程正确	6	一项不符合要求扣2分		
完成时间	100 min		每超过 15 min 倒扣4分,超过 30 min 为不合格		
		总得分			

【知识拓展】

4.3.3　机床夹具认知

夹具是一种装夹工件的工艺装备，它广泛地应用于机械制造过程的切削加工、热处理、装配、焊接和检测等工艺过程中。

在金属切削机床上使用的夹具统称为机床夹具。在现代生产中，机床夹具是一种不可缺少的工艺装备，它直接影响着工件加工精度、劳动生产率和产品制造成本等。生产中常用的夹具有：三爪夹盘、虎口钳、压板、顶尖等。

1. 机床夹具在机械加工中的作用

对工件进行机械加工时，为了保证加工要求，首先要使工件相对于刀具及机床有正确的位置，并使这个位置在加工过程中不因外力的影响而变动。为此，在进行机械加工前，先要将工件装夹好。

工件的装夹方法有两种：一种是工件直接装夹在机床的工作台或花盘上；另一种是工件装夹在夹具上。

采用第一种方法装夹工件时，一般要先按图样要求在工件表面划线，划出加工表面的尺寸和位置，装夹时用划针或百分表找正后再夹紧。这种方法优点是无需专用装备，但效率低，一般用于单件和小批量生产。批量较大时，大都用夹具装夹工件。

用夹具装夹工件的优点主要有以下几个。

（1）能稳定地保证工件的加工精度。用夹具装夹工件时，工件相对于刀具及机床的位置精度由夹具保证，不受工人技术水平的影响，使一批工件的加工精度趋于一致。

（2）能提高劳动生产率。使用夹具装夹工件方便、快速，工件不需要划线找正，可显著地减少辅助工时，提高劳动生产率；工件在夹具中装夹后提高了工件的刚性，因此可加大切削用量，提高劳动生产率；可使用多件、多工位装夹工件的夹具，并可采用高效夹紧机构，进一步提高劳动生产率。

（3）扩大机床的使用范围。在通用机床上采用专用夹具可以扩大机床的工艺范围，充分发挥机床的潜力，达到一机多用的目的。例如，使用专用夹具可以在普通车床上很方便地加工小型壳体类工件，甚至在车床上拉出油槽，减少了昂贵的专用机床，降低了成本，这对中小型工厂尤其重要。

（4）改善操作者的劳动条件。由于气动、液压、电磁等动力源在夹具中的应用，一方面降低了工人的劳动强度；另一方面也保证了夹紧工件的可靠性，并能实现机床的互锁，避免事故的发生，保证了操作者和机床设备的安全。

（5）降低成本。在批量生产中使用夹具后，由于劳动生产率的提高、使用技术等级较低的工人以及废品率下降等原因，明显地降低了生产成本。夹具制造成本分摊在一批工件上，每个工件增加的成本是极少的，远远小于由于提高劳动生产率而降低的成本。工件批量愈大，使用夹具所取得的经济效益就愈显著。

2. 夹具的分类

（1）按夹具的通用特性分类。

根据夹具在不同生产类型中的通用特性,机床夹具可分为通用夹具、专用夹具、可调夹具、组合夹具和自动线夹具等五大类。

①通用夹具。通用夹具是指结构、尺寸已规格化,而且具有一定通用性的夹具,如三爪自定心卡盘、四爪单动卡盘、台虎钳、万能分度头、顶尖、中心架和电子吸盘等。这类夹具适应性强,可用来装夹一定形状和尺寸范围内的各种工件。这类夹具已商品化,且已成为机床附件,其缺点是夹具的加工精度不高,生产率也较低,且较难装夹形状复杂的工件,故一般适用于单件小批量生产中。

②专用夹具。这类夹具是指专为零件的某一道工序的加工专门设计和制造的。在产品相对稳定、批量较大的生产中,常用各种专用夹具,以获得较高的生产率和加工精度。专用夹具的设计周期较长、投资较大,本章主要论述这类夹具的设计。

除大批大量生产之外,中小批量生产中也需要采用一些专用夹具。但在结构设计时要进行具体的技术经济分析。

③可调夹具。可调夹具是针对通用夹具和专用夹具的缺陷而发展起来的一类新型夹具。对不同类型和尺寸的工件,只需调整或更换原来夹具上的个别定位元件和夹紧元件便可使用。它一般又可分为通用可调夹具和成组夹具两种,前者的通用范围比通用夹具更大;后者则是一种专用可调夹具,它按成组原理设计并能加工一组相似的工件,故在多品种,中小批量生产中使用有较好的经济效果。

④组合夹具。组合夹具是一种模块化的夹具。标准的模块元件具有较高精度和耐磨性,可组装成各种夹具。夹具用完可拆卸,清洗后留待组装新的夹具。由于使用组合夹具可缩短生产准备周期,元件能重复多次使用,并具有减少专用夹具数量等优点,因此组合夹具在单件,中小批量、多品种生产和数控加工中,是一种较经济的夹具。组合夹具也已商品化。

⑤自动线夹具。自动线夹具一般分为两种:一种为固定式夹具,它与专用夹具相似;另一种为随行夹具,使用中夹具随着工件一起运动,并将工件沿着自动线从一个工位移至下一个工位进行加工。

(2)按夹具使用的机床分类。

夹具按使用机床可分为车床夹具、铣床夹具、钻床夹具、镗床夹具、齿轮机床夹具、数控机床夹具、自动机床夹具、自动线随行以及其他机床夹具等。

这是专用夹具设计所用的分类方法。设计专用夹具时,机床的组别、型别和主要参数均已确定。它们的不同点是机床的切削成形运动不同,故夹具与机床的连接方式不同。它们的加工精度要求也各不相同。

(3)按夹紧的动力源分类。

夹具按夹紧的动力源可分为手动夹具、气动夹具、液压夹具、气液增力夹具、电磁夹具、真空夹具、离心力夹具等。

3. 机床夹具的组成

机床夹具的种类和结构虽然繁多,但它们的组成均可概括为以下几个部分。

如图4.23所示零件,钻后盖上的$\phi 10$ mm孔,其钻床夹具如图4.24所示。

(1)定位元件。通过定位元件使工件在夹具中占据正确的位置。通常,当工件定位基准面的形状确定后,定位元件的结构也就基本确定了。图4.24中圆柱销5、菱形销9和支承

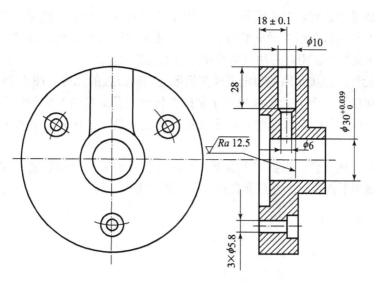

图 4.23 后盖零件钻径向孔的工序图

板 4 都是定位元件,通过它们使工件在夹具中占据正确的位置。

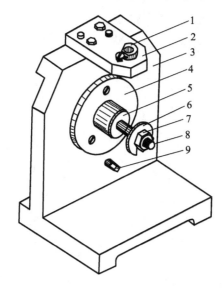

图 4.24 后盖零件钻床夹具
1—钻套;2—钻模板;3—夹具体;4—支承板;5—圆柱销;
6—开口垫圈;7—螺母;8—螺杆;9—菱形销

(2)夹紧装置。工件在夹具中定位后,在加工前必须将工件夹紧,以确保工件在加工过程中不因受外力作用而破坏其定位。图 4.24 中的螺杆 8(与圆柱销合成一个零件)、螺母 7 和开口垫圈 6 就起到了上述作用。

(3)夹具体。夹具体是夹具的基体和骨架,通过它将夹具所有元件构成一个整体。如图 4.24 中 3 为夹具体。常用的夹具体毛坯有铸造毛坯、焊接毛坯、装配式毛坯和锻造毛坯等。夹具体结构有底座形和框形结构等。

以上这三部分是夹具的基本组成部分,也是夹具设计的主要内容。

(4) 对刀或导向装置。对刀或导向装置用于确定刀具相对于定位元件的正确位置。图 4.24 中钻套 1 和钻模板 2 组成导向装置,确定了钻头轴线相对定位元件的正确位置。对刀装置常见于铣床夹具中,用对刀块可调整铣刀加工前的位置。

(5) 连接元件。连接元件是确定夹具在机床上正确位置的元件。图 4.24 中件 3 的底面为安装基面,保证了钻套 1 的轴线垂直于钻床工作台以及圆柱销 5 的轴线平行于钻床工作台。因此,夹具体可兼作连接元件。车床夹具上的过渡盘、铣床夹具上的定位键都是连接元件。

(6) 其他装置或元件。根据加工需要,有些夹具分别采用分度装置、靠模装置、上下料装置、顶出器和平衡块等。这些元件或装置也需要专门设计。

项目 5　加工盘套类零件

【项目导入】

盘套类零件通常起支承和导向作用,是机械中最常见的一种零件,它的应用范围很广。如支承旋转轴上的各种形式的轴承、夹具上引导刀具的导向套、内燃机上的气缸套等。盘套类零件的主要表面为对同轴度要求较高的内、外回转表面,零件壁的厚度较薄且易变形,零件长度一般大于直径。

本项目通过钻孔、车孔和内沟槽的车削等任务的操作训练,加工成衬套零件,从而掌握盘套类零件的加工方法和技术要求。

任务 5.1　钻　　孔

【任务目标】

1. 熟悉标准麻花钻的结构和刃磨角度。
2. 掌握标准麻花钻的刃磨。
3. 掌握钻孔和扩孔加工技能。

【任务引入】

孔加工是盘套类零件加工的一项重要内容。盘套类零件上的孔往往要经过钻孔、扩孔和车孔等加工方法完成。标准麻花钻是钻孔或扩孔加工最常用的工具。

本次任务是掌握标准麻花钻的刃磨,并利用标准麻花钻进行孔加工(零件如图 5.1 所

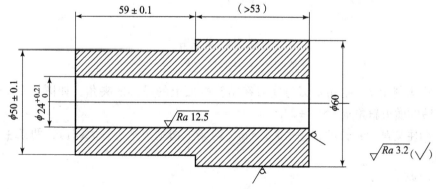

图 5.1　衬套钻孔工序图

示，φ60 mm×113 mm，45钢棒料）。

【相关知识】

5.1.1 麻花钻、中心钻

1. 麻花钻

麻花钻（图5.2）是使用最广泛的一种孔加工刀具，不仅可以在一般材料上钻孔，经过修磨还可在一些难加工材料上钻孔。麻花钻属于粗加工刀具，可达到的尺寸公差等级为IT13～IT11，表面粗糙度 Ra 值为25～12.5 μm。麻花钻呈细长状，其工作部分包括切削部分和导向部分。两个对称的、较深的螺旋槽用来形成切削刃和前角，并起着排屑和输送切削液的作用。沿螺旋槽边缘的两条棱边用于减小钻头与孔壁的摩擦面积。切削部分有两个主切削刃、两个副切削刃和一个横刃。横刃处有很大的负前角，主切削刃上各点前角、后角是变化的，钻心处前角接近0°，甚至负值，对切削加工十分不利。

麻花钻的主要几何参数有如下几个。

（1）后角 α_o：后角是在平行于进给运动方向上的假定工作平面（以钻头为轴心，过切削刃上选定点的圆柱面）中测量的后刀面与切削平面间的夹角（外缘处的圆周后角），不能为负后角。

（2）顶角 2φ：两条主切削刃在与之平行的中心截面上的投影的夹角，如图5.2（c）所示。标准麻花钻的顶角 2φ 为118°±2°，顶角的一半为59°±1°。

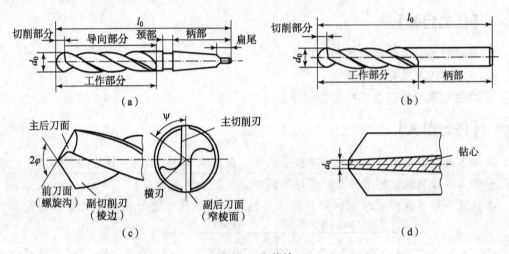

图5.2 麻花钻
(a) 锥柄；(b) 直柄；(c) 切削部分；(d) 钻心

（3）横刃斜角 ψ：主切削刃与横刃在钻头端面上的投影的夹角，如图5.2（c）所示。标准麻花钻的横刃斜角 $\psi=55°±2°$。

（4）两主切削刃：长度相差≤0.1 mm，两条主切削刃平直、无锯齿，两条主切削刃刃口不能退火。

2. 中心钻

中心钻是用来加工轴类零件中心孔的刀具，其结构主要有三种形式：带护锥中心钻

(图 5.3（a））、无护锥中心钻（图 5.3（b））和弧形中心钻（图 5.3（c））。

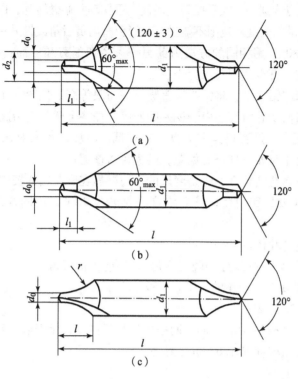

图 5.3 中心钻
（a）带护锥中心钻；（b）无护锥中心钻；（c）弧形中心钻

【任务实施】

5.1.2 钻孔

1. 操作准备

准备好 $46^\#$ ~ $60^\#$ 绿色碳化硅砂轮、油石、$\phi24$ mm 高速钢麻花钻、万能角度尺、0.02 mm/(0 ~ 150) mm 游标卡尺、CA6140 型车床、$\phi60$ mm × 113 mm 45 钢棒料、划针、钻夹头、B2 mm/6.3 mm 中心钻、45°粗车刀、90°粗车刀、90°精车刀、莫氏过渡套以及 10% ~ 15% 的乳化液等。

2. 操作过程

（1）标准麻花钻的刃磨。

钻孔前,应根据钻孔的要求对麻花钻进行刃磨、检验。刃磨前,应先检查砂轮表面是否平整,如砂轮表面不平或有跳动现象,需先对砂轮进行修正。刃磨时,用力要均匀,不能过大,应该常目测刃磨情况,随时修正;钻头切削刃的位置应略高于砂轮中心平面,以免磨出负前角,致使钻头工作困难;要经常在水中冷却钻头,以防钻头退火,降低切削能力。

$\phi24$ mm 孔加工用标准麻花钻的刃磨步骤如下:

①用右手握住钻头前端作为支点,左手紧握钻头柄部,将钻头的主切削刃放平,并置于

砂轮中心平面以上，使钻头轴线与砂轮圆周素线成59°左右，同时钻尾向下倾斜；

②以钻头前端支点为圆心，左手捏刀柄缓慢上下摆动并略做转动，同时磨出主切削刃和后刀面。注意摆动与转动的幅度和范围不能过大，以免磨出负后角或将另一条主切削刃磨坏；

③将钻头转过180°，用相同的方法刃磨另一条主切削刃和后面，两条切削刃经常交替刃磨，边刃磨边检查，直至达到要求为止；

④目测法检查麻花钻角度，将钻头垂直竖立在与眼等高的位置，在明亮的背景下用肉眼观察两刃的长短、高低及后角等。由于视差的原因，往往会感到左刃高，右刃低，此时则应将钻头转过180°再观察，是否仍是左刃高、右刃低，经反复观察对比，直至觉得两刃基本对称时方可使用。使用时如发现仍有偏差，则需再次修磨；

⑤用角度尺检查麻花钻角度，将角度尺的一边贴靠在麻花钻的棱边上，另一边搁在麻花钻的刃口上，测量其刃长和角度；然后将麻花钻转过180°，用同样的方法检查另一主切削刃。

刃磨麻花钻选取的几何参数如下：

①后角 $\alpha_o = 8° \sim 14°$（外缘处的圆周后角），不能为负后角；

②顶角 $2\varphi = 118° \pm 2°$，顶角的一半 $\varphi = 59° \pm 1°$；

③横刃斜角 $\psi = 55° \pm 2°$；

④两主切削刃长度相差≤0.1 mm，两条主切削刃平直、无锯齿，且刃口不能退火；

⑤主后刀面表面粗糙度 $Ra1.6\ \mu m$（两处）。

（2）钻孔的工艺过程。

钻孔时，应选择适当的切削用量。为使钻孔时钻头易定心，可采取车端面→粗车外圆→钻中心孔→钻通孔→精车外圆的工艺路线。

衬套加工工艺过程（重点为钻孔）如下。

①装夹找正：毛坯伸出卡爪约65 mm，利用划针找正并夹紧；

②车端面：采用45°粗车刀，手动车端面，车平即可，表面粗糙度达到要求。主轴转速大于800 r/min；

③粗车外圆：采用90°粗车刀，粗车外圆至 $\phi 50.5$ mm×58.5 mm。进给量0.3 mm/r，主轴转速500 r/min，背吃刀量3 mm；

④固定尾座位置：移动尾座，使中心钻离工件端面5~10 mm处锁紧尾座；

⑤钻定心中心孔：采用B2 mm/6.3 mm中心钻，在工件端面上钻出中心孔，麻花钻起钻时起定心作用，主轴转速大于800 r/min，手动进给量0.5 mm/r；

⑥装夹 $\phi 24$ mm麻花钻：用过渡锥套插入尾座锥孔中装夹 $\phi 24$ mm麻花钻；

⑦钻 $\phi 24$ mm通孔：启动车床，双手摇动尾座手轮均匀进给，钻 $\phi 24$ mm通孔，同时浇注充分的乳化液作为切削液，主轴转速取320 r/min，手动进给量0.5 mm/r；

⑧精车外圆：采用90°精车刀，精车外圆至 $\phi(50 \pm 0.1)$ mm×(59 ± 0.1) mm，进给量0.09 mm/r，主轴转速取800 r/min，1~2刀完成。

3. 自检与评价

（1）加工完毕后，卸下工件，仔细测量各部分尺寸是否符合图样要求，对自己的练习件进行评价（评分标准见表5.1），对出现的质量问题分析原因，并找出改进措施。

（2）将工件送交检验后清点工具，收拾工作场地。

表5.1 衬套加工（重点为钻孔）评分标准

考核内容		考核要求	配分(50)	评分标准	检测值	得分
孔	孔径	$\phi 24_{0}^{+0.21}$ mm	8	超差不得分		
	长度	钻孔要钻透	4	不符合要求不得分		
	表面粗糙度	$Ra12.5\ \mu m$	4	不符合要求不得分		
	同轴度	≤0.1 mm	4	超差不得分		
外圆	外径	$\phi(50±0.10)$ mm	6	超差不得分		
	长度	$(59±0.10)$ mm	6	超差不得分		
	表面粗糙度	$Ra3.2\ \mu m$	4	不符合要求不得分		
端面	表面粗糙度	$Ra3.2\ \mu m$	3	不符合要求不得分		
工具设备的使用与维护		正确、规范使用工具、量具、刀具，合理保养及维护工具、量具、刀具	3	不符合要求酌情扣分		
		正确、规范使用设备，合理保养及维护设备	3			
		操作姿势、动作正确				
安全及其他		安全文明生产，按国家颁布的有关法规或企业自定的有关规定执行	5	一项不符合要求扣2分，发生较大事故者取消考试资格		
		操作方法及工艺规程正确		一处不符合要求扣2分		
		试件局部无缺陷		不符合要求倒扣1～10分		
完成时间		100 min		超过3 min倒扣10分；超过5 min为不合格		
总得分						

【知识拓展】

5.1.3 其他孔加工刀具

机械加工中的孔加工刀具分为两类：一类是在实体工件上加工出孔的刀具，如麻花钻、中心钻及深孔钻等；另一类是对已有孔进行再加工的刀具，如扩孔钻、锪钻、铰刀及镗刀等。

这些孔加工刀具有着共同的特点，即刀具均在工件内表面切削，工作部分处于加工表面包围之中，刀具的强度、刚度及导向、容屑、排屑及冷却润滑等都比切削外表面时问题更突出。

1. 深孔钻

通常把孔深与孔径之比大于 5~10 的孔称为深孔，加工深孔所用的钻头称为深孔钻。

由于孔深与孔径之比大，钻头细长，强度和刚度均较差，工作不稳定，易引起孔中心线的偏斜和振动。为了保证孔中心线的直线性，必须很好地解决导向问题；由于孔深度大，容屑及排屑空间小，切屑流经的路程长，切屑不易排出，必须设法解决断屑和排屑问题；深孔钻头是在封闭状态下工作的，切削热不易散出，必须采取措施确保切削液顺利进入，充分发挥其冷却和润滑作用。深孔钻有很多种，常用的有：外排屑深孔钻、内排屑深孔钻、喷吸钻及套料钻等。

2. 扩孔钻

扩孔钻专门用来扩大已有孔，如图 5.4 所示，它比麻花钻的齿数多（$z>3$），容屑槽较浅，无横刃，强度和刚度均较高，导向性和切削性较好，加工质量和生产效率比麻花钻高。扩孔的公差等级为 IT10~IT9，表面粗糙度 Ra 值为 6.3~3.2 μm，属于半精加工。常用的扩孔钻有高速钢整体扩孔钻、高速钢镶套式扩孔钻及硬质合金镶齿套式扩孔钻。

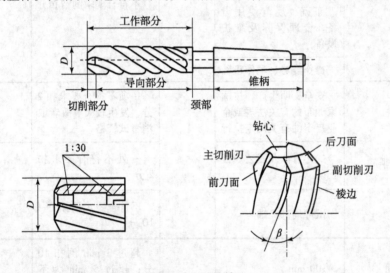

图 5.4　扩孔钻

3. 锪钻

锪钻用于加工各种埋头螺钉沉孔、锥孔和凸台面等。常见的锪钻有三种：圆柱形沉头锪钻（图 5.5（a））、锥形沉头锪钻（图 5.5（b））及端面凸台锪钻（图 5.5（c））。

4. 铰刀

铰刀常用来对已有孔进行最后精加工，也可对要求精确的孔进行预加工，其加工公差等级可达 IT8~IT6 级，表面粗糙度 Ra 值达 1.6~0.2 μm。

铰刀可分为手动铰刀和机动铰刀。手动铰刀如图 5.6（a）所示，用于手工铰孔，柄部为直柄；机动铰刀如图 5.6（b）所示，多为锥柄，装在钻床或车床上进行铰孔。

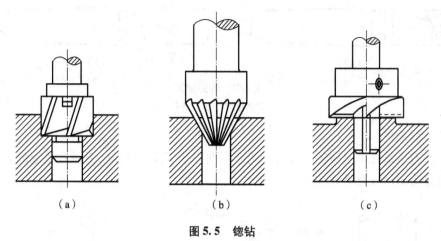

图 5.5 锪钻

(a) 圆柱形沉头锪钻；(b) 锥形沉头锪钻；(c) 端面凸白锪钻

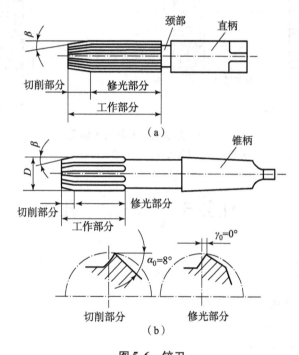

图 5.6 铰刀

(a) 手动铰刀；(b) 机动铰刀

5. 镗刀

镗刀是对已有的孔进行再加工的刀具。镗刀可在车床、镗床或铣床上使用，可加工精度不同的孔，加工精度可达 IT7～IT6 级，表面粗糙度 Ra 值达 6.3～0.8 μm。

镗刀有单刃镗刀和多刃镗刀之分，单刃镗刀与车刀类似，只在镗杆轴线的一侧有切削刃（见图 5.7），其结构简单，制造方便，既可用于粗加工，也可用于半精加工或精加工。一把镗刀可加工直径不同的孔。

单刃镗刀的刚度比较低，为减少镗孔时镗刀的变形和振动，不得不采用较小的切削用量，加之仅有一个主切削刃参加工作，所以生产率比扩孔和铰孔低。因此，单刃镗刀比较适

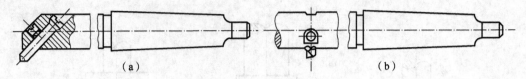

图 5.7 单刃镗刀

(a) 盲孔镗刀；(b) 透孔镗刀

用于单件小批生产。

双刃镗刀是镗杆轴线两侧对称装有两个切削刃，可消除径向力对镗孔质量的影响，多采用装配式浮动结构（见图 5.8）。

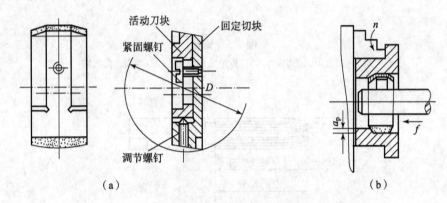

图 5.8 浮动镗刀及其工作情况

(a) 可调节浮动镗刀块；(b) 浮动镗刀工作情况

任务 5.2 车　　孔

【任务目标】

1. 熟悉车孔刀的种类和结构特点。
2. 掌握车孔刀的刃磨。
3. 掌握车孔加工操作技能。

【任务引入】

盘套类零件的内孔表面通常对与之相配合的轴类零件起着支承和导向作用，其直径的尺寸精度一般为 IT7，精密的轴套则要求达到 IT6。若采用钻孔和扩孔的方法，显然是难以满足加工要求的。为此，可以采用新的孔加工方法——车孔。

用车削方法扩大工件的孔或加工空心工件的内表面称为车孔。车孔是盘套类零件车削加工的主要内容之一，可用作孔的半精加工和精加工。车孔的加工精度一般可达 IT8～IT7，表面粗糙度 Ra 值为 $3.2 \sim 1.6\ \mu m$，精细加工时 Ra 值可达 $0.8\ \mu m$。本次工序是合理选择内孔车刀种类、正确确定内孔车刀几何参数并进行刃磨，然后对上次工序钻孔后的半成品，通过车孔加工成图 5.9 所示的形状和尺寸。

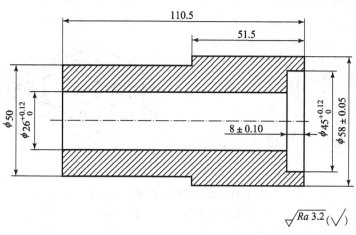

图 5.9 衬套车孔工序图

【相关知识】

5.2.1 工件定位的基本原理

为了达到工件被加工表面的技术要求,必须保证工件在加工过程中的正确位置。在使用夹具的情况下,就要使机床、刀具、夹具和工件之间保持正确的加工位置。使之满足三个条件:①一批工件在夹具中占有正确位置;②保证夹具在机床上的正确位置;③保证刀具相对夹具的正确位置。显然,工件的定位是其中极为重要的一个环节。

1. 六点定位原则

一个尚未定位的工件,其空间位置是不确定的,这种位置的不确定性可用图 5.10 来描述,在空间直角坐标系中,工件可沿 X、Y、Z 轴有不同的位置,称作工件沿 X、Y、Z 轴的移动自由度,用 $\vec{X}$、$\vec{Y}$、$\vec{Z}$ 表示;工件也可以绕 X、Y、Z 轴在回转方向上有不同的位置,称作工件绕 X、Y、Z 轴的转动自由度,用 $\hat{X}$、$\hat{Y}$、$\hat{Z}$ 表示。把工件位置的不确定度 $\vec{X}$、$\vec{Y}$、$\vec{Z}$、$\hat{X}$、$\hat{Y}$、$\hat{Z}$,称为工件的六个自由度。工件定位的实质就是要限制对加工有不良影响的自由度。

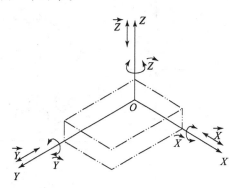

图 5.10 未定位工件的六个自由度

夹具用合理分布的六个支承点限制工件的六个自由度,使工件在夹具中的位置完全确定,这就是六点定位原则。

支承点的分布必须合理,否则六个支承点限制不了工件的六个自由度,或不能有效地限制工件的六个自由度。如图 5.11(a)中工件底面上的三个支承点限制了 $\vec{Z}$、$\hat{X}$、$\hat{Y}$,它们应能构成三角形,三角形的面积越大,定位越稳。工件侧面上的两个支承点限制 $\vec{X}$、$\hat{Z}$,它们不能垂直放置,否则,工件绕 Z 轴的转动自由度 $\hat{Z}$ 便不能被限制。

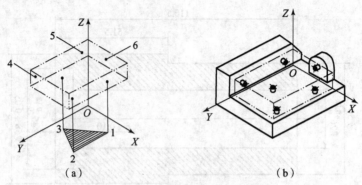

图 5.11 工件定位时支承点的分布
(a) 定位原理图；(b) 长方体的定位

六点定则是工件定位的基本法则，用于实际生产时，起支承作用的是一定形状的几何体，这些用来限制工件自由度的几何体就是定位元件，如图 5.11（b）。表 5.2 为常用定位元件限制的工件自由度情况。

表 5.2 常用定位元件能限制的工件自由度

定位基准	定位简图	定位元件	限制的自由度
大平面		支承钉	$\vec{X}$、$\widehat{X}$、$\widehat{Y}$
		支承板	
长圆柱面		固定式 V 形块	$\vec{X}$、$\vec{Z}$、$\widehat{X}$、$\widehat{Z}$
		固定式长套	
		心轴	
		三爪自定心卡盘	

续表

定位基准	定位简图	定位元件	限制的自由度
长圆锥面	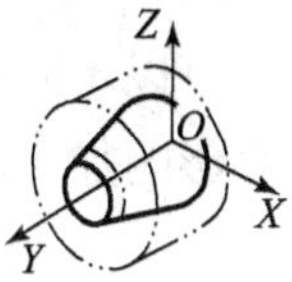	圆锥心轴（定心）	$\vec{X}$、$\vec{Y}$、$\vec{Z}$、$\hat{X}$、$\hat{Z}$
两中心孔	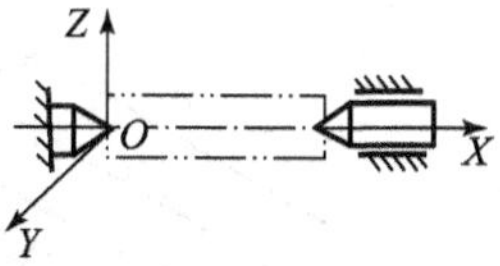	固定顶尖	$\vec{X}$、$\vec{Y}$、$\vec{Z}$
两中心孔		活动顶尖	$\vec{Y}$、$\vec{Z}$
短外圆与中心孔	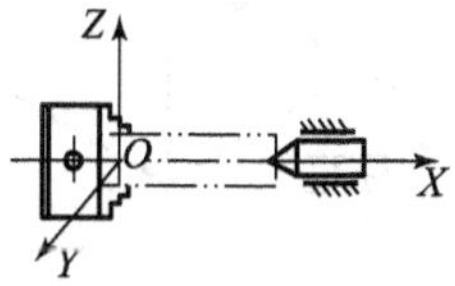	三爪自定心卡盘	$\vec{Y}$、$\vec{Z}$
短外圆与中心孔		活动顶尖	$\vec{Y}$、$\vec{Z}$
大平面与两外圆弧面	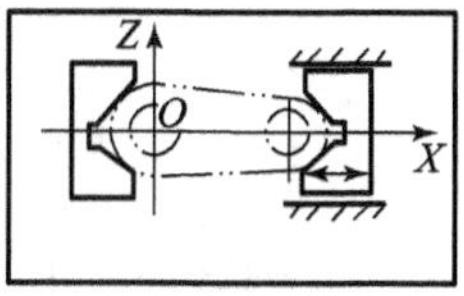	支承板	$\vec{Y}$、$\hat{X}$、$\hat{Z}$
大平面与两外圆弧面		短固定式V形块	$\vec{X}$、$\vec{Z}$
大平面与两外圆弧面		活动式V形块（防转）	$\vec{Y}$
大平面与两圆柱形	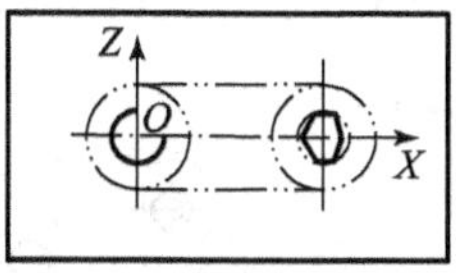	支承板	$\vec{Y}$、$\hat{X}$、$\hat{Z}$
大平面与两圆柱形		短菱形销（防转）	$\vec{X}$、$\vec{Z}$
大平面与两圆柱形		短圆柱定位销	$\hat{Y}$
长圆柱孔与其他	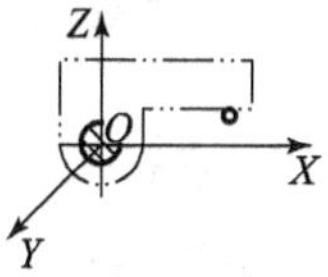	固定式心轴	$\vec{X}$、$\vec{Y}$、$\hat{X}$、$\hat{Z}$
长圆柱孔与其他		挡销（防转）	$\hat{Y}$
大平面与短锥孔	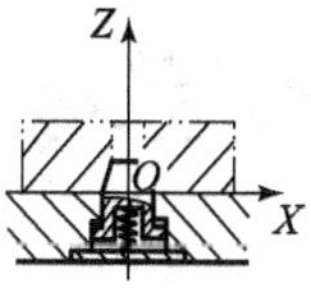	支承板	$\vec{Z}$、$\hat{X}$、$\hat{Y}$
大平面与短锥孔		活动锥销	$\vec{X}$、$\vec{Y}$

2. 工件的定位方式

工件定位时，影响加工要求的自由度必须限制；不影响加工要求的自由度，有时要限制，有时可不限制，视具体情况而定。

（1）完全定位。用六个支承点限制工件的全部自由度，称为完全定位。当工件在 X、Y、Z 三个坐标方向上均有尺寸要求或位置精度要求时，一般采用这种定位方式。

（2）不完全定位。有些工件，根据加工要求，并不需要限制其全部自由度。如图 5.12

所示的通槽，为保证槽底面与 A 面的平行度和尺寸 $60_{-0.2}^{\ 0}$ mm 两项加工要求，必须限制 $\vec{Z}$、$\vec{X}$、$\vec{Y}$ 三个自由度；为保证槽侧面与 B 面的平行度及 (30 ± 0.1) mm 两项加工要求，必须限制 $\vec{X}$、$\vec{Z}$ 两个自由度；至于 $\vec{Y}$，从加工要求的角度看，可以不限制。因为一批工件逐个在夹具上定位时，即使各个工件沿 Y 轴的位置不同，也不会影响加工要求。但若将此槽改为不通的，那么 Y 方向有尺寸要求，则 $\vec{Y}$ 就必须加以限制。

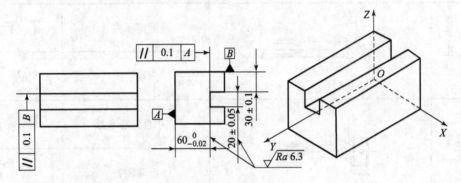

图 5.12　加工零件通槽工序图

如图 5.13 所示的是几种不完全定位的示例。

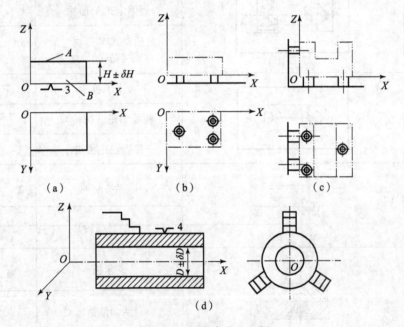

图 5.13　不完全定位示例

(a) 长方体零件定位原理；(b) 加工长方体 A 面时定位；(c) 加工零件通槽时定位；(d) 加工套内孔时定位

在设计定位方案时，对不必要限制的自由度，一般不应布置定位元件，否则将使夹具结构复杂化。但有时为了使加工过程顺利进行，在一些没有加工尺寸要求的方向也需要对该自由度加以限制，如图 5.11 所示的通槽，即使理论分析 $\vec{Y}$ 不用被限制，但往往在铣削力相对方向上也设置限制 $\vec{Y}$ 的圆柱销，它并不会使夹具结构过于复杂，而且可以减少所需的夹紧力，使加工稳定，并有利于铣床工作台纵向 $\vec{Y}$ 行程的自动控制，这不仅是允许的，而且是必要的。

（3）欠定位。在满足加工要求的前提下，采用不完全定位是允许的，但是应该限制的自由度，没有被限制，是不允许的。这种定位称为欠定位。以图 5.11 所示工件为例，如果仅以底面定位，而不用侧面定位或只在侧面上设置一个支承点定位时，则工件相对于成形运动的位置，就可能偏斜，按这样定位铣出的槽，显然无法保证槽与侧面的距离和平行度要求。

（4）重复定位。重复定位亦称为过定位，它是指定位时工件的同一自由度被数个定位元件重复限制，如图 5.14（b）所示。

重复定位要视具体情况进行具体分析，应该尽量避免和消除过定位带来的危害，改善工件的安装刚性，保证加工质量。如图 5.14（c）、（d）所示是对重复限制的自由度的消除。

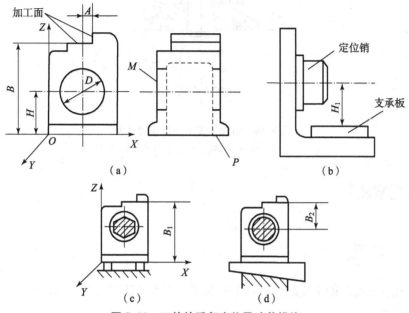

图 5.14 工件的重复定位及改善措施
(a) 工件；(b) 重复定位；(c) 改善措施一；(d) 改善措施二

在机械加工中，一些特殊结构的定位，其过定位是不可避免的。如图 5.15 所示的导轨

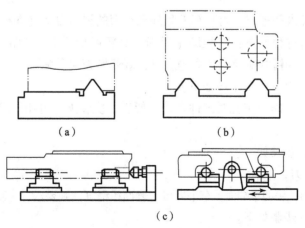

图 5.15 导轨面的重复定位分析
(a) V 形导轨和平面联合定位；(b) 双 V 形导轨定位；(c) 用双圆柱定位的较好定位结构

面定位,由于接触面较多,故都存在着过定位,其中双V形导轨的过定位就相当严重,像这类特殊的定位,应设法减少过定位的有害影响。通常上述导轨面均经过配刮,具有较高的精度。同理,如图5.16所示的重复定位,由于在齿形加工前,已经在工艺上规定了定位基准之间的位置精度(垂直度),保留过定位,故过定位的干涉已不明显。

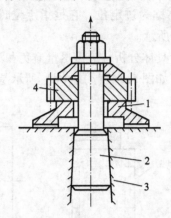

图5.16 齿轮加工的重复定位示例
1—支承凸台;2—心轴;3—通用底盘;4—工件

【任务实施】

5.2.2 车孔

把上次任务钻孔后的半成品,通过车孔加工成图5.9所示的形状和尺寸。

1.操作准备

准备好砂轮机、扩孔半成品件、CA6140型车床、45°车刀、90°车刀、内孔车刀、油石、冷却用水、0.02 mm/(0~150) mm游标卡尺等。

2.操作过程

车孔加工离不开内孔车刀。内孔车刀和外孔车刀的刃磨方法基本相同。衬套车孔工序采用通孔车刀,其刃磨过程如下:①粗磨主后面;②粗磨副后面;③粗磨前面;④精磨主后面;⑤精磨副后面;⑥精磨前面;⑦磨卷屑槽;⑧修磨刀尖圆弧。

衬套加工(重点为车孔)工序如下。

(1)装夹工件:为防止车孔时工件走动,便于多次装夹,可用ϕ50 mm×59 mm作为限位台阶;

(2)粗车端面,步骤如下。

①装夹45°粗车刀;

②采用45°粗车刀,手动车端面,车平即可,表面粗糙度达到要求,主轴转速大于800 r/min。

(3)精车端面,步骤如下。

①装夹90°(或45°)精车刀;

②选取主轴转速800 r/min,背吃刀量0.5 mm,进给量0.09 mm/r;

③机动进给车衬套右端面,保证衬套长度为 110.5 mm。

(4) 粗车外圆:采用 90°粗车刀,粗车外圆至 ($\phi58 \pm 0.05$) mm,进给量 0.3 mm/r,主轴转速 630 r/min,背吃刀量 0.5 mm。

(5) 装夹通孔车刀:刀尖应与工件中心等高或稍高,刀柄伸出刀架不宜过长,刀柄基本平行于工件轴线。

(6) 装夹盲孔车刀:车削盲孔时采用负刃倾角车孔刀(后排屑),和通孔车刀的装夹要求基本相同。

(7) 车 $\phi 26_{\ 0}^{+0.12}$ mm 通孔,步骤如下。

①扳转刀架,使通孔车刀至工作位置;

②选用通孔车刀车孔时的切削用量:背吃刀量 $a_p = 1$ mm(是车孔余量的一半),进给量 $f = 0.2$ mm/r,转速 $n = 500$ r/min;

③改变切削用量:进给量 $f = 0.09$ mm/r,转速 $n = 630$ r/min,试车削 $\phi 26_{\ 0}^{+0.12}$ mm 孔,用游标卡尺测量;

④机动进给车 $\phi 26_{\ 0}^{+0.12}$ mm 通孔。

(8) 用盲孔车刀粗车 $\phi 44.5$ mm × 7.5 mm 的台阶孔,步骤如下。

①扳转刀架,使盲孔车刀至工作位置;

②选用盲孔车刀车孔时的切削用量:背吃刀量 $a_p = 2$ mm,进给量 $f = 0.2$ mm/r,转速 $n = 500$ r/min;

③纵向车削 $\phi 45$ mm 孔,利用小滑板刻度盘配合游标卡尺来控制车孔深度,进给多次,将台阶孔车至 $\phi 44.5$ mm × 7.5 mm。

(9) 用盲孔车刀精车 $\phi 45_{\ 0}^{+0.12}$ mm × (8 ± 0.10) mm 台阶孔,步骤如下。

①选取车孔时的切削用量:进给量 $f = 0.09$ mm/r,转速 $n = 630$ r/min;

②精车 $\phi 45$ mm × (8 ± 0.10) mm 台阶孔达尺寸要求。

3. 自检与评价

(1) 加工完毕后,卸下工件,仔细测量各部分尺寸是否符合图样要求,对自己的练习件进行评价(评分标准见表 5.3),对出现的质量问题分析原因,并找出改进措施。

表 5.3 衬套加工(重点为车孔)评分标准

考核内容	考核要求	配分(100)	评分标准	检测值	得分
端面	长度 110.5 mm	5	超差不得分		
	表面粗糙度 $Ra3.2$ μm	5	不符合要求不得分		
$\phi 58$ mm 外圆	ϕ (58 ± 0.05) mm	5	超差不得分		
$\phi 26$ mm 孔	$\phi 26_{\ 0}^{+0.12}$ mm	10	超差不得分		
	$\phi 26_{\ 0}^{+0.12}$ mm 孔长,车孔要车透	5	不符合要求不得分		
	表面粗糙度 $Ra6.3$ μm	10	不符合要求不得分		
	同轴度 ≤0.1 mm	10	不符合要求不得分		

续表

考核内容	考 核 要 求	配分(100)	评 分 标 准	检测值	得分
φ45 mm 孔	$\phi 45^{+0.12}_{\ 0}$ mm	10	超差不得分		
	长度（8±0.10）mm	10	超差不得分		
	表面粗糙度 $Ra6.3\ \mu m$（两处）	5×2	不符合要求不得分		
工具设备的使用与维护	正确、规范使用工具、量具、刃具，合理保养及维护工具、量具、刃具	10	不符合要求酌情扣分		
	正确、规范使用设备，合理保养及维护设备	5	不符合要求的酌情扣分		
	操作姿势、动作正确		不符合要求酌情扣分		
安全及其他	安全文明生产，按国家颁布的有关法规或企业自定的有关规定执行	5	不符合要求的酌情扣分，发生较大事故者取消考试资格		
完成时间	45 min		超过 5 min 倒扣 10 分；超过 15 min 为不合格		
总得分					

（2）将工件送交检验后清点工具，收拾工作场地。

【知识拓展】

5.2.3 夹紧装置

1. 夹紧装置的基本要求

机械加工过程中，为保持工件定位时所确定的正确加工位置，防止工件在切削力、惯性力、离心力及重力等作用下发生位移和振动，机床夹具应设有夹紧装置，将工件压紧夹牢。夹紧装置是否合理、可靠及安全，对工件加工的精度、生产率和工人的劳动条件有着重大的影响，为此提出下列基本要求。

（1）夹紧过程中，不能改变工件定位后占据的正确位置。

（2）夹紧力的大小要适当，既要保证工件在整个加工过程中位置稳定不变、振动小，又要使工件不产生过大的夹紧变形。

（3）夹紧装置的自动化和复杂程度应与生产类型相适应，在保证生产效率的前提下，要力求其结构简单，工艺性好，便于制造和维修。

（4）夹紧装置的操作应当方便、安全、省力。

（5）夹紧装置应具有良好的自锁性能，以保证动力源波动或消失后，仍能保持夹紧状态。

2. 夹紧装置的组成

(1) 力源装置。力源装置是产生夹紧力的装置。对于力源来自机械或电力的，一般称为机动装置。常用的有气压、液压、电力等机动装置。力源来自人力的，则称为手动夹紧。

(2) 夹紧部分。接受和传递原始作用力使之变为夹紧力并执行夹紧任务的部分。一般由下列元件或机构组成。

①接受原始作用力的元件。如手柄、螺母或用来连接气缸活塞杆的零件等。

②中间递力机构。通过它将力源产生的夹紧力传给夹紧元件，然后由夹紧元件最终完成对工件的夹紧。一般中间递力机构可以在传递夹紧力的过程中，改变夹紧力的方向和大小，并根据需要亦可具有一定的自锁性能。

③夹紧元件。它是实现夹紧的最终执行元件，如各种螺钉、压板等。

3. 夹紧力的确定

确定夹紧力包括正确地选择夹紧力的方向、作用点及大小。它是一个综合性问题，必须结合工件的形状、尺寸、重量和加工要求，定位元件的结构及其分布方式，切削条件及切削力的大小等具体情况确定。

(1) 夹紧力方向的确定。

夹紧力的作用方向不仅影响加工精度，而且还影响夹紧的实际效果。具体应考虑如下几点。

①夹紧力的作用方向不应破坏工件的定位。工件在夹紧力作用下，应确保其定位基面贴在定位元件的工作表面上。为此要求主夹紧力的方向应指向主要定位基准面，其余夹紧力方向应指向工件的定位支承。如图 5.17 所示，在角铁形工件上镗孔。加工要求孔中心线垂直于 A 面，因此应以 A 面为主要定位基面，并使夹紧力垂直于 A 面，如图 5.17 (d) 所示。但若使夹紧力指向 B 面，如图 5.17 (b)、(c) 所示，则由于 A 面与 B 面间存在垂直度偏差，就无法满足加工要求。当夹紧力垂直指向 A 面有困难而必须指向 B 面时，则必须提高 A 面与 B 面间的垂直度精度。

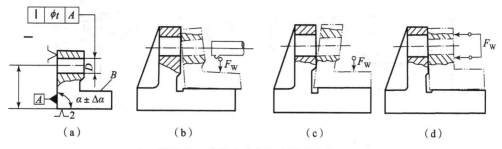

(a)　　　　　(b)　　　　　(c)　　　　　(d)

图 5.17　夹紧力应指向主要定位基面

(a) 工序简图；(b)、(c) 错误；(d) 正确

②夹紧力作用方向应使工件的夹紧变形尽量小。如图 5.18 所示为加工薄壁套筒，由于工件的径向刚度很差，用径向夹紧方式将产生过大的夹紧变形。若改用轴向夹紧方式，则可减小夹紧变形，保证工件的加工精度。

③夹紧力作用方向应使所需夹紧力尽可能小。如图 5.19 所示为夹紧力 F_w、工件重力 G 和切削力 F 三者关系的几种典型情况。为了安装方便及减小夹紧力，应使主要定位支承表面处于水平朝上位置。如图 5.19 (a)、(b) 所示工件安装既方便又稳定，特别是图 (a)，其切削力 F 与工件重力 G 均朝向主要支承表面，与夹紧力 F_w 方向相同，因而所需夹紧力最

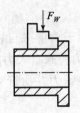 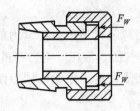

图 5.18 夹紧力的作用方向对工件变形影响

小。此时的夹紧力 F_W 只要防止工件加工时的转动及振动即可。图 5.19（c）、（d）、（e）、（f）所示的情况就较差，特别是图（d）所示情况所需夹紧力为最大，一般应尽量避免。

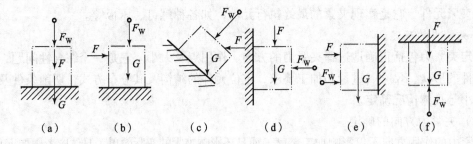

图 5.19 夹紧力方向与夹紧力大小的关系

（2）选择夹紧力作用点的原则。

夹紧力作用点的位置、数目及布局同样应遵循保证工件夹紧稳定、可靠、不破坏工件原来的定位以及夹紧变形尽量小的原则，具体应考虑如下几点。

①夹紧力作用点必须作用在定位元件的支承表面上或作用在几个定位元件所形成的稳定受力区域内。如图 5.20 所示，图（a）、（c）为正确的作用点，图（b）、（d）为错误的作用点，使原定位受到破坏。

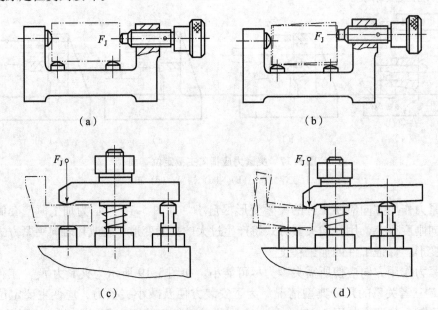

图 5.20 夹紧力作用点的位置

（a）、（c）作用点正确；（b）、（d）作用点不正确

②作用点应作用在工件刚性好的部位上,如图 5.21 所示对于壁薄易变形的工件,应采用多点夹紧或使夹紧力均匀分布,以减小工件的夹紧变形。

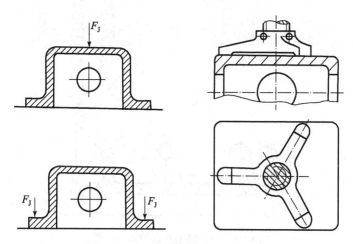

图 5.21 作用点应在工件刚度好的部位

③夹紧力的作用点应适当靠近加工表面,如图 5.22 所示。有的工件由于结构形状所限,加工表面与夹紧力作用点较远且刚性又较差时,应在加工表面附近增加辅助支承及对应的附加夹紧力。如图 5.23 所示,在加工表面附近增加了辅助支承,而 F_{w1} 为对应的附加夹紧力。

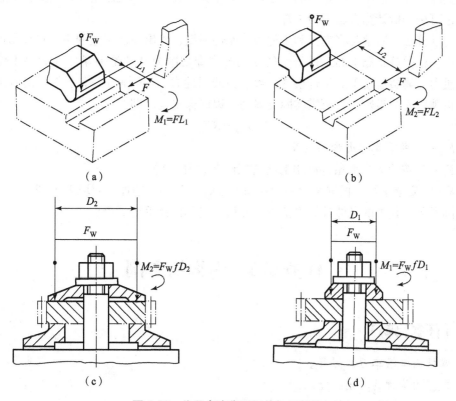

图 5.22 作用点应靠近工件加工部位

(a)、(c) 合理;(b)、(d) 不合理

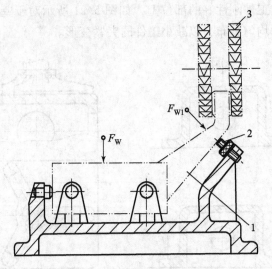

图 5.23 增设辅助支承和附加夹紧力
1—工件；2—辅助支承；3—铣刀

(3) 夹紧力大小的估算。

当夹紧力的方向和作用点确定后，就应计算所需夹紧力的大小。夹紧力的大小直接影响夹具使用的安全性、可靠性。

在实际设计工作中，夹紧力的大小可根据同类夹具的实际使用情况，用类比法进行经验估计，也可用分析计算方法近似估算。

分析计算法，通常是将夹具和工件视为刚性系统，找出在加工过程中，对夹紧最不利的瞬时状态。根据该状态下的工件所受的主要外力即切削力和理论夹紧力（大型工件要考虑工件的重力，调整运动下的工件要考虑离心力或惯性力），按静力平衡条件解出所需理论夹紧力，再乘以安全系数作为所需实际夹紧力，以确保安全。即

$$F_{sw} = KF_w$$

式中　F_{sw}——所需实际夹紧力（N）；

F_w——按静力平衡条件解出的所需理论夹紧力（N）；

K——安全系数，根据经验一般粗加工时取 2.5～3，精加工时取 1.5～2。

实际所需夹紧力的具体计算方法可参照机床夹具设计手册等资料。

任务 5.3　内沟槽车削

【任务目标】

1. 掌握内沟槽车刀的刃磨。
2. 掌握内沟槽的车削技能。
3. 能车削端面槽、轴间槽。

【任务引入】

盘套类零件由于工作情况和结构工艺性的需要,有各种断面形状的内沟槽。本次任务的目的是正确刃磨内沟槽车刀,掌握内沟槽的车削技能。把上一工序车孔后的半成品,通过车内沟槽工序,加工成图 5.24 所示的形状和尺寸。

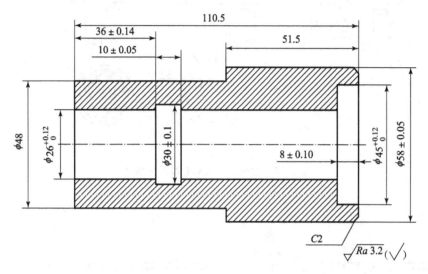

图 5.24 衬套车内沟槽工序图

【相关知识】

5.3.1 定位方法及定位元件

在设计零件的机械加工工艺规程时,工艺人员根据加工要求已经选择了各工序的定位基准和保证加工要求应当限制的自由度,并将它们标注在工序简图或其他工艺文件上。夹具设计的任务首先是选择和设计相应的定位元件来实现上述定位方案。

为了分析问题的方便,引入"定位基面"的概念。当工件以回转表面(如孔、外圆等)定位时,称它的轴线为定位基准,而回转表面本身则称为定位基面。与之相对应,定位元件上与定位基面相配合(或接触)的表面称为限位基面,它的理论轴线则称为限位基准。如工件以圆孔在心轴上定位时,工件内孔称为定位基面,其轴线称为定位基准。与之相对应,心轴外圆表面称为限位基面,其轴线称为限位基准。工件以平面定位时,其定位基面与定位基准、限位基面和限位基准则是完全一致的。工件在夹具上定位时,理论上定位基准与限位基准应该重合,定位基面与限位基面应该接触。

1. 工件以平面定位

(1) 主要支承。

主要支承用来限制工件的大部分自由度,起主定位作用。主要支承有以下几种常见形式。

①固定支承。固定支承有支承钉(GB/T 2226—1991)和支承板(GB/T 2236—1991)

两种形式，如图 5.25、图 5.26 所示。在使用过程中，它们都是固定不动的。

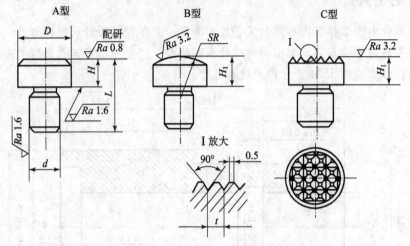

图 5.25　支承钉（GB/T 2226—1991）

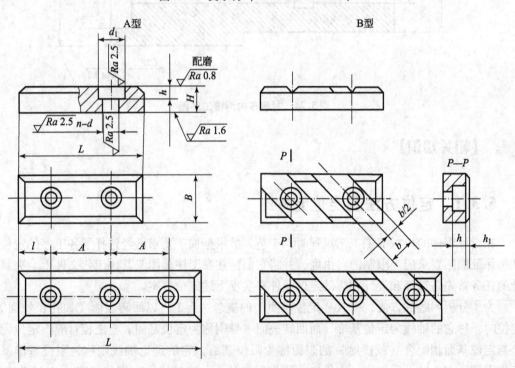

图 5.26　支承板（GB/T 2236—1991）

A 型支承钉是标准平面支承钉，也称为平头支承钉，常用于已经加工后的表面定位，即精基准定位；当定位基准面是粗糙不平的毛坯表面时，应采用 B 型球头支承钉，使其与粗糙表面接触良好；C 型齿纹型支承钉常用于侧面定位，它能增大摩擦系数，防止工件受力后滑动。

大中型工件以精基准面定位时，多采用支承板定位，可使接触面增大，避免压伤基准面，减少支承的磨损。图 5.26 中 A 型支承板，结构简单，便于制造，但沉头螺钉处的积屑难于清除，宜作侧面或顶面支承。B 型是带斜槽的支承板，因易于清除切屑和容纳切屑，宜作底面支承，常用于以推拉方式装卸工件的夹具和自动线夹具。

支承钉、支承板均已标准化，其公差配合、材料、热处理等可查阅机床夹具零件及部件国家标准。

工件以平面定位时，除采用上面介绍的标准支承钉和支承板之外，还可根据工件定位平面的具体形状设计相应的支承板，工件批量不大时，也可直接以夹具体作为限位平面。

②可调节支承（GB/T 2227—1991～GB/T 2230—1990）。

在工件定位过程中，支承钉的高度需要调整时，可采用图5.27所示的可调节支承。

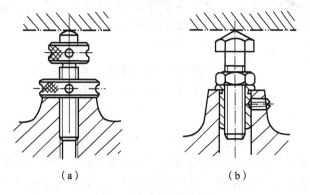

图5.27 可调节支承

图5.28（a）中工件为砂型铸件，加工过程中，一般先铣 B 面，再以 B 面镗双孔。为了保证镗孔工序有足够和均匀的余量，最好先以毛坯孔为粗基准，但装夹不太方便。此时可将 A 面置于调节支承上，通过调整调节支承的高度来保证 B 面与两毛坯中心的距离尺寸 H_1、H_2。对于毛坯比较准确的小型工件，有时每批仅调整一次，这样对于一批工件来说，调节支承即相当于固定支承。

在同一夹具上加工形状相似而尺寸不等的工件时，也常采用调节支承。如图5.28（b）所示，在轴上钻径向孔。对于孔至端面的距离不等的几种工件，只要调整支承钉的伸出长度，该夹具便都可适用。

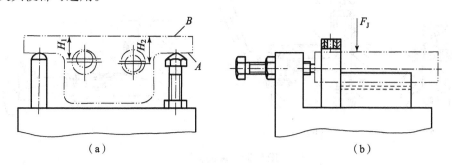

图5.28 可调节支承的应用

(a) 用于砂型铸件；(b) 用于孔至端面有距离的工件

③浮动支承（自位支承）。

在工件定位过程中，能自动调整位置的支承称为浮动支承。浮动支承的结构如图5.29所示，它们与工件的接触点数虽然是两点或三点或更多点，但仍只限制工件的一个自由度。浮动支承点的位置随工件定位基准面的变化而自动调节，当基面有误差时，压下其中一点，其余即上升，直到全部接触为止。由于增加了接触点数，可提高工件的安装刚性和定位的稳定性，但夹具结构较复杂。浮动支承适用于工件以毛坯定位或刚性不足的场合。

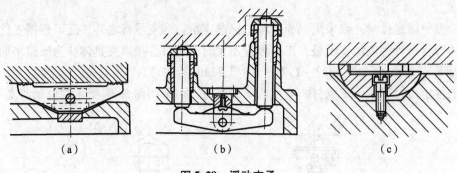

图 5.29 浮动支承
(a)、(b) 两点浮动；(c) 三点浮动

(2) 辅助支承。

生产中，由于工件形状以及夹紧力、切削力、工件重力等原因可能使工件在定位后还产生变形或定位不稳定，常需要设置辅助支承。辅助支承是用来提高工件的装夹刚度和稳定性的，一般在工件定位后与工件接触，然后锁紧，不起定位作用。图 5.30 为几种常用的辅助支承结构。

图 5.30（a）的结构最简单，但在调节时需转动支承，这样可能会损伤工件和定位面。

图 5.30（b）为自动调节支承，靠弹簧推动滑柱支承与工件表面接触，转动手柄，用斜面顶销锁紧。斜面顶销的斜角不能大于自锁角（7°～10°），否则会在锁紧时使滑柱支承顶起工件而破坏定位。

图 5.30（c）为推引式辅助支承，它适用于工件较重的场合。工件定位后，推动手柄，使滑柱支承与工件接触，然后转动手柄旋进螺纹使锥面将斜楔开槽锥孔胀开，而锁紧于孔内。斜楔的斜角一般可取 8°～10°，过小，则滑柱升程小；过大，则需较大的锁紧力。

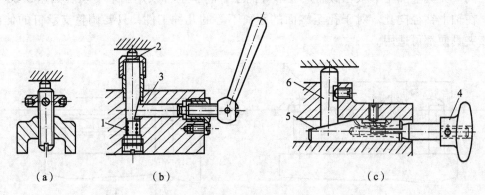

图 5.30 辅助支承
(a) 调节支承；(b) 自动调节支承；(c) 推引式辅助支承
1—弹簧；2—斜面顶销；3—滑柱支承；4—手柄；5—斜楔；6—支承柱

各种辅助支承在每次卸下工件后，必须松开，装上工件后再调整和锁紧。

由于采用辅助支承会使夹具结构复杂，操作时间增加，因此当定位基准面精度较高，允许重复定位时，往往用增加固定支承的方法增加支承刚度。

2. 工件以内孔表面定位

工件以圆柱孔定位是一种中心定位。定位面为工件圆柱孔，定位基准为工件圆柱孔中心轴线（中心要素），故通常要求内孔基准面有较高的精度。工件中心定位的方法是用定位销、定位插销、定位轴和心轴等与工件内孔的配合实现的。有时采用自动定心定位。粗基准很少采用内孔定位。工件以内孔定位常见的定位元件有：

（1）圆柱销（定位销）。

图 5.31 为常用定位销的结构。当定位销直径 D 为 3～10 mm 时，为增加刚性避免使用中折断或热处理时淬裂，通常把根部倒成圆角 R。夹具体上应设有沉孔，使定位销的圆角部分沉入孔内而不影响定位（图 5.31（a））。大批大量生产时，为了便于定位销的更换，可采用图 5.31（d）所示的带衬套的结构形式。为便于工件装入，定位销的头部有 15°倒角，如图 5.31（b）所示。定位销的有关参数可查阅有关国家标准。

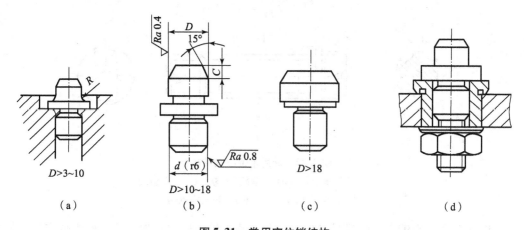

图 5.31 常用定位销结构
(a)、(b)、(c) 固定式；(d) 可换式

（2）定位心轴。

图 5.32 为常用定位心轴的结构形式。图 5.32（a）为间隙配合心轴。心轴的基本尺寸取工件孔的最小极限尺寸，公差一般按 h6、g6 或 f7 制造，这种心轴装卸工件方便，但定心精度不高。加工中为能带动工件旋转，工件常以孔和端面联合定位，因而要求工件定位孔与定位端面之间、心轴限位圆柱面与限位端面之间都有较高的垂直度，最好能在一次装夹中加工出来。图 5.32（b）为过盈配合心轴，由引导部分、工作部分、传动部分组成。引导部分 3 的作用是使工件迅速而准确地套入心轴，其直径的基本尺寸取孔径的最小值，公差按 e8 制造，其长度约为工件定位孔长度的一半。工作部分 2 的直径的基本尺寸取孔径的最大值，公差按 r6 制造。当工件定位孔的长度与直径之比 $L/D>1$ 时，心轴的工作部分应稍带锥度，直径 D_2 取基准孔直径的最小值，公差按 h6 确定；D_1 取基准孔直径的最大值，公差按 r6 确定。这种心轴制造简单，定心精度高，不用另设夹紧装置，但装卸工件不方便，易损伤定位孔。多用于定心精度要求高的精加工。图 5.32（c）是花键心轴，用于加工以花键孔定位的工件。当工件的定位孔长度与直径之比 $L/D>1$ 时，工作部分可稍带锥度。设计花键心轴时，应根据工件的不同定心方式来确定心轴的结构，其配合可参考上述两种心轴。

（3）圆锥销。

如图 5.33 所示为工件的孔缘在圆锥销上定位的方式，限制工件的 X、Y、Z 三个轴自由度。图 5.33（a）用于粗基准，图 5.33（b）用于精基准。

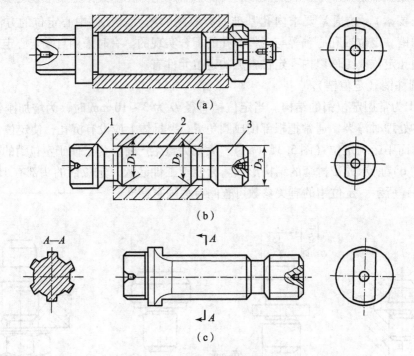

图 5.32 常用定位心轴结构
(a) 间隙配合心轴；(b) 过盈配合心轴；(c) 花键心轴
1—传动部分；2—工作部分；3—引导部分

工件以单个圆锥销定位时容易倾斜，为此，圆锥销一般与其他定位元件组合定位，如图 5.34 所示。

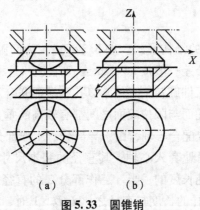

图 5.33 圆锥销
(a) 用于粗基准；(b) 用于精基准

3. 工件以外圆表面定位

以外圆柱表面定位的工件有：轴类、套类、盘类、连杆类以及小壳体类等。常用的定位元件有：V 形块、定位套、半圆套、圆锥套等。

1) V 形块（GB/T 2208—1991）

不论定位基准是否经过加工，是完整的圆柱面还是圆弧面，都可以采用 V 形块定位。其优点是对中性好，即能使工件的定位基准轴线的对中在 V 形块两斜面的对称面上，而不受定位基面直径误差的影响，并且安装方便。图 5.35 为常用 V 形块结构。

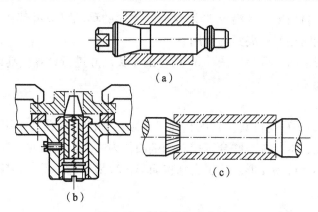

图 5.34 圆锥销组合定位

(a) 圆锥销、圆柱定位；(b) 圆锥销、平面定位；(c) 双圆锥销定位

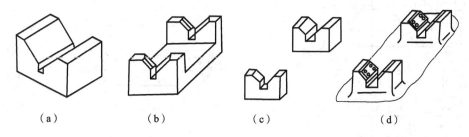

图 5.35 常用 V 形块的结构

图 5.35（a）用于较短的精基准定位；图 5.35（b）适用于粗基准或阶梯轴的定位；图 5.35（c）适用于长的精基准表面或两段相距较远的轴定位；图 5.35（d）适用于直径和长度较大的重型工件，其 V 形块采用铸铁底座镶淬硬的支承板或硬质合金的结构，以减少磨损，提高寿命和节省钢材。

V 形块两斜面间的夹角 α，一般选用 60°、90°、120°，以 90°应用最广，其结构和尺寸均已标准化。

V 形块有固定式和活动式两种。图 5.36 为加工连杆孔时用活动 V 形块定位，活动 V 形

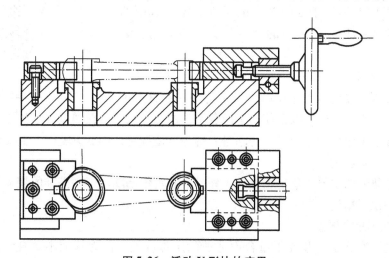

图 5.36 活动 V 形块的应用

块限制工件一个转动自由度,其沿 V 形块对称面方向的移动可以补偿工件因毛坯尺寸变化而对定位的影响,同时还兼有夹紧的作用。

设计非标准 V 形块时,可参考图 5.37 所示的有关尺寸进行计算,具体可参照 GB220B—1980 标准中有关参数。

2) 定位套

图 5.38 为常用的两种定位套。其内孔轴线是限位基准,内孔面是限位基面。为了限制工件沿轴向的自由度,常与端面联合定位。用端面作为主要限位面时,应控制套的长度,以免夹紧时工件产生不允许的变形。定位套结构简单、容易制造,但定心精度不高,故只适用于精定位基面。

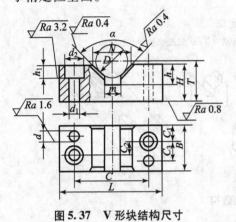

图 5.37 V 形块结构尺寸

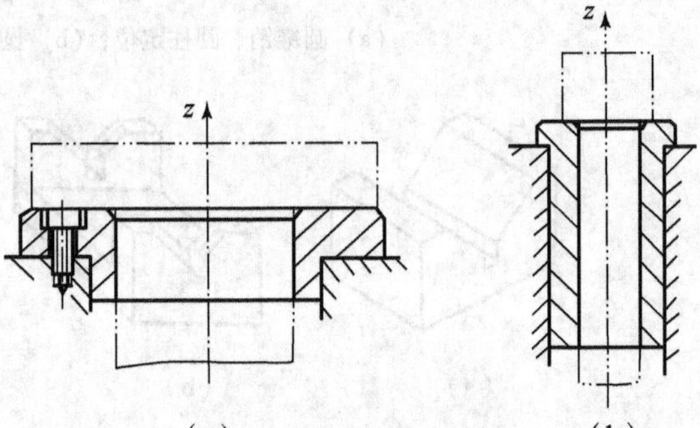

图 5.38 常用定位套
（a）短定位套与端面定位；
（b）长定位套与端面定位

3) 半圆套

图 5.39 为外圆柱面用半圆套定位的结构。下面的半圆套是定位元件,上面的半圆套起夹紧作用。其最小直径应取工件定位外圆的最大直径。这种定位方式主要用于大型轴类零件及不便于轴向装夹的零件。定位基面的精度不低于 IT8～IT9。其定位的优点是夹紧力均匀,装卸工件方便。

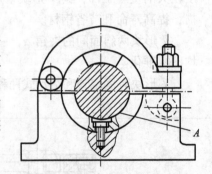

图 5.39 半圆套定位装置

4. 定位误差计算

一批工件逐个在夹具上定位时,各个工件在夹具上占据的位置不可能完全一致,以致使加工后各工件的加工尺寸存在误差。这种因工件定位而产生的工序基准在工序尺寸上的最大变动量,称为定位误差,用 ΔD 表示,主要包括基准不重合误差和基准位移误差。

定位误差研究的主要对象是工件的工序基准和定位基准。工序基准的变动量将影响工件的尺寸精度和位置精度。

（1）基准不重合误差。

由于定位基准和工序基准不重合而造成的定位误差,称为基准不重合误差,用 ΔB 表示,其大小为定位基准到工序基准之间的尺寸变化的最大范围。如图 5.40 所示铣削加工定位中，由于基准不重合而产生的基准不重合误差 $\Delta B = 2\delta_e$。

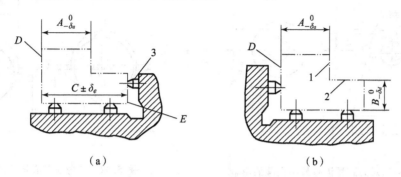

图 5.40　铣削加工定位简图
(a) 基准不重合方定位；(b) 基准重合定位
1，2—加工面；3—支承钉

(2) 基准位移误差。

由定位基准和限位基准的制造误差引起的，定位基准在工序尺寸上的最大变动范围，称为基准位移误差，用 ΔY 表示。不同的定位方式，其基准位移误差的计算方法也不同。

① 平面定位。

工件以精基面在平面支承中定位时，其基准位移误差可忽略不计。

② 用圆柱销定位。

当销垂直放置时，基准位移误差的方向是任意的，故其位移误差可按下式计算：

$$\Delta Y = X_{max} = \delta_D + \delta_d + X_{min}$$

式中　X_{max}——定位最大配合间隙 (mm)；

δ_D——工件定位基准孔的直径公差 (mm)；

δ_d——圆柱定位销或圆柱心轴的直径公差 (mm)；

X_{min}——定位所需最小间隙 (mm)，由设计时确定。

当销是水平放置时，基准位移误差的方向是固定的，属于固定单边接触，其位移误差为

$$\Delta Y = \frac{1}{2}(\delta_D + \delta_d + X_{min})$$

其中因为方向固定，所以 $X_{min}/2$ 可以通过适当的调整来消除。如图 5.41 所示，利用对刀装置消除最小间隙的影响。其中 H 为对刀工作表面至心轴中心距离的基本尺寸。

$$H = a - h - \frac{X_{min}}{2}$$

③ 用 V 形块定位。

如图 5.42 所示，若不计 V 形块的误差而仅有工件基准面的圆度误差时，其工件的定位中心会发生偏移，产生基准位移误差。由此产生的基准位移误差为

$$\Delta Y = \frac{\delta_d}{2\sin\frac{\alpha}{2}}$$

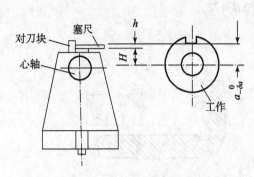

图 5.41 利用对刀装置消除最小间隙的影响

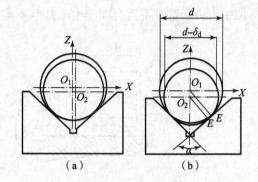

图 5.42 V 形块定心定位的位移误差

式中 δ_d——工件定位基准的直径公差（mm）；

$\dfrac{\alpha}{2}$——V 形块的半角（°）。

一般情况下 $\alpha = 60°$、$90°$、$120°$。V 形块的对中性好，沿 X 向的位移误差为零，可以忽略不计。

【任务实施】

5.3.2 内沟槽车削

下面把上一任务车孔后的半成品，通过车内沟槽工序，加工成图 5.24 所表示的形状和尺寸。

1. 操作准备

准备好砂轮机、CA6140 型车床、衬套车孔后半成品、通孔车刀、内径百分表、90°（或 45°）精车刀、内沟槽车刀、90°粗车刀、45°粗车刀、弹簧内卡钳、钩形游标深度尺、0.02 mm/(0~150) mm 游标卡尺、冷却用水、油石等。

2. 操作过程

（1）内沟槽车刀的刃磨。

内沟槽车刀的刃磨过程为：①粗磨副后刀面；②粗磨主后刀面；③粗磨前刀面；④粗磨卷屑槽；⑤精磨副后刀面；⑥精磨主后刀面；⑦精磨前刀面；⑧精磨卷屑槽；⑨倒角。

刃磨内沟槽车刀应注意刀刃的平直及角度、形状的正确与对称。刃磨车槽刀时，通常左侧副后面磨出即可，刀宽的余量应放在车刀右侧磨去。在刃磨车槽刀副切削刃时，刀头与砂轮表面的接触点应放在砂轮边缘上，轻轻移动，仔细观察和修整副切削刃的直线度。

（2）内沟槽车刀的几何参数选取。

①内沟槽车刀的切削刃宽度 $a = (4 \pm 0.1)$ mm；

②刀头长度 $L = 4 \sim 5$ mm；

③主偏角 $\kappa_r = 90° \pm 1°$；

④副偏角 $\kappa_r' = 1° \sim 1°30'$（2 处）；

⑤前角 $\gamma_o = 15° \sim 20°$;
⑥后角 $\alpha_o = 6° \sim 8°$;
⑦副后角 $\alpha_o' = 1° \sim 2°$（2处）;
⑧两副后角对称;
⑨两副偏角对称;
⑩各刀面的表面粗糙度值 Ra 为 1.6 μm（4处）。

(3) 衬套加工（重点为内沟槽）工艺过程。

①装夹内沟槽车刀：装夹方向和车槽刀相反，其余相同。

②装夹90°粗车刀。

③装夹衬套并找正：有可能采用软卡爪。

④车内槽，步骤如下。

a. 取转速 $n = 400$ r/min，启动车床，横向进给车内槽，手动进给量不宜过大，取 0.1 ~ 0.2 mm/r；

b. 粗车内槽时，槽壁和槽底留精车余量 0.5 mm，注意槽距的位置和偏差；

c. 精车 $\phi(30 \pm 0.10)$ mm × (10 ± 0.05) mm 内槽时，同时保证内槽位置尺寸 (36 ± 0.14) mm。

⑤车 $\phi 48$ mm 外圆，步骤如下。

a. 扳转刀架，使90°粗车刀至工作位置；

b. 选取的切削用量：背吃刀量 $a_p = 1$ mm，进给量 $f = 0.09$ mm/r，转速 $n = 800$ r/min；

c. 车 $\phi 48$ mm 外圆至尺寸要求。

3. 自检与评价

(1) 加工完毕后，卸下工件，仔细测量各部分尺寸是否符合图样要求，对自己的练习件进行评价（评分标准见表5.4），对出现的质量问题分析原因，并找出改进措施。

(2) 将工件送交检验后清点工具，收拾工作场地。

表5.4 衬套加工（重点为内沟槽）评分标准

考核内容	考 核 要 求	配分(50)	评 分 标 准	检测值	得分
内槽	内槽直径（$\phi 30 \pm 0.10$）mm	5	超差不得分		
	内槽宽（10 ± 0.05）mm	5	超差不得分		
	内槽的位置尺寸（36 ± 0.14）mm	5	超差不得分		
	表面粗糙度 $Ra 3.2$ μm	5	每升高一级扣1分		
	内槽两侧面垂直、清根	5	不符合要求不得分		
外圆	$\phi 48$ mm	4	超差不得分		

续表

考核内容	考 核 要 求	配分(50)	评 分 标 准	检测值	得分
工具设备的使用与维护	正确、规范使用刀具、量具、刃具,合理保养及维护工具、量具、刀具	4	不符合要求酌情扣分		
	正确、规范使用设备,合理保养及维护设备	4	不符合要求酌情扣分		
	操作姿势、动作正确	4	不符合要求酌情扣分		
安全及其他	安全文明生产,按国家颁布的有关法规或企业自定的有关规定执行	4	一项不符合扣2分,发生较大事故者取消考试资格		
	操作方法及工艺规程正确	5	一处不符合要求即扣分		
完成时间	100 min		超过定额时间小于20 min,扣5分;超20~30 min,扣10分;超30 min 为不合格		
总得分					

【知识拓展】

5.3.3 夹紧机构

在夹具的各种夹紧机构中,起基本夹紧作用的多为斜楔、螺旋、偏心、杠杆、薄壁弹性元件等夹紧元件,而其中以斜楔、螺旋、偏心以及由它们组合而成的夹紧装置应用最为普遍。

1. 斜楔夹紧机构

图5.43为几种斜楔夹紧机构夹紧工件的实例。图(a)中,需要在工件上钻削互相垂直的 $\phi 8$ mm 与 $\phi 5$ mm 小孔,工件装入夹具后,用锤击楔块大头,则楔块对工件产生夹紧力和对夹具体产生正压力,从而把工件楔紧。加工完毕后锤击楔块小头即可松开工件。但这类夹紧机构产生的夹紧力有限,且操作费时,故在生产中直接用楔块楔紧工件的情况是比较少的。是利用斜面楔紧作用的原理和采用楔块与其他机构组合起来夹紧工件的机构却比较普遍。如图(b)为斜楔-滑柱的组合夹紧机构,可用手动,也可用气压传动装置驱动;图(c)为端面斜楔实现对工件的夹紧,此外还常被使用于斜楔自动定心夹紧机构中。

用斜楔夹紧工件时,需要解决原始作用力和夹紧力的变换,保证自锁条件和合理选择斜楔升角等主要问题。

1) 斜楔夹紧力的计算

斜楔夹紧时的受力情况如图5.44(a)所示,可推导出斜楔夹紧机构的夹紧力计算公式

$$F_Q = F_W \tan\varphi_2 + F_W \tan(\alpha + \varphi_1)$$

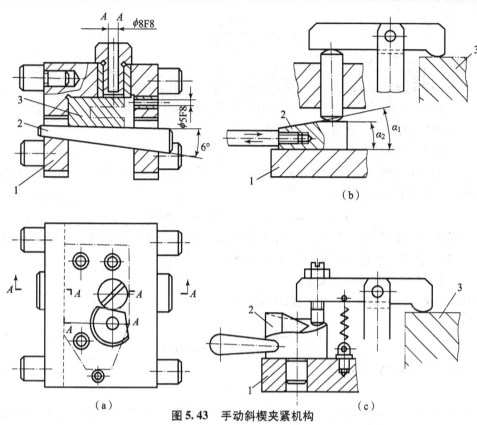

图 5.43 手动斜楔夹紧机构

(a) 用楔块楔紧工件；(b) 斜楔－滑柱的组合夹紧机构；(c) 端面斜楔对工件的夹紧

1—斜楔；2—工件；3—夹具体

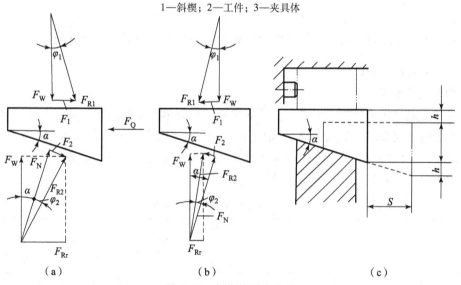

图 5.44 斜楔的受力分析

(a) 夹紧受力图；(b) 自锁受力图；(c) 夹紧行程

$$F_W = \frac{F_Q}{\tan\varphi_2 + \tan(\alpha + \varphi_1)}$$

当 α，φ_1，φ_2 均很小且 $\varphi_1 = \varphi_2 = \varphi$ 时，上式可近似地简化为

$$F_W = \frac{F_Q}{\tan(\alpha + 2\varphi)}$$

式中 F_W——夹紧力（N）；

F_Q——作用力（N）；

φ_1，φ_2——分别为斜楔与支承面及与工件受压面间的摩擦角，常取 $\varphi_1 = \varphi_2 = 5° \sim 8°$；

α——斜楔的斜角，常取 $\alpha = 6° \sim 10°$。

2）斜楔的自锁条件

如图 5.44（b）所示，当作用力消失后，斜楔仍能夹紧工件而不会自行退出。根据力的平衡条件，可推导出自锁条件为

$$\alpha \leq \varphi_1 + \varphi_2 = 2\varphi \quad (\text{设 } \varphi_1 = \varphi_2 = \varphi)$$

一般钢铁的摩擦系数 $\mu = 0.1 \sim 0.15$，摩擦角 $\varphi = \arctan(0.1 \sim 0.15) = 5°43' \sim 8°32'$，故 $\alpha \leq 11° \sim 17°$。通常，为可靠起见，取 $\alpha = 6° \sim 8°$。

3）斜楔增力特性和升角的关系

斜楔的夹紧力与原始作用力之比称为增力比 i_F，即

$$i_F = \frac{F_W}{F_Q} = \frac{1}{\tan\varphi_1 + \tan(\alpha + \varphi)}$$

不考虑摩擦影响时，理想增力比 i_F' 为

$$i_F' = i_{F1} i_{F2} \cdots i_{Fn}$$

如图 5.44（c）所示，工件所要求的夹紧行程 h 与斜楔相应移动的距离 s 之比称为行程比 i_s

$$i_s = \frac{h}{s} = \tan\alpha$$

因 $i_F' = \dfrac{1}{i_s}$，故斜楔理想增力倍数等于夹紧行程的缩小倍数。因此，选择升角 α 时，必须同时考虑增力比和夹紧行程两方面的问题。

2. 螺旋夹紧机构

螺旋夹紧机构在夹具中应用最广，其优点是结构简单、制造方便、夹紧力大、自锁性能好。它的结构形式很多，但从夹紧方式来分，可分为螺栓夹紧和螺母夹紧两种。如图 5.45 所示。设计时应根据所需的夹紧力的大小选择合适的螺纹直径。表 5.5 给出了螺栓与螺母夹紧机构所能产生的夹紧力的大小，供设计时参考。

表 5.5 单个螺旋夹紧的许用夹紧力

形式	简 图	螺纹公称直径 d/mm	螺纹中径 d_2/mm	手柄长度 L/mm	手柄上的作用力 F_Q/N	产生的夹紧力 F_W/N
带柄螺母		8	7.18	50	50	2 060
		10	9.026	60	50	2 990
		12	40.863	80	80	3 540
		16	14.701	100	100	4 210
		20	18.376	140	100	4 700

续表

形式	简图	螺纹公称直径 d/mm	螺纹中径 d_2/mm	手柄长度 L/mm	手柄上的作用力 F_Q/N	产生的夹紧力 F_W/N
用扳手的六角螺母		10	9.026	120	45	3 570
		12	10.863	140	70	5 420
		16	14.701	190	100	8 000
		20	18.376	240	100	8 060
		24	22.052	310	150	13 030
蝶形螺母		4	3.545	8	10	130
		5	4.480	9	15	178
		6	5.350	10	20	218
		8	7.188	12	30	396
		10	9.026	17	40	450

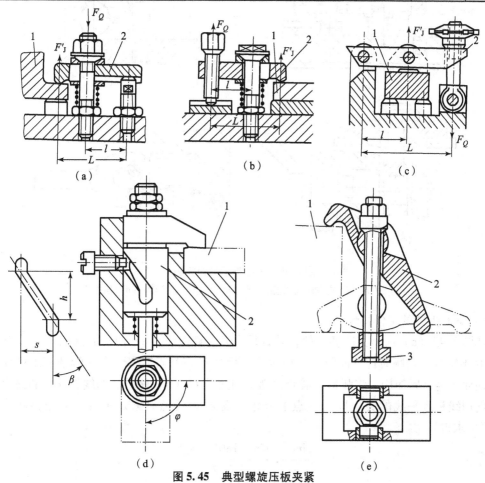

图 5.45 典型螺旋压板夹紧

(a)、(b) 移动压板；(b)、(c) 回转压板；(d)、(e) 钩形压板

1—工件；2—压板；3—T形槽用螺母

在夹紧机构中,螺旋压板的使用是很普遍的,第一种螺旋压板效率最低,如不计算摩擦损失,当 $l = L/2$ 时,夹紧力只有作用力的一半;第三种螺旋压板的夹紧力比作用力大一倍,故操作较省力,但使用上受工件形状的限制。上述三种螺旋压板的施力方式表明,在设计此类夹紧机构时,应注意根据杠杆原理改变力臂的关系,以求操作省力、使用方便。

3. 偏心夹紧机构

图 5.46 所示为常见的各种偏心夹紧机构,其中图(a)、(b)是偏心轮和螺栓压板的组合夹紧机构;图(c)是利用偏心轴夹紧工件的;图(d)为直接用偏心叉(偏心圆弧)将铰链压板锁紧在夹具体上,通过摆动压块将工件夹紧。

偏心夹紧机构的特点是结构简单、动作迅速,但它的夹紧行程受偏心距 e 的限制,夹紧力较小,故一般用于工件被夹压表面的尺寸变化较小和切削过程中振动不大的场合,多用于小型工件的夹具中。

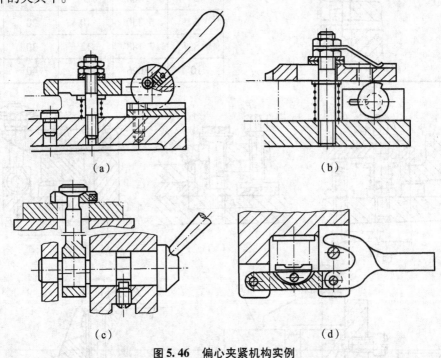

图 5.46 偏心夹紧机构实例

(a)、(b) 偏心轮和螺栓压板组合夹紧机构;(c) 偏心轴;(d) 偏心叉

1) 偏心夹紧的工作特性

如图 5.47 (a) 所示的圆偏心轮,其直径为 D,偏心距为 e,由于其几何中心 C 和回转中心 O 不重合,当顺时针方向转动手柄时,就相当于一个弧形楔卡紧在转轴和工件受压表面之间而产生夹紧作用。将弧形楔展开,则得如图 5.47 (b) 所示的曲线斜楔,曲线上任意一点的切线和水平线的夹角即为该点的升角。设 α_x 为任意夹紧点 x 处的升角,其值可由 $\triangle OxC$ 中求得:

$$\frac{\sin\alpha_x}{e} = \frac{\sin(180° - \varphi_x)}{D/2}$$

$$\sin\alpha_x = \frac{2e}{D}\sin\varphi_x$$

式中转角 φ_x 的变化范围为 $0° \leq \varphi_x \leq 180°$，由上式可知，当 $\varphi_x = 0°$ 时，m 点的升角最小，$\alpha_m = 0°$，随着转角 φ_x 的增大，升角 α_x 也增大，当 $\varphi_x = 90°$ 时（即 T 点），升角 α 为最大值，此时

$$\sin\alpha_T = \sin\alpha_{max} = \frac{2e}{D}$$

$$\alpha_T = \alpha_{max} = \arcsin\frac{2e}{D}$$

当 φ_x 继续增大时，α_x 将随着 φ_x 的增大而减小，$\varphi_x = 180°$，即 n 点处，此处的 $\alpha_n = 0°$。

偏心轮的这一特性很重要，因为它与工作段的选择、自锁性能、夹紧力的计算以及主要结构尺寸的确定关系极大。

2）偏心轮工作段的选择

从理论上讲，偏心轮下半部整个轮廓曲线上的任何一点都可以用来作夹紧点，相当于偏心轮转过 180°，夹紧的总行程为 $2e$，但实际上为防止松夹和咬死，常取 P 点左右圆周上的 1/6～1/4 圆弧，即相当于偏心轮转角为 60°～90° 的范围所对应的圆弧为工作段，如图 5.47（c）所示的 AB 弧段。由图 5.47（b）可知，该段近似为直线，工作段上任意点的升角变化不大，几乎近于常数，可以获得比较稳定的自锁性能。因而，在实际工作中多按这种情况来设计偏心轮。

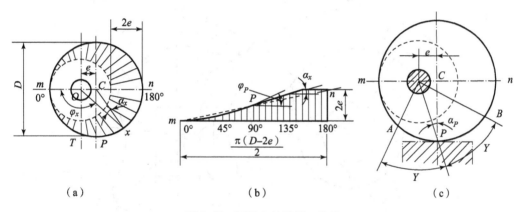

图 5.47 圆偏心特性及工作段

3）偏心轮夹紧的自锁条件

使用偏心夹紧时，必须保证自锁，否则将不能使用。要保证偏心轮夹紧时的自锁性能，和前述斜楔夹紧机构相同，应满足下列条件

$$\alpha_{max} \leq \varphi_1 + \varphi_2$$

式中　α_{max}——偏心轮工作段的最大升角；
　　　φ_1——偏心轮与工件之间的摩擦角；
　　　φ_2——偏心轮转角处的摩擦角。

因为 $\alpha_P = \alpha_{max}$，$\tan\alpha_P \leq \tan(\varphi_1 + \varphi_2)$，已知 $\tan\alpha_P = 2e/D$。为可靠起见，不考虑转轴处的摩擦，又 $\tan\varphi_1 = \mu_1$，故得偏心轮夹紧点自锁时的外径 D 和偏心距 e 的关系：

$$2e/D \leq \mu_1$$

当 $\mu_1 = 0.10$ 时，$D/e \geq 20$；当 $\mu_1 = 0.15$ 时，$D/e \geq 14$。

称 D/e 之值为偏心率或偏心特性。按上述关系设计偏心轮时,应按已知的摩擦系数和需要的工作行程定出偏心距 e 及偏心轮的直径 D。一般摩擦系数取较小的值,以使偏心轮的自锁更可靠。

4) 偏心轮的结构

实际应用中 e 值一般在 $1.7 \sim 7$ mm 之间取值,偏心轮的直径可根据自锁条件的偏心特性确定:$D = (14 \sim 20)\, e$。

偏心轮的结构已标准化了,如图 5.48 所示是几种标准结构,图 (a)、(b) 所示的偏心轮空套在轴上,图 (c)、(d) 所示的偏心轮则随轴一起转动。将偏心轮的非工作表面做成不完整的外形,是为了便于装卸工件,增加空行程。采用双面偏心轮便于夹紧双工位的工件,或在夹紧一个工件时可增大夹紧行程,或实现定心夹紧。

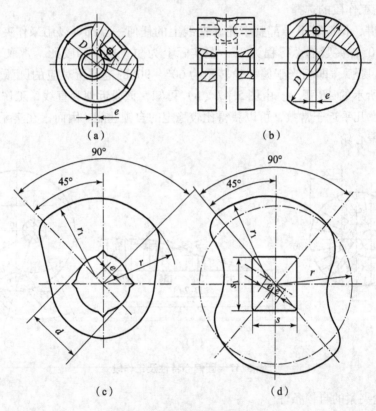

图 5.48 标准偏心轮结构

(a)、(b) 空套于轴上的偏心轮;(c)、(d) 随轴转动的偏心轮

项目6　铣削加工长方体

【项目导入】

铣削是被广泛应用的一种切削加工方法，是在铣床上利用铣刀的旋转（主运动）和工件的移动（进给运动）来加工工件的。铣削加工可以在卧式铣床、立式铣床、龙门铣床、工具铣床以及各种专用铣床上进行，对于单件小批量生产的中小型零件，以卧式铣床和立式铣床最为常用。在切削加工中，铣削加工是在机械加工中工作量仅次于车削加工的一个重要工种，铣削加工特别适合平面及曲面类零件的加工。

本项目就以长方体零件的铣削加工的铣削操作练习来掌握铣削方法。将长方体形毛坯（尺寸：60 mm × 28 mm × 120 mm，零件材料为45钢；技术要求：退火170~230 HBW）加工成图6.1所示的长方体零件，主要包括长方体零件基准面、平行面、垂直面、两端面的铣削。

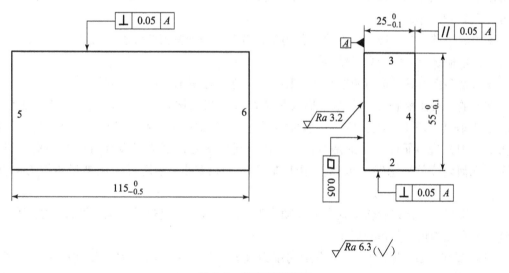

图6.1　长方形零件图

任务6.1　长方体零件基准面的铣削

【任务目标】

1. 掌握平面类零件装夹的方法。

2. 掌握端铣刀的安装方法。
3. 熟悉基准的选择原则，学习基准的选择。
4. 熟悉平面的技术要求，掌握单一平面铣削的方法。

【任务引入】

长方体零件由六个相互连接的平面组成。在这些平面中凡相邻平面均相互垂直，相对平面均相互平行，因此在长方体工件的铣削中第一个面的铣削将为后续的铣削创造出精基准，所以在第一个面铣削时，余量的控制、质量的好坏将直接影响到后面其他表面的铣削。

下面通过在 X5032 立式铣床上采用端铣完成对图 6.1 所示的长方体毛坯第一个面（面3）加工，并以加工好的第一个面为精基准铣削设计基准面 1 的加工过程，来了解拟定加工方案的方法，掌握单一平面铣削时的方法步骤及切削用量的选取。

【相关知识】

6.1.1 铣刀的几何参数

在切削加工中，铣床的工作量仅次于车床。铣削加工的基本内容如图 6.2 所示。此外，还可以进行孔加工和分度工作。铣削后平面的尺寸公差等级可达 IT9~IT8，表面粗糙度 Ra 值可达 3.2~1.6 μm。

铣刀的种类很多，按安装方法可分为带孔铣刀和带柄铣刀两大类。带孔铣刀一般用于卧式铣床，带柄铣刀多用于立式铣床。

铣刀是多齿刀具又进行断续切削，因此，切削过程具有一些特殊规律。

铣刀的种类虽然很多，但基本形式是圆柱铣刀和端铣刀，前者轴线平行于加工表面，后者轴线垂直于加工表面。铣刀刀齿数虽多，但各刀齿的形状和几何角度相同，所以可以对一个刀齿进行研究。无论是端铣刀，还是圆柱铣刀，每个刀齿都可视为一把外车刀，故车刀几何角度的概念完全可以应用于铣刀上。现以圆柱形铣刀为例来说明铣刀的几何角度。

圆周铣削时，铣刀旋转运动是主运动，工件的直线运动是进给运动。圆柱形铣刀的几何角度主要有螺旋角、前角和后角。

（1）螺旋角 ω。螺旋角 ω 是螺旋切削刃展开成直线后，与铣刀轴线间的夹角。显然，螺旋角 ω 等于圆柱形铣刀的刃倾角 λ_s。它能使刀齿逐渐切入和切离工件，能增加实际工作前角，使切削轻快平稳；同时形成螺旋形切屑，排屑容易，防止切屑堵塞现象。一般细齿圆柱形铣刀 $\omega = 30° \sim 35°$，粗齿圆柱形铣刀 $\omega = 40° \sim 45°$。

（2）前角。通常在图纸上应标注 γ_n，以便于制造。但在检验时，通常测量正交内前角 γ_o。可按下式，根据 γ_n 计算出 γ_o。

$$\tan\gamma_n = \tan\gamma_o \cos\omega$$

前角 γ_n 按被加工材料来选择，铣削钢时，取 $\gamma_n = 10° \sim 20°$；铣削铸铁时，取 $\gamma_n = 10° \sim 15°$。

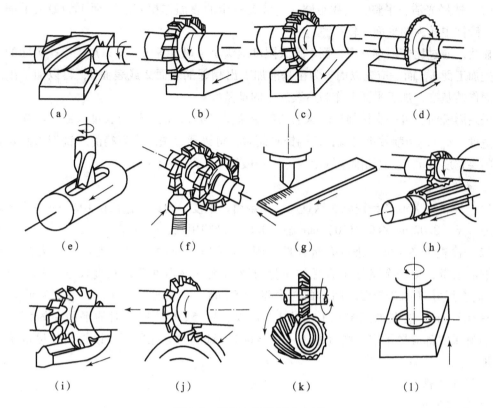

图 6.2 铣削加工的基本内容

(a) 铣平面；(b) 铣台阶面；(c) 铣沟槽；(d) 切断；(e) 铣键槽；(f) 铣六方；(g) 铣刻度；(h) 铣花键槽；(c) 铣成形面；(j) 铣直齿轮；(k) 铣斜齿轮；(l) 铣型腔

（3）后角。圆柱形铣刀后角规定在 P_o 平面内度量。铣削时，切削厚度 h_D 比车削小，磨损主要发生在后刀面上，适当地增大后角 α_o，可以减少铣刀磨损。通常取 $\alpha_o = 12° \sim 16°$，粗铣时取小值，精铣时取大值。

【任务实施】

6.1.2　长方体零件基准面的铣削

首先，通过在 X5032 立式铣床上采用端铣完成对图 6.1 所示的长方体毛坯第一个面（面 3）加工，并以加工好的第一个面为精基准铣削设计基准面 1 的加工过程，来了解拟定加工方案的方法，掌握单一平面铣削时的方法步骤及切削用量的选取。

一般不直接先把面 1 加工出来，具体原因有以下几点。

（1）所有表面都要加工的零件，应选择余量和公差最小的表面作粗基准，以避免余量不足而造成废品（面 1 与面 4 间的总余量只有 3 mm，为最小）。

（2）该工件的所有表面均需加工，相互之间有较高的位置精度要求，由零件图中形位公差的基准标注可知其中面 1 是整个零件的设计基准。根据精基准选择时的基准统一原则，在长方体零件的加工过程中应尽可能地以面 1 为后续加工时的定位基准。

（3）选择光洁、平整、面积足够大、装夹稳定的表面作粗基准（面1为最大平面，通常铸、锻件中较大的平面比较平整）。

显然，通过比较不难发现，面1最大限度地满足了以上各条。所以加工第一个面的方案不是先加工面1，而是应先以面1为粗基准加工出相邻的表面2或表面3，再以加工出的第一个面作精基准，加工平面1作为后续加工的精基准。

采用周铣时，可一次铣削比较深的切削层余量（a_e），但受铣刀长度限制，不能切削太宽的宽度（a_p），切削效率较低；而端铣平面时，可以通过选取大直径的端铣刀来满足较宽的切削层宽度（a_p），但切削层深度（a_e）一般较小，取3~5 mm。

1. 操作准备

（1）准备好X5032型铣床、钢直尺、固定钳、铜皮、划针、直径在100 mm左右的端铣刀、刀口尺、0.02 mm/(0~150) mm游标卡尺、冷却用水、油石等。

（2）检查毛坯尺寸，进行余量合理分配。用钢直尺检查毛坯，看各尺寸方向上是否有足够的余量，根据余量作出合理的余量分配方案。该零件毛坯长度尺寸（面5与面6间）、高度尺寸（面2与面3间）的总余量为5 mm，而宽度尺寸（面1与面4间）的总余量只有3 mm。故在加工图6.1中的1、4，2、3，5、6这些相对的平面中的第一个面时，切削深度都应尽量取小些（取1~1.5 mm），铣削时见光即可，以将余量尽量留给后铣的那一面。

2. 操作过程

1）装夹工作

将毛坯上选好的粗基准面1靠在固定钳口面上。最好在钳口与工件之间垫上铜皮，以便于作微量调整及不致损伤钳口。用划线盘校正毛坯待加工的上平面3，使上表面与划针尖间的缝隙各处基本保持一致后，夹紧工件，以保证铣去的余量尽量少。

2）选择铣刀、确定铣削用量，进行第一个面的铣削

装夹好工件后，选择直径在100 mm左右的端铣刀进行铣削。将铣刀安装好后，将主轴转速调到300 r/min，即选择v_c = 100 m/min左右的铣削速度进行铣削。

启动主轴，将工作台调整到端铣刀下，手动慢慢上升工作台，当刀尖轻轻划到工件后，纵向退出工件，将工作台上升1 mm。横向调整到处于不对称逆铣的位置，锁紧横向溜板。将进给速度调到150 mm/min，机动进给铣出表面3。

观察加工表面粗糙度，并用刀口尺检测平面度，合格后卸下工件。若表面粗糙度不符合要求，可将工作台再上升0.5 mm，将主轴转速调高一挡或将进给速度降低一挡，再铣一刀。

3）铣削基准面1

将刚铣好的平面3作定位基准面紧贴固定钳口，用与铣削面3时同样的方法铣出平面1，为垂直面与平行面的铣削创造定位基准。要保证平面1的平面度及表面粗糙度要求。

3. 自检与评价

（1）自检。加工完毕，卸下工件，仔细测量各部分尺寸。

（2）将工件送交检验后，清点工具，收拾工作场地。

（3）对自己的练习件进行评价，对出现的质量问题分析原因，并找出改进措施。

任务6.2　长方体零件平行面、垂直面的铣削

【任务目标】

1. 掌握平面类零件装夹的方法。
2. 掌握端铣刀的安装方法。
3. 掌握平行面、垂直面加工的装夹方法。
4. 掌握平行面、垂直面铣削的要求。

【任务引入】

上一任务完成了长方体零件基准面1的铣削，下面将通过对与面1相邻、相对面（图6.1）的铣削，来掌握平行面和垂直面的铣削方法。在平行面和垂直面的铣削中零件的装夹方法和铣削步骤的选择都对零件的加工质量有着非常重要的影响。

【相关知识】

6.2.1　铣削用量与切削层参数

1. 铣削用量

如图6.3所示，铣削用量包括铣削速度v_c、进给量f、待铣削层深度t和待铣削层宽度B等。

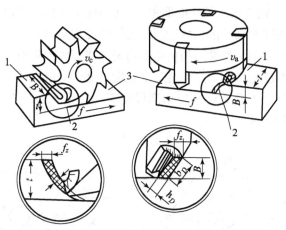

图6.3　铣削用量要素
1—待加工表面；2—切削层横截面；3—已加工表面

1）铣削速度v_c

铣削速度v_c是指铣刀最大直径处切削刃的圆周速度。

$$v_c = \frac{\pi Dn}{1\ 000}\ (\text{m/min})$$

式中 D——铣刀外径（mm）；

n——铣刀每分钟转数（r/min）。

2）进给量 f

铣削的进给量有三种表示方法。铣刀每转过一齿，工件沿进给方向所移动的距离，称为每齿进给量，用 f_z 表示；铣刀每转一转，工件沿进给方向所移动的距离，称为每转进给量，用 f_n 表示；铣刀旋转一分钟，工件沿进给方向移动的距离，称为每分钟进给量，即进给速度，用 v_f 表示。三者的关系为

$$v_f = f_n \cdot n = f_z \cdot zn\ (\text{mm/min})\quad (z\ \text{为铣刀齿数})$$

3）待铣削层深度 t

待铣削层深度 t 是在垂直于铣刀轴线方向测量所得的切削层尺寸（mm）。

4）待切削层宽度 B

待切削层宽度 B 是在平行于铣刀轴线方向测量所得的切削层尺寸（mm）。

2. 切削层参数

如图 6.3 所示，铣削时的切削层为铣刀相邻两刀齿在工件上形成的过渡表面之间的金属层。切削层形状与尺寸规定在基面内度量，它对铣削过程有很大影响。切削层参数有以下几个。

(1) 切削厚度 h_D。它是铣刀相邻两刀齿主切削刃运动轨迹（即切削平面）间的垂直距离（mm）。由图 6.3 可知，用圆柱铣刀铣削时，切削厚度在每一瞬间都是变化的。端铣时的切削厚度也是变化的。

(2) 切削宽度 b_D。它是铣刀主切削刃与工件的接触长度（mm），即铣刀主切削刃参加工作的长度。

(3) 切削面积 A_c。铣刀每齿的切削面积等于切削宽度和切削厚度的乘积（mm²）。铣削时，铣刀有几个刀齿同时参加切削，故铣削时的切削面积应为各刀齿切削面积的总和。

由于切削厚度是个变值，使铣刀的负荷不均匀，在工作中易引起振动。但用螺旋圆柱铣刀加工时，不但切削厚度是个变值，而且切削宽度也是个变值，图 6.4 中Ⅰ、Ⅱ、Ⅲ三个工作刀齿的工作长度不同，因此有可能使切削层面积的变化大为减少，从而切削力的变化减小，实现较均衡的切削条件。

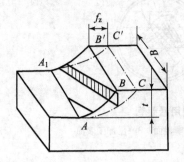 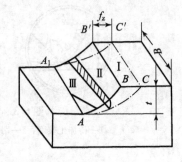

图 6.4 直齿和螺旋齿圆柱铣刀的切削层形式

【任务实施】

6.2.2 长方体零件平行面、垂直面的铣削

上一任务完成了长方体零件基准面 1 的铣削,本任务将通过对与面 1 相邻、相对面的铣削,来掌握平行面和垂直面的铣削方法。

1. 操作准备

准备好 X5032 型铣床、端铣刀、平口钳、百分表、锉、圆棒、垫铁、铜锤、0.02 mm/(0~150) mm 游标卡尺、冷却用水、油石等。

2. 操作过程

(1) 用端铣刀完成垂直面的铣削。

当进行工件被加工表面与基准面有相互垂直要求的铣削时,称之为铣垂直面。垂直面铣削除了像平面铣削那样需要保证其平面度和表面粗糙度的要求外,还需要保证相对其基准面的位置精度(垂直度)的要求。

①工件装夹。

已加工的表面 1 是该零件的设计基准,表面 3 虽在前面任务中已加工,但根据精基准选择原则中的互为基准原则,在本任务中还将对其进行精铣。

铣削垂直面时关键是保证工件定位的准确与可靠的问题。当工件在平口钳上装夹时,要保证基准面与固定钳口紧贴并在铣削时不产生移动。为满足这一要求,工件在装夹铣削时应采取以下措施。

擦拭干净固定钳口和工件的定位基准面,将工作表面 1 作基准面紧贴固定钳口,并在工件与活动钳口之间位于活动钳口一侧中心的位置上加一根圆棒,以保证工件上的面 1 在夹紧后能与固定钳口贴合。

由于现加工的零件较薄(或较长),一般应采用钳口的方向与工作台纵向进给方向平行的方法。

②进行铣削。

工件装夹好后,采用与加工面 1 时相同的端铣刀,以相同的进给量(选择主轴转速 300 r/min 和进给速度 150 mm/min),开动主轴,按以下步骤进行铣削。

a. 将工件调整到铣刀下方,慢慢上升工作台,当端铣刀的端面刃与工件表面轻轻相切后退出工件。

b. 根据余量情况再将工作台上升 1~2 mm 铣出表面 2,保证与平面 1 垂直。并检测面 1 与面 2 间的垂直度,若不合格应通过装夹调整,继续铣削面 2,直至合格后进入下一平面的铣削。

(2) 用端铣刀完成平行面的铣削。

铣削时当要求工件待加工表面与基准面相互平行时,称之为铣平行面。平行面铣削除了像平面铣削那样需要保证其平面度和表面粗糙度的要求外,还需要保证相对其基准面位置精度(平行度)的要求。因此在立式铣床上用平口钳装夹,使用端铣刀进行铣削时,平口钳钳体导轨面是主要定位表面。

① 工件装夹。

铣削时以其钳体导轨面为定位基准，就先要检测钳体导轨平面与工作台台面的平行度是否符合要求。检测时，将一块表面光滑平整的平行垫铁擦净后放在钳体导轨面上。观察百分表检测平行垫铁平面时的读数是否符合要求。若不平行，可采取在导轨或底座上加垫纸片的方法加以校正；批量加工时如有必要，可在平面磨床上修磨钳体导轨面。

铣好平面2后，在X5032铣床上仍以平口钳装夹工件，以铣好的平面2为辅助基准，贴向导轨面。将原来的基准面1仍贴紧固定钳口装夹，由于该工件厚度小于平口钳钳口高度，所以装夹时，应在工件与平口钳钳体导轨面之间垫一块垫铁，但垫铁的宽度必须小于工件的宽度，以使工件上表面的加工余量部分略高出钳口，在铣削面1的平行面4时，则以加工好的面1为主要基准面朝向钳体导轨面，以铣好的与之相垂直的平面2作次要基准朝向固定钳口。同样，工件高度低于平口钳钳口高度时，装夹时要在工件基准面与平口钳钳体导轨面之间垫两块厚度相等的平行垫铁。夹紧工件，并用铜锤将工件轻轻敲实。

② 进行铣削。

工件装夹好后采用与铣削垂直面相同的方法完成平面3的铣削。重新装夹，再用同样方法完成平面4的铣削。在铣削平面3、4时应注意所铣的平面不但要与基准面平行，而且还要与相邻的次要基准平面（固定钳口一侧）垂直，同时要保证两平行平面之间的尺寸精度（$55_{-0.1}^{0}$ mm、$25_{-0.1}^{0}$ mm）。

铣削过程中，测量对面尺寸时，若被测表面与基准平面平行，则被测表面到基准平面之间的距离应当处处相等，所以只要直接用游标卡尺或千分尺检测被测两平面间不同部位的距离尺寸，测量时所测量最大尺寸与最小尺寸之差即可认为是两平面之间的平行度误差。但应注意，这种检测方法会将基准面的平面度误差带入到平行度的检测中来。

3. 自检与评价

（1）自检。加工完毕，卸下工件，仔细测量各部分尺寸。
（2）将工件送交检验后，清点工具，收拾工作场地。
（3）对自己的练习件进行评价，对出现的质量问题分析原因，并找出改进措施。

任务6.3　长方体零件两端面的铣削

【任务目标】

1. 掌握平面类零件装夹的方法。
2. 掌握端铣刀的安装方法。
3. 掌握两端面加工的装夹方法。
4. 掌握两端面铣削的要求。

【任务引入】

上面两个任务已完成了长方体零件四个面的铣削，此时零件的两个端面还没有加工，本任务是铣出两端的平面5、6（如图6.1），并保证与已经铣好的四个平面相互垂直，完成长方体零件的整个铣削过程。通过此任务掌握同时与多个相邻表面保证相互垂直的平面的装夹、铣削方法。

【相关知识】

6.3.1 铣削方式

平面铣削有周铣（圆周铣削）和端铣两种方式。周铣是用圆柱形铣刀圆周上的刀齿进行切削，端铣是用面铣刀端面上的刀齿进行切削。

1. 圆周铣削方式

圆周铣削有两种铣削方式：逆铣和顺铣。铣刀的旋转方向和工件的进给方向相反时称为逆铣（图6.5（a）），相同时称为顺铣（图6.5（b））。

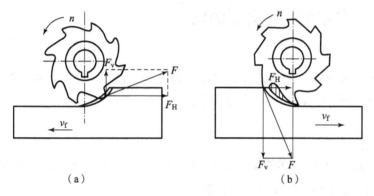

图6.5 逆铣和顺铣
（a）逆铣；（b）顺铣

逆铣时，切削厚度从零逐渐增大。铣刀刃口有一钝圆半径R，造成开始切削时前角为负值，刀齿在过渡表面上挤压、滑行，使工件表面产生严重冷硬层，并加剧了刀齿磨损。此外，当瞬时接触角大于一定数值后，进给力F向上，有抬起工件趋势；顺铣时，刀齿的切削厚度从最大开始，避免了挤压、滑行现象，并且F始终压向工作台，有利于工件夹紧，可提高铣刀寿命和加工表面质量。

若在丝杠与螺母副中存在间隙情况下采用顺铣，当进给力F逐渐增大，超过工作台摩擦力时，使工作台带动丝杠向左窜动，造成进给不均，严重时会使铣刀崩刃。逆铣时，由于进给力F作用，使丝杠与螺母传动面始终贴紧，故铣削过程较平稳。

2. 端铣方式

在端铣时，根据端铣刀相对于工件安装位置不同，也可分为逆铣和顺铣。如图6.6（a）所示，端铣刀轴线位于铣削弧长的中心位置，上面的顺铣部分等于下面的逆铣部分，称为对称端铣。图6.6（b）中的逆铣部分大于顺铣部分，称为不对称逆铣。图6.6（c）中的顺铣部分大于逆铣部分，称为不对称顺铣。

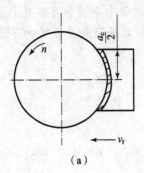 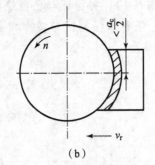 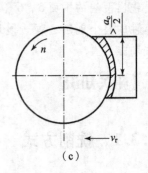

图 6.6 端铣的方式

(a) 对称铣削；(b) 不对称逆铣；(c) 不对称顺铣

【任务实施】

6.3.2 长方体零件两端面的铣削

1. 操作准备

准备好 X5032 型铣床、端铣刀、平口钳、百分表、锉、圆棒、垫铁、铜锤、0.02 mm/(0~150) mm 游标卡尺、冷却用水、油石等。

2. 操作过程

1) 装夹工件

在铣削两端面 5、6 时，必须保证与其他四个已铣好的平面之间相互垂直，同时还要保证两端平面之间相互平行及尺寸精度的要求。

装夹工件时应先将平口钳的固定钳口与纵向进给方向垂直安装，并用百分表进行校正，确保固定钳口平面与横向进给方向的平行度误差在整个钳口长度内小于 0.03 mm。然后仍以较大的平面 1 为基准面靠向固定钳口，并用 90°角尺校正工件的侧面 3 与平口钳的钳体导轨面垂直后，夹紧工件，夹紧后再用 90°角尺复检一次，合格后再进行面 5 的铣削。

2) 进行铣削

用与铣垂直面 2 相同的方法铣出面 5，铣削时由于工件伸出钳口高度较高，为了减小振动和防止工件在切削力作用下发生转动，铣削可以适当降低进给速度（75 mm/min）。

铣完第一个端平面后，将铣好的一端掉头朝下置于平口钳的钳体导轨面上，原靠向固定钳口的平面 1 仍靠向固定钳口，然后夹紧。按铣削平行面的方法铣出另一个平面，并通过试切法保证两端面间的尺寸 $115_{-0.5}^{0}$ mm。

另外，由于该工件较薄，也可以先将平口钳的固定钳口校正成与工作台纵向进给方向平行或垂直，然后将面 2 和面 1 分别朝向平口钳的固定钳口和导轨面，将要铣的面 5 伸出钳口外装夹。换上一把直径较大（30 mm 左右）的立铣刀，采用横向进给或纵向进给铣出端面 5，再掉头装夹铣出端面 6，并保证端面 5 与端面 6 之间的尺寸为 $115_{-0.5}^{0}$ mm。

3. 自检与评价

(1) 以上三个铣削任务完成后，卸下工件，仔细测量各部分尺寸，由于加工精度不高，所以使用游标卡尺测量尺寸,不需要用千分尺测量。对自己的练习件进行评价(评分标准见表6.1),对出现的质量问题分析原因,并找出改进措施。

表6.1 铣削长方体零件的评分标准

序号	考核项目	考核内容及要求	配分(100)	评分标准	检测结果	得分
1	加工准备	装夹方案设计合理	6	每处不合理扣1分		
2		工具清单完整	6	缺一项扣2分		
3		安装校正方法正确	10	错误一处扣2分		
4	尺寸精度	$115_{-0.5}^{0}$ mm	8	超差不得分		
5		$55_{-0.1}^{0}$ mm	8	超差不得分		
6		$25_{-0.1}^{0}$ mm	8	超差不得分		
7	形位精度	1面平面度	3	超差不得分		
8		各相邻面间垂直度	12	每面合格得2分		
9		各相对面间平行度	6	每面合格得2分		
10	表面粗糙度	$Ra3.2\ \mu m$、$Ra6.3\ \mu m$	12	每面合格得2分		
11	文明生产	安全文明生产,按国家颁布的有关法规或企业自定的有关规定执行	4	不符合要求酌情扣1~4分		
12		操作方法及工艺规程正确	3	一项不符合要求扣1分		
13	工具、设备的使用与维护	正确、规范地使用工具、量具、刃具,合理保养与维护工具、量具、刃具	3	不符合要求酌情扣1~3分		
14		正确、规范地使用设备,合理保养与维护设备	3	不符合要求酌情扣1~3分		
15		操作姿势正确,动作规范	3	不符合要求酌情扣1~3分		
16	完成时间	120 min	5	每超过10 min扣2分;超过30 min为不合格		

(2)将工件送交检验后清点工具,收拾工作场地。

铣削时应注意的事项。

1. 用平口钳装夹工件后,应先取下平口钳扳手方能进行铣削。
2. 铣削时应紧固不使用的进给机构,工作完毕再松开。
3. 铣削中不准用手触摸工件和铣刀,不准测量工件,不准变换主轴转速。
4. 铣削中不准任意停止铣刀旋转和机动进给,以免损坏刀具、啃伤工件。若必须停止时,则应先降落工作台,使铣刀与工件脱离接触方可停止操作。
5. 每铣削完一个平面,都要将毛刺锉去,而且不能伤及工件的已加工表面。铣削相对的平行平面时,应注意余量的分配和严格控制工件最终尺寸。

项目 7　磨削加工台阶销

【项目导入】

磨削加工在机械制造中是一种使用非常广泛的加工方法，主要用于零件的精加工和超精加工。在磨床上完成内外圆柱面、平面、螺旋面、花键、齿轮、导轨和成形面等各种表面的精加工。本项目通过在 M1432A 型万能外圆磨床上对台阶销零件进行磨削加工，掌握磨削加工的基本技能。

任务 7.1　台阶销零件的磨削加工

【任务目标】

1. 熟练掌握两顶尖装夹工件的方法。
2. 正确运用静平衡方法检查和调整砂轮的静平衡。
3. 掌握修整砂轮正面及侧面的操作方法。
4. 正确调整砂轮与工件的相对位置和工作台纵向移动距离。
5. 准确选择粗、精磨磨削用量。
6. 能正确使用游标卡尺、外径千分尺和游标深度尺检验工件的尺寸。

【任务引入】

图 7.1 是一个台阶销零件图。各个需磨削部位均有 0.3~0.5 mm 的磨削余量。通过识读

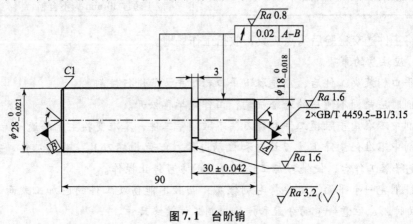

图 7.1　台阶销

该图来获得台阶磨削加工要求。从图中可知，该台阶销尺寸不多，构造较为简单，是前面工序粗加工后经过热处理淬火而成的半成品（经热处理淬火硬度至 40~45 HRC 的 45 钢），由本工序担任磨削加工两个外圆和一个台阶尺寸。

【相关知识】

7.1.1 磨削加工

1. 磨削运动

磨削的主运动是砂轮的旋转运动，砂轮的切线速度即为磨削速度 v_c（单位为 m/s）。磨削的进给运动一般有三种。以外圆磨削为例（见图 7.2）。

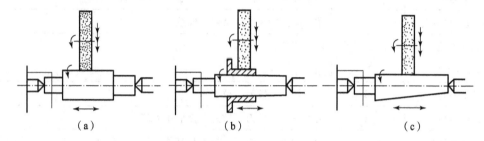

图 7.2 外圆磨削
(a) 磨轴零件外圆；(b) 磨盘套零件外圆；(c) 磨轴零件锥面

（1）工件旋转进给运动。进给速度为工件切线速度 v_w（单位为 m/min）；

（2）工件相对砂轮的轴向进给运动。进给量用工件每转相对砂轮的轴向移动量 f_a（单位为 mm/r）表示，进给速度 v_a 为 nf_a（单位为 mm/min，其中 n 为工件的转速，单位为 r/min）；

（3）砂轮径向进给运动。即砂轮切入工件的运动，进给量用工作台每单行程或双行程砂轮切入工件的深度（磨削深度）f_r（单位为 mm/单行程或 mm/双行程）表示。

外圆磨削的常用磨削用量有以下几个。

v_c：25~35 m/s。

v_w：粗磨时为 20~30 m/min；精磨时为 20~60 m/min。

f_a：粗磨时为 $(0.3~0.7)B$ mm/r；精磨时为 $(0.3~0.4)B$ mm/r（B 为砂轮宽度，单位为 mm）；

f_r：粗磨时为 $(0.015~0.05)$ mm/单行程或 $(0.015~0.05)$ mm/双行程；精磨时为 $(0.005~0.01)$ mm/单行程或 $(0.005~0.01)$ mm/双行程。

2. 砂轮

砂轮是由磨料加结合剂用烧结的方法制成的多孔物体。由于磨料、结合剂及制造工艺等的不同，砂轮特性可能相差很大，对磨削的加工质量、生产效率和经济性有着重要影响。砂轮的特性包括磨料、粒度、硬度、结合剂、组织以及形状和尺寸等。

磨削过程中，磨粒在高速、高压与高温的作用下，将逐渐磨损而变圆钝。圆钝的磨粒，切削能力下降，作用于磨粒上的力不断增大。当此力超过磨粒强度极限时，磨粒就会破碎，产生新的较锋利的棱角，代替旧的圆钝的磨粒进行磨削；此力超过砂轮结合剂的黏结力时，圆钝的磨粒就会从砂轮表面脱落，露出一层新鲜锋利的磨粒，继续进行磨削。砂轮的这种自行推陈出新、保持自身锋锐的性能，称为"自锐性"。

砂轮本身虽有自锐性，但由于切屑和碎磨粒会把砂轮堵塞，使它失去切削能力；磨粒随机脱落的不均匀性，会使砂轮失去外形精度。所以，为了恢复砂轮的切削能力和外形精度，在磨削一定时间后，仍需对砂轮进行修整。

为了适应在不同类型磨床上的各种使用需要，砂轮有许多形状，常用的砂轮名称、代号和基本用途见表 7.1（GB/T 2484—1994）。

表 7.1 常用砂轮的名称、代号及基本用途

名 称	代 号	基 本 用 途
平形砂轮	P	用于外圆、内圆、平面、无心、刃磨、螺纹磨削
双斜边一号砂轮	PSX_1	用于磨齿轮齿面和磨单线螺纹
薄片砂轮	PB	用于切断和开槽等
筒形砂轮	N	用在立式平面磨床
杯形砂轮	B	刃磨铣刀、铰刀、拉刀等
碗形砂轮	BW	刃磨铣刀、铰刀、拉刀、盘形车刀等
碟形一号砂轮	D_1	用于磨铣刀、铰刀、拉刀和其他刀具，大尺寸一般用于磨齿轮齿面

砂轮的标志印在砂轮端面上。其顺序是：形状代号、尺寸、磨料、粒度号、硬度、组织号、结合剂和允许的最高线速度。例如：

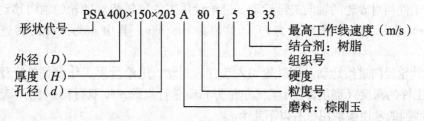

【任务实施】

7.1.2　台阶销零件的磨削加工

在 M1432A 型万能外圆磨床上对图 7.1 中的台阶销零件（零件材料为 45 钢）进行磨削加工。下面对这一前面工序粗加工后的半成品进行磨削加工两个外圆和一个台阶。

1. 操作准备

（1）工艺装备。

准备好 M1432A 型万能外圆磨床、台式钻床、顶尖、夹头、砂轮、机油、金属笔、游标卡尺、冷却用水等。

（2）工艺分析。

①为防止磨削温度的升高而影响尺寸精度,除在粗磨时加大切削液冲洗力度外,还应将粗、精磨分开,待工件降为室温后再精磨。

②对于表面粗糙度 Ra 值不大于 $0.8~\mu m$ 处,精磨时应精心修整砂轮,正确调整磨削用量。

③经热处理淬硬至 40~45 HRC 的 45 钢的磨削性能非常好,是理想的磨削加工材料。它既不像 Q235 钢易堵塞砂轮,又不像淬硬的 W18Gr4V 高速钢硬度高,难以磨削。

④外圆尺寸用千分尺测量。台阶长度尺寸用游标卡尺或游标深度尺测量控制。测量工件尺寸时,应等工件冷却至室温才能进行。

⑤该台阶销设计了一个越程槽,此槽可便于磨削时砂轮的退出,对外圆的磨削很有利。

2. 操作过程

在 M1432A 型万能外圆磨床上进行台阶轴的磨削。

(1) 装夹工件。

①在钻床上修研中心孔。在台式钻床上修研中心孔时,应当首先熟悉台式钻床的简单操作,不准戴手套,注意操作安全。

②选择相应的顶尖和夹头。

③调整主轴头架与尾座的距离。

④两端顶持工件,装好夹头。

(2) 修整砂轮、调整机床。

①在安装砂轮之前,检查和调整砂轮静平衡。

②修整砂轮正面与左侧面。

③调整机床导轨纵向走刀的位置和砂轮距工件的横向位置。

(3) 外圆磨削。

由于工件的材料、几何形状、尺寸大小及加工要求不同,外圆磨削的方法也不同。下面以纵向磨削法为例进行外圆磨削。纵向磨削法应用很广泛,适用于加工可以纵向走刀的各种轴类工件的外圆。

$\phi 18~mm$、$\phi 28~mm$ 外圆磨削步骤如下:

①装夹工件。将机床调整成两顶尖装夹工件。注意在装夹顶尖时要用干净绸布擦干净顶尖和锥孔,不得有污物、毛刺;夹持工件的夹头应大小合适;将工件两端中心孔注入洁净的机油。

②采用横向进给量为 0.03 mm 左右,纵向进给速度为 0.4 m/min 左右用量粗修砂轮。

③将砂轮引进,顺时针摇动横向进给手轮,使砂轮与工件外圆轻轻接触后,将刻度盘调整到零位,再将手轮逆时针退回一圈。

④调整撞块,使砂轮左、右端在越出工件约 $B/2$(B 为砂轮宽度)处换向,准备粗磨。

⑤对刀并磨光外圆,检查工件圆柱度是否符合要求;调整上工作台,使工件锥度误差在允许范围内。

⑥进行磨削,注意工作台向左移动时(回程)不做横向进给。

⑦在外圆尺寸还有 0.05 mm 左右余量时精修砂轮。采用横向进给量为 0.005~0.01 mm,纵向进给速度为 0.05~0.2 m/min 的用量精修砂轮;将工件磨削到图样技术要求为止。

（4）台阶面的磨削。

磨削具有台阶的轴时，除了磨削外圆柱面外，还要用砂轮的端面磨削工件的端面。因此，除要对砂轮的外圆周表面进行修整外，还要对砂轮的端面进行修整。修整的方法是将砂轮架扳 2°左右，用金属笔进行修整，修整后的砂轮端面呈内凹形，修整好砂轮端面后再将砂轮架复零位。

（30±0.042）mm 台阶端面磨削步骤如下。

①磨削圆柱面时，为了防止砂轮左端面磨损，保证工件"清根"，应将工件的端面摇到与砂轮端面刚好接触时，方可进刀。工件上如果设计有越程槽，则可将工件越程槽中部摇至对准砂轮的端面即可。

②靠磨端面时，砂轮要横向略微退点刀，使其与工作外圆保持 0.02~0.04 mm 的间隙。工件应缓慢摇向砂轮端面，间断、均匀、缓慢地进刀，此时可通过观察工件火花来控制进刀量，使端面出现均匀的交叉花纹。

3. 自检与评价

（1）外圆及台阶面磨削质量分析。

在磨削过程中，由于各种因素的影响，工件产生各种质量问题和缺陷，产生原因与消除方法如下。

①工件表面粗糙度达不到要求。

产生原因：砂轮磨钝；砂轮不平衡，产生振动；磨削用量不当，纵向走刀太快。

改进措施：修整砂轮；重新调整砂轮平衡；选择合理的磨削用量。

②圆度误差。

产生原因：中心孔不准确；顶尖磨损。

改进措施：研磨中心孔；选用合格的顶尖。

③端面磨削花纹不呈交叉花。

产生原因：顶尖轴线不等高或向一边偏移。

改进措施：调整尾座，使两顶尖等高。

④工件表面有烧伤。

产生原因：砂轮太钝；磨削用量过大；冷却不够。

改进措施：修整砂轮；选择合理的磨削用量；充分冷却。

（2）加工完毕后卸下工件，正确选择量具，按图仔细检测各部分尺寸。对自己的练习件进行评价（评分标准见表 7.2），对出现的质量问题分析原因，并找出改进措施。

（3）将工件送交检验后清点工具，收拾工作场地。

表 7.2 磨削台阶销零件的评分标准

考核内容	考核要求	配分（100）	评分标准	检测值	得分
外圆	φ18 mm	10	超差不得分		
	φ28 mm	10	超差不得分		
长度	（30±0.042）mm	10	超差不得分		

续表

考核内容	考 核 要 求	配分(100)	评 分 标 准	检测值	得分
中心孔	中心孔圆整，护锥等符合要求（两处）	5×2	一处不符合要求扣5分		
表面粗糙度	$Ra \leq 3.2$ μm（5处）	3×5	一处不符合要求扣3分		
倒角、毛刺	各倒钝锐边处无毛刺、有倒角	8	一处不符合要求扣1分		
工具、设备的使用与维护	正确、规范地使用工具、量具、刃具，合理保养与维护工具、量具、刃具	8	不符合要求酌情扣1~8分		
工具、设备的使用与维护	正确、规范地使用设备，合理保养与维护设备	8	不符合要求酌情扣1~8分		
工具、设备的使用与维护	操作姿势正确、动作规范	7	不符合要求酌情扣1~7分		
安全及其他	安全文明生产，按国家颁布的有关法规或企业自定的有关规定执行	6	一处不符合要求扣3分，发生较大事故者取消考试资格		
安全及其他	操作方法及工艺规程正确	8	一项不符合要求扣2分		
完成时间	100 min		每超过15 min倒扣4分，超过30 min为不合格		
总得分					

参 考 文 献

[1] 贾亚洲. 金属切削机床概论 [M]. 北京：机械工业出版社，1995.
[2] 陈宏钧. 实用金属切削手册 [M]. 北京：机械工业出版社，1996.
[3] 李华. 机械制造技术 [M]. 北京：高等教育出版社，2008.
[4] 徐嘉元. 机械制造工艺学 [M]. 北京：机械工业出版社，2010.
[5] 顾维邦. 金属切削机床概论 [M]. 北京：机械工业出版社，1992.
[6] 李积广. 机床与刀具上册、下册 [M]. 南京：江苏科学技术出版社，1993.
[7] 王先逵. 机械制造工艺学 [M]. 北京：机械工业出版社，1995.
[8] 陆剑中，孙家宁. 金属切削原理与刀具 [M]. 北京：机械工业出版社，1984.
[9] 吴玉华. 金属切削加工技术 [M]. 北京：机械工业出版社，1998.
[10] 周泽华. 金属切削原理 [M]. 上海：上海科学技术出版社，1985.
[11] 郑修本. 机械制造工艺学 [M]. 第2版. 北京：机械工业出版社，1998.
[12] 李云. 机械制造工艺学 [M]. 北京：机械工业出版社，1994.
[13] 孙光华. 工装设计 [M]. 北京：机械工业出版社，1998.
[14] 王信义，等. 机械制造工艺学 [M]. 北京：北京理工大学出版社，1990.
[15] 顾崇衔. 机械制造工艺学 [M]. 西安：陕西科学技术出版社，1981.
[16] 陈立德. 机械制造技术 [M]. 上海：上海交通大学出版社，2000.
[17] 杜君文. 机械制造技术装备及设计 [M]. 天津：天津大学出版社，1998.